タイトヨタの経営史

海外子会社の自立と途上国産業の自立

川邉信雄

BUSINESS HISTORY OF
TOYOTA MOTOR THAILAND
*
KAWABE NOBUO

有斐閣

タイトヨタの経営史　目　次

第**1**章　自立化はなぜいかにして達成されたか　問題提起――――1
　　1　海外現地子会社の自立化と途上国の産業自立化　2
　　2　海外現地子会社に関する先行研究　3
　　3　分析の枠組み　9
　　4　資料と構成　16

第**2**章　タイ自動車産業におけるタイトヨタ　概　況――――25
　　1　タイ自動車産業の概要　26
　　2　タイトヨタの概要　34
　　3　販売・調達活動　37

第**3**章　トヨタ自動車のタイ市場への進出　1957〜1977年――――43
　　1　トヨタのタイ進出　44
　　2　自動車産業政策の始まりとタイトヨタの設立　51
　　3　国内自動車保護政策の展開　57

第**4**章　国産化への組織の対応と人事・教育制度の確立　1978〜1985年――67
　　1　乗用車新国産化政策　69
　　2　人づくりと組織づくり　78
　　3　エンジンの現地生産化　84
　　4　販売面における改革　87

第**5**章　自動車市場の急速な拡大と自由化政策への対応　1985〜1993年――93
　　1　自動車生産の増加　94
　　2　日系部品メーカーのタイ進出　97
　　3　急成長による管理問題　101

4　生産体制の拡充　108
　　　5　タイトヨタ財団の設立と社会貢献　116

第6章　アジア・カーの誕生と通貨危機　1994〜2003年　　　　　　　　121
　　　1　アジア・カー構想　122
　　　2　生産管理の向上　130
　　　3　通貨危機と産業自立化　138

第7章　輸出基地化とグローバル・スタンダードの確立　2004〜2006年　　153
　　　1　タイの輸出基地化　154
　　　2　日系部品メーカーの進出とさらなる現地調達率の向上　162
　　　3　TCC内における生産・経営知識の移転　166
　　　4　国際戦略車「IMV」の開発　176
　　　5　経営の現地化　187

第8章　環境問題と「エコカー」の開発　2007年〜　　　　　　　　　　197
　　　1　グローバル戦略とIMVの拡大　199
　　　2　部品サプライヤーの増加　206
　　　3　環境対策車の開発　212
　　　4　アジア生産再編の動き　221

第9章　発見事実と今後への課題　おわりに　　　　　　　　　　　　　231
　　　1　タイトヨタの経営戦略と組織および人づくり　233
　　　2　各種プレイヤーとの関係　240
　　　3　本書の研究の意義と課題　247

参考文献　255
あとがき　261
索　引　265

・各章写真提供：タイトヨタ（第1, 2, 5〜9章），佐藤一朗氏（第3, 4章）

第1章

自立化はなぜ
いかにして
達成されたか

問 題 提 起

タイトヨタ，バンコクオフィス

タイトヨタ，サムロン本社

1 海外現地子会社の自立化と途上国の産業自立化

 2010年12月,トヨタ自動車はタイでの完成車生産台数が累計500万台を突破したと発表し,タイのチャイウット工業相らを招いて記念式典を開いた。トヨタ自動車はブラジルに続く海外2カ所目の生産拠点として,1962年,現地法人トヨタ・モーター・タイランド(Toyota Motor Thailand : TMT,以下タイトヨタ)を設立した。1964年には,サムロン工場でトラックの組み立てを始めている。1996年にゲートウェイ工場,2007年にはバンポー工場を追加し,操業開始46年目にして累計生産台数は500万台に至った。タイトヨタの現在の生産規模は,年間約52万台にもなっている。

 トヨタ自動車は,2004年からは新興市場を軸に世界中で販売する戦略車「革新的国際多目的車」(Innovative International Multi-purpose Vehicle: IMV)の生産を開始している。これはトヨタにとって,日本で生産・販売をせずに,海外拠点で立ち上げる初めての新型車事業であった。その中核拠点となっているタイ製IMVは108カ国・地域へ輸出され,すでに2010年7月で累積生産が100万台を突破するまでになっている。[1]

 2010年12月,トヨタ自動車は,当時78万台のIMVの全世界の生産能力を2011年には約90万台へと,15%も引き上げると発表した。そのため,タイおよびアルゼンチンの工場で,ピックアップトラックや多目的スポーツ車(Sport Utility Vehicle: SUV)を増産すると発表している。とくに,タイではIMVの生産能力を現在の12万台から2011年1月に14万台,8月には22万台へと段階的に引き上げる。タイトヨタのバンポー工場が対象となり,投資額は78億円となる。

 同時に,新たなIMVの増産に向けて,IMV向けディーゼルエンジンの生産能力を年20万基から33万基に引きあげる。このため,サイアム・トヨタ・マニュファクチャリング(Siam Toyota Manufacturing)に147億円を投資する。車両組立工場の増産も含めたタイでのIMV関連投資は,合計約

225億円に上るという。

こうしたタイでの生産増強の動きは，タイトヨタだけでの話ではない。「アジアのデトロイト」を目指すタイは，アセアンのなかで各自動車メーカーの生産・輸出拠点となりつつある。2010年のタイの自動車生産台数は約160万台，国内販売75万台，輸出は80万台であり，国内販売よりも輸出のほうが上回っている。自動車産業は，GDPの7%を占める重要な産業となっている。自動車産業は，裾野の広い産業であり，その発展が国の経済の発展を牽引するものであることはよく知られている。そのため，多くの後発国が自動車産業の発展のための産業政策を導入し，国民車の開発を行ったりして，産業自立化を目指してきた。

タイ市場においては，日系自動車企業の市場シェアが90%前後を占めている。そのうちトヨタは40%のシェアを占めるまでになっている。日本のトヨタ等からの輸入車もあるが，国内販売の多くはタイの現地法人タイトヨタの生産するものであり，輸出もまたこの現地法人によるものである。

本書の研究テーマは，なぜ，どのようにして海外現地子会社であるタイトヨタが，タイ市場においてこのような強力な地位を確保したのか，またなぜ，どのようにしてIMVの生産や輸出を，日本に親工場を持つことなく独自に行うことができるまで自立化したのかを，明らかにすることである。

2　海外現地子会社に関する先行研究

いままで，日本企業の海外現地事業活動を分析した研究はきわめて少ない。現地法人ではないが，戦前の三菱商事のサンフランシスコ支店およびシアトル支店を扱った拙著『総合商社の研究』（実教出版，1982年）は，この意味では開拓者的な研究であるといえる。1941年12月の真珠湾攻撃の直後，アメリカ政府は当時同国に進出していた日本企業の資料を接収し，外交公文書館に保管していた。同書は，その史料を初めて利用して分析したものである。その後，この史料を使った研究がいくつか行われている。さらに，連合国で

は各国で同様のことが行われたため，これらに続いて，フランスやオーストラリアで接収された日本企業の史料を利用した研究がおこなわれてきた。[4]

　紡績業については，戦前の中国大陸に進出したいわゆる在華紡を研究した優れた研究である桑原哲也『企業国際化の史的分析』(森山書店，1990年) がある。戦前，中国大陸には，この在華紡にみられるように日本の製造企業がいくつか進出をしていた。しかしながら，欧米の先進国に対しては，製造業の進出は見られず，貿易を中心にビジネスを展開した商社，商船会社，保険会社，銀行が進出していた。したがって，戦後日本の経済が復興し高度成長を遂げる過程でも，先進国への日本企業の進出は貿易を中心にしていたし，製造業も販売会社を設立して日本で生産した製品を輸出して販売する状況が続いた。そして，1960年代末になると自由化が進展し，1972年には「海外直接投資元年」と呼ばれるほど日本企業の海外直接投資が増加した。

　しかしながら，日本企業の海外展開が本格的に進展するのは，1970年代からのアメリカなど先進国との貿易摩擦や円高の進行以後である。その後，1985年秋のプラザ合意により急速な円高が進み，輸出では対応できなくなったことが日本企業の海外展開を決定づけ，一気に加速することになった。また，この時マレーシアやタイなど東南アジア諸国では世界経済の停滞やゴムやパームオイルなどの一次産品価格の下落により，戦後初めてのマイナス成長を経験した。そのため，これらの国々は外資を利用して経済を発展させようとしたのである。こうして，日本企業のニーズと東南アジア諸国のニーズが一致し，日本企業が大挙して東南アジアへ進出した。[5]

　一方，1970年代までの多国籍企業の研究は，アメリカ企業を中心にしたものであった。第2次大戦中に戦場とならなかったアメリカは，戦後圧倒的な経済力を有していた。戦争の遂行と戦後の経済力を支えていたのが，いわゆるビッグビジネスと呼ばれた統合化企業であり，このビッグビジネスがその圧倒的な力をもって海外に進出したのである。[6]

　そのために，1960年代になると，なぜ，どのようにしてアメリカ企業は多国籍化したのかが，研究されるようになった。スティーブン・ハイマー

(Steven Hymer)に始まる多国籍企業研究は,こうしたアメリカ企業の多国籍化を分析したものであった。1970年代になってヨーロッパや日本の企業が多国籍化するようになって,これらの動きを考慮しながら従来の多国籍企業の理論を総合化して構築されたのが,ジョン・H. ダニング(John H. Dunning)のOLI (Ownership, Location and Internalization) パラダイムである。これは,多国籍企業は経営上の優位性をもち,特定の資源を有する地域に,関税や輸入規制などの市場の失敗に対応したり取引コストを節約したりするために進出するという。まさに,なぜ特定の企業が,特定の場所に進出するかを説明しようとしたものである。[7]

ここで重要になる問題は,2点ある。第1は,ある特定の国に進出する時の参入形態である。つまり,100％所有か合弁か。合弁の場合は,マジョリティかマイノリティ所有か。さらに最近ではフランチャイズなどのエリアライセンスなどが問題になる。また,自らの出資で現地法人を設立するグリーンフィールドでの進出か,M&Aによる現地企業の買収かも問題となる。

第2の問題は,本社の経営管理あるいは技術をいかに現地の子会社に移転するかという点である。とくに,1980年代の終わりまでには,日本型経営のとりわけ生産における優位性が強調され,現地子会社への日本型経営や技術の移転の研究が進展した。[8] したがって,ここではあくまで,多国籍企業の本社を中心にした研究が主流を占めたのである。言い換えれば,「従来の多国籍企業の理論では,意思決定は進出時にまとめて行われることを暗黙のうちに想定していた[9]」といえるのかもしれない。

ところが,企業の多国籍化が進展するにつれて,また海外へ進出した企業の経営が10年,20年,30年と長期にわたると,こうした進出時点の研究はあまり重要性をもたなくなってくる。というのは,子会社が親会社をしのぐようなことが起こり始めたからである。吉原英樹『富士ゼロックスの軌跡——なぜXeroxを超えられたか』(東洋経済新報社,1992年)は,子会社である日本の富士ゼロックスが,なぜ親会社をこえるまでの経営力をもったのかを分析している。

また，イトーヨーカ堂が設立したセブン-イレブン・ジャパンの場合には，現地法人のケースではないが，アメリカのサウスランド社がエリアライセンスで運営していたセブン-イレブンを，日本で展開することになった。同社は，日本の環境に合わせて独自のコンビニエンスストア・システムを開発して成功した。同社は 1990 年には，スーパーやディスカウントストアとの価格競争に敗れ倒産した親会社のサウスランド社を買収した。さらに，日本で培ったコンビニシステムをサウスランド社に導入し，再建を果たしている[10]。

　こうした多国籍企業の子会社である現地法人が，長期の経営活動によって，子会社に経営資源や経営ノウハウを蓄積し，それを利用することによって，従来のような親会社に依存する関係から大きく脱しつつある。子会社から親会社への，子会社で開発された知識やノウハウの提供，子会社間での新たな資源の移転がみられる。こうすることによって，多国籍企業全体の持続的競争優位がもたらされつつある。

　そのために，なぜ，どのようにして子会社自体がこのような競争力を身につけたのかを考察しなければならなくなったといえる。この点について，榎本悟は以下のように指摘している[11]。

　　……子会社における経営資源の蓄積と能力開発はいかにして可能になったのか，どのようなプロセスを経ることによって，そうした資源や能力の開発が可能になったのか，あるいはまたそうした資源，能力の開発にかかわって，どのような問題点を親会社と子会社，あるいは子会社間の関係は抱えることになったのかということを研究するものである。

　榎本は，海外子会社の本格的な研究にあたって，①研究対象国としては，外資系企業の役割が大きな国を選択すること，②なぜ外資企業を受け入れることになったのか，当該国の産業政策や外資政策，これらに対する外資企業の進出形態など歴史的プロセスの研究の必要性をあげている。

　こうした現実の多国籍企業の子会社の役割の変化とその重要性の高まりに

については，かつてバートレットとゴシャール（C. A. Bartlett and S. Ghoshal）が理念型としての「トランスナショナル・モデル」の中で取り上げた。彼らの考えをさらに発展させて，グローバルに設置された生産・販売・研究開発などの機能を調整する「トランスナショナル・モデル」に関連づけて，こうした子会社の変化を理論的に研究する動きもみられる。

また，ジュリアン・バーキンショウ（Julian M. Birkinshaw）は，一連の著作の中で海外子会社における経営資源の蓄積と能力の開発向上が可能であり，親会社・子会社の間の問題点やその関係の変化について，研究を行っている。彼も，海外子会社の理念型として海外子会社の進化過程を示しているが，なぜ，いかにしてそれらの進化が生じたのかについては実証的研究をあまり進めてはいない。[12]

そのため，椙山泰生は，海外子会社の自立性を考察するには，知識が最初に移転されて以降に起こる変化について議論されなければならず，今まで議論されてこなかった海外拠点に進出した後における現地での能力構築の影響を十分議論する必要があるという。彼の研究では，戦略・能力・環境の共進化といった分析枠組みが提起され，進化論的な戦略観が強調されている。

製品開発能力に絞っているとはいえ，椙山の以下の指摘は子会社の研究において，重要な視点を提起している。[13]

　事後的な知識移転と組織統合に注目した理論構成は，現実を説明するために必要な1つの説明になりうると考えている。
　グローバル戦略型企業のトランスナショナル化は，現地での学習成果の活用による本国をベースとした競争優位の強化を主たる目的としている。このような目的での海外進出，特に段階的に製品開発能力を海外に構築していくプロセスを説明する理論が従来の多国籍企業理論では不足していたように思われる。

折橋伸哉は，バーキンショウらの研究を踏まえ，トヨタ自動車のオースト

ラリア，タイ，トルコの海外子会社がなぜ，どのようにして創発的に事業展開をするようになったのかを分析している。そのなかでは，国際競争力，モノづくり組織能力，進化能力といった点から創発を議論している。とくに，その中心的な関心が，品質を中心にした分野に限定されているため，論点は明確に議論されている。タイトヨタについては，1997年の通貨危機への対応として輸出が考えられ，国際的に通用する品質を実現するために，創発性が生じたと分析している。そして，研究全体を通して，以下の仮説を導きだしている。[14]

　以下の2つの条件を満たす海外生産拠点においては，創発的な戦略プロセスを経て，組織能力の構築が進行する。第1に，多国籍企業の本国本社に，ダイナミックに組織能力の構築を行う能力が備わっていること。第2に，現地拠点が何らかの国内市場の危機を克服し，輸出など何らかの生き残り策を考えざるをえなくなったこと。

　ここで，タイのような後発国における現地子会社の研究する時には，「企業の境界」の問題が浮かび上がってくる。従来の研究は，主として統合化したアメリカの親会社から現地子会社への知識の移転や，子会社のなかでの新たな知識やノウハウの開発が前提となっていた。しかしながら，タイトヨタの事例をみると，こうした知識やノウハウの創造や組織能力の構築は，企業内だけでは実現されていない。さらにタイより遅れて発展し始めた中国の場合に目をやると，政府の産業政策や部品を含む自動車産業の集積などが重要なことが分る。例えば広東省では，ホンダ，トヨタ，日産といった日系組立メーカーの進出を契機に，10年という短期間で自動車産業の集積が可能になっている。[15]

　このように，現地子会社に関する先行研究をみてくると，以下のような研究上の特徴と問題点があることが分かる。
　第1は，トランスナショナル戦略的な意味合いで，海外子会社の独自の知

識の蓄積による自立化の過程を実証的に分析した研究は意外に少ないこと。

第2は，そのような研究方向が示された研究においても，きわめて限られた分野や時代しか扱われていないことである。同時に，先進国における子会社を対象としている研究が多く，途上国のものは少ない。

第3は，今までの研究の多くが，海外子会社と進出先国の産業政策や外資政策など経営外部要因との関係を指摘してはいるが，実際に子会社とこうした外部要因あるいは他の産業のプレイヤーとの関係を具体的・実証的に扱ったものは少ない。

このような先行研究の問題点を克服するためには，現在トランスナショナル的な戦略が実行されつつある子会社の事例を取り上げなければならない。その上で，現在のトランスナショナル的な事業活動を展開するようになった経緯を，長期にわたって分析することが重要になる。さらに，重要なのは親会社・子会社という一企業の境界を超えた，産業内外の各プレイヤーとのダイナミックな相互関係を分析することが重要となる。ここから，新たな分析の枠組みの必要性が生まれてくると思われる。

3　分析の枠組み

後発国や新興国の場合，先進国へのキャッチアップが国家をあげての目標となる。[16] つまり，国家として産業集積を形成する必要がある。とりわけ自動車産業は，裾野が広い産業であるため，雇用の創出や生産力の蓄積・拡大という面では大きな役割を果たす。そして，もともと生産の基盤がないため，多くの場合は外資系メーカーに産業の発展を依存しなければならない。当初は，外国の自動車を輸入することから始まる。そのため，多国籍企業は販売会社を立ち上げる。それに対して，現地政府は輸入代替政策を展開し，輸入完成車にたいして高関税をかける。それに対応するため，多国籍企業は現地に組立工場を設立し，ノックダウン方式の組み立てを始める。

こうした経緯のなかで，現地政府は部品の現地調達率を上げるように要求

する。そのため，政府も多国籍企業も現地部品メーカーを育てたり，母国から取引のある一次サプライヤーを中心に現地への進出を促したりする。こうして，本格的な自動車産業の発展がうながされ，やがて自立の道をたどるようになる。

　現地子会社は，まず受入国政府の産業政策や外資政策に対応しなければならない。また，部品や素材などの裾野産業の育成とそれら企業との関係が重要になる。とくに，販売店と並んで現地部品メーカーの企業者活動を活発化させなければならない。経営者や技術者の養成のために，教育研修や大学との連携，さらには大学などの高等教育機関そのものの設立などにもかかわるようになる。また，マレーシアやタイの場合，もともと現地に産業や経営のノウハウが蓄積されていない。そのために，とくに個別企業ではなく母国企業の業界団体（日本であれば現地日本人商工会議所）を通じて，発展段階に応じた経済政策実現のための協力を要請し，それを受けた現地の海外子会社がその実現に大きな役割を果たすことになる。[17]

　このように，多国籍企業の現地子会社という観点だけでは，現地子会社における知識・ノウハウの蓄積について議論することはできない。その意味では，産業集積論や産業クラスター論の視点も導入しなければならない。タイのような後発の場合には，アメリカのように自然発生的に企業者活動によって企業や産業が発展するのではなく，ある程度政府や多国籍企業による組織的な育成が必要になる。そのため，かつてのような多国籍企業論で示された境界の明確な企業活動の分析では，十分な説明がつかない。

　一般に，産業集積に関する研究は，はアルフレッド・マーシャル（Alfred Marshal）の「産業地区」に遡るといわれる。[18] また，工業立地論の古典的研究を成し遂げたアルフレート・ヴェーバー（Alfred Weber）も，産業集積に関する理論の開拓者としてよくあげられる。[19] これらに共通する基本的な考え方は，ある限られた地域において気候，土壌，鉱物資源などの伝統的な生産要素の比較優位が存在し，これらが宗教的，政治的，経済的な要因と相互にからみ合って産業の局地化が起こり，産業集積が生まれる。産業集積には集

積の利益という外部経済性がもたらされ，それにより産業集積には持続性があるというものである[20]。

　産業集積が世界的に注目されるようになった学術的な著作は，ピオリとセーブル（M. J. Piore and C. F. Sabel）の『第二の産業分水嶺』であるといわれる[21]。彼らは，1970年代初めの世界的な資本主義経済の危機を乗り越えて新たに繁栄を謳歌するようになった国と，危機の克服に失敗した国とを対照させ，新たな繁栄をもたらしたのはいかなる要因かを考察した。

　これはアルフレッド・チャンドラー（Alfred D. Chandler, Jr.）が描き出した巨大企業経済が行き詰まり，消費者ニーズの変化，新たな技術の発展のために，代わって「柔軟な専門化」が台頭してきたことが背景にある。新たな産業構造を持つ経済は，多品種少量生産を柔軟にこなす中小企業が主役を占めるというものである。こうした背景から，「第三のイタリア」や「シリコンバレー」に関心が払われた。これらの地域では複雑な中小企業間のネットワークが形成され，その水平的ネットワークがグローバリゼーションと情報化時代の経済をリードする，という認識が広がっている[22]。

　一方，伝統的な産業集積論に対して，要素コストの優位性を超えた全般的な競争力について分析を行ったのが，マイケル・ポーター（Michael Porter）である。彼は，企業の競争力をもたらすものは改善とイノベーションに基づく生産性の向上であると考え，これらが進展する環境とはなにかを議論している。彼の議論のゆきつくところは，産業集中が国の競争優位の形成にとって重要であるとし，産業集積に代わって，産業クラスター論を展開している。産業クラスターを「特定分野における関連企業，専門性の高い供給業者，サービス提供者，関連業界に属する企業，関連機関（大学，規格団体，業界団体など）が地理的に集中し，競争しつつ同時に協力している状態」と定義している。そして，競争優位を作りだし，生産性の向上を推進するものとして，関連支援産業，要素条件，企業戦略と競争の環境，そして需要要素という4つの要素・条件から成り立つダイヤモンド理論として構築し，議論を展開している[23]。

3　分析の枠組み　　11

さらに彼は，競争力の源泉としての産業の地理的集中について，以下のような効果を強調する。それらは，①地域内で流れる情報が豊富になりかつ迅速化する，②ライバルの動向を察知し，それに対抗する力を高める，③効率化と専門化の促進，④企業と大学の交流が活発になる，⑤人，モノ，カネなど生産要素を引きつける，⑥イノベーションの伝達が早まる，⑦地域外部への情報の拡散が抑制される，である。

　同時に彼は，国の役割の重要性も訴えている。政府の政策，法的規制，資本市場の条件，要素コスト，さらには，社会的・政治的価値や規範は国に連結していて，変化が遅いと認識している。国の条件と地域の条件が結合して，競争優位を育てるのであり，国の政策は，それ自身では不十分である。州と地方の政府が産業の成功には顕著な役割を演じているという。

　ポーターの考えに対しては，産業クラスターの構成要素については述べられているが，それらの要素がどのように相互作用をして，こうした産業クラスターが形成されたのか，そのダイナミックな形成過程については，ほとんどふれられていないという批判がなされている[24]。

　欧米先進国の産業集積の場合には，既存の資源の上に長い時間をかけて形成されたものが多い。そのため，政府の役割などはあまり重要視されてこなかった。しかし現在では，日米欧といった先進国でも，政府が主導したり産官学で協調したりして，新たな産業クラスターを生成したり活性化しようとする動きが生じている[25]。

　政府主導で産業クラスターを形成するという考え方は，先進国よりも後発国の場合においていっそう重要になる。こうした政府の政策的誘導の典型的なものが，日本における産業政策の導入であった。日本は，戦前から産業政策的なものを展開し，政府主導型で先進国へのキャッチアップを図ろうとした。戦後の復興と高度成長はこの考え方をさらに推し進めたものであった。これは，国内の産業を保護するために輸入に対して規制を課し，輸出主導で経済発展をするというものであった。

　こうした戦後日本の経済発展をもたらしたものが産業政策であったと理解

されると，日本に続いて発展したシンガポール，韓国，台湾などの NIEs が 1970 年代に，マレーシア，タイ，インドネシア，その他のアセアン諸国などアジア各国が 1980 年代に，産業政策をこぞって導入した[26]。さらには，1990 年代になると中国やベトナムなど，社会主義から市場主義的な経済に転換したいわゆる移行経済国にも導入され，急速な発展の原動力となった。

しかしながら，1997 年にはアジア通貨危機が生じ，アジア諸国は従来の産業政策では継続的な発展が望めなくなり，多くの国が産業クラスター政策へ移行したといわれる。現在では，産業政策を堅持しているのは中国くらいで，他の国は一斉に産業クラスター政策を展開しているという論者もいる。ここでは，中央政府が中心となっていた産業政策から地方政府を中心とする産業クラスター政策への転換が生じ，地方政府の役割が重要になったという[27]。

自動車産業に即してこれまでの議論を見ていこう。自動車産業の集積とは，「自動車組み立てメーカーや部品メーカー，素材メーカー，関連サービス企業などの企業群が空間的に近接・集中し，結果として自動車産業がある地域の中心的生産活動となっている状態のことである」[28]と定義づけられるであろう。

自動車産業は，製品の設計にはじまり，部品の製造・調達，完成車の組み立て，完成車の販売，そしてアフターサービスといったバリューチェーンからなる。発展途上国の自動車産業の集積過程においては，これらのバリューチェーンの各環を担当するいくつかのプレイヤーが存在する。第 1 は，その国の政府である。中央政府や地方政府は，産業政策や産業クラスター政策を通して自動車産業をどのように発展させようとするのかを示す。第 2 は，もともと自動車産業をもたない後発国では，中心的な役割を果たすのは外国の多国籍自動車メーカーである。これには組立メーカーと部品メーカーがある。第 3 は，自ら自動車の関連事業を行おうとする地場の企業者である。このなかには，自動車の販売業者や部品メーカーがある。第 4 は，現地の自動車関連の多国籍企業，地場企業で働く経営者，技術者，労働者がある。さらに，自動車産業に人材を供給する専門学校や大学といった教育機関がある[29]。

また，地域の集積の性格によっていくつかのタイプが生じると思われるが，その基本的な形態としては，自動車メーカーの組立工場が単独ハブとなって，周囲にこの工場と取引関係のあるサプライヤーや事業者が取り巻く，階層状のハブ・アンド・スポーク型を形成している。そのため，ハブとなる組立メーカーの役割は極めて大きい。[30]

　本書では，このような自動車産業のなかにあって中心的な役割を担う日本企業の現地子会社として，タイトヨタがどのように自立化したのかをみる。ここでは，子会社の自立化とは，「当該産業において，ある企業がある国や地域内の産業のなかで，製造のみならず，設計や研究・開発，原材料調達，販売・輸出能力を獲得し，完結した生産体制・拠点を構築すること」と定義する。

　タイにおいては，日系の自動車メーカーの市場シェアがきわめて高い。なかでも，トヨタは単独でタイにおける生産台数においては40％，国内市場における販売では30％のシェアを占めている。そのために，日系自動車企業はタイの自動車産業の自立化にも大きな役割を果たしたと思われる。なかでも，タイトヨタはハブ企業として大きな役割を果たしているといえる。

　また，トヨタ自動車は創業者である豊田喜一郎自身が「自動車の国産独立」を掲げて自動車産業に進出したのである。かつては日本の自動車産業および企業そのものが自立を図ろうとしていたのも，興味深い点である。[31]

　そのため本書では，トヨタ自動車のタイにおける現地法人であるタイトヨタの事例を中心に，1950年代から現在にいたるまでの発展をとおして，タイトヨタがなぜ，どのようにして自動車産業のバリューチェーンを現地化し，自立化していったのかを明らかにする。

　従来の日系企業の現地進出と日本型経営の導入についての研究や産業クラスター論的な分析だけでは，その国における当該産業の形成における現地子会社の役割とその自立化を明らかにすることはできない。そういう意味では，ある特定の産業の特定の企業がなぜ，どのようにその国に進出したのか，現地子会社はその発展にともなって，現地での販売や生産においてどのような

問題に直面し，それらの問題をどのように解決したのか，そうした問題の解決は受入国の産業の発展や自立化にいかなる役割を果たしたのか，これらの全体を歴史的な発展のなかに見られる変化という視点から分析しないと，多国籍企業経営と海外子会社の進出先国における自立化とのもつダイナミズムは明らかにされない。

したがって，従来の経営学研究のように，企業の内部的な問題として議論するだけでは十分ではない。企業の視点から，政府，部品や素材のサプライヤー，販売店，そして大学などの教育機関，つまり自動車産業内外の各プレイヤーとのダイナミックな関係を考察する，いわばマクロとミクロの相互作用を視野に含めうる研究アプローチであるメゾ・レベルの分析枠組が必要になる。[32]

本書は，こうしたメゾ・レベルを対象とした多国籍企業の子会社の分析を行う新たな企業研究を提起している。しかしながら，特別に新しい研究手法を採用しているわけではなく，きわめて伝統的な経営史の分析手法を用いている。つまり，タイトヨタの会社史の研究をその根底においている。なぜ，どのようにしてタイトヨタが現在の経営システムを構築し，自立化してきたのかを，歴史的に，研究しているにすぎない。

タイトヨタが1つの自主的な意思決定主体として，政府の政策や消費者ニーズや技術の変化がもたらす諸問題に直面して，どのように解決していったのか，本書はその自立化の過程を記述的に分析するものである。経営史の分野においては伝統的に，環境要因によって生み出される問題や制約要因をいかに企業者や経営者が克服するかという視点が取り込まれていた。しかしながら，従来の経営史研究ではこうした環境要因を所与のものとし，またそれに対応しようとする他のプレイヤーとの関係も明確化されていなかった。[33]そのため，本書ではタイトヨタの内部分析と同時に，他のプレイヤーとの間のダイナミックな相互作用とそこから生み出される産業集積の姿，そして子会社としての自立化の過程を明らかにする。

具体的には，伝統的な経営史の手法にのっとり，タイの経済発展，政府の

自動車産業政策，市場構造の変化，競争条件の変化などを考慮しながら，経営に大きな変化が生じた時期を次の5つの段階に分けて，タイトヨタの発展を考察する。①タイ市場への進出（1957～1977年），②国産化への組織の対応と人事・教育制度の確立（1978～1985年），③自動車市場の急速な拡大と自由化政策への対応（1985～1993年），④アジア・カーの誕生と通貨危機（1994～2003年），そして，⑤本格的な自動車産業自立化をめざす段階（2004年以降）である。

これら5つの時期において，以下の問題を明らかにする。

(a) なぜ，どのようにして，トヨタ自動車はタイへ進出し，事業活動を展開したのか。

(b) タイトヨタにおいて，自動車産業のバリューチェーンを構成する各機能とその担当者はどのように変化したのか。そして，それらの役割はどのようなものであったのか。

(c) バリューチェーンの担当者は，その機能を遂行する上でどのような問題に直面し，それらを相互作用によってどのように解決したのか。

(d) タイトヨタの経営上の意思決定において，外部要因としての政府の産業政策，競争企業，そして地場の部品メーカーや販売店はどのような影響を与えたり与えられたりしたのか。

こうした問題点を，メゾレベルの分析枠組を使って分析することによって，タイトヨタがタイ自動車産業の発展と自立化において果たした役割が明確になると思われる。

4　資料と構成

以上述べたような問題意識の下に行われる本研究は経営史的な研究ではあるが，残念ながら社内の一次史料を利用することは困難であるため，タイトヨタに関する広範な公刊された資料を利用する方法をとった。詳細については巻末の参考文献一覧を参照してほしいが，一部を特記しておこう。第1は，

タイトヨタの運営に直接携わった経営者が著した単行本や論文である。このなかで，最も有益なものとして，トヨタ自動車のタイ進出から2000年に至るまでの，タイトヨタに赴任した人たちに聞き取りをおこないそれをまとめた『タイトヨタ物語[34]』がある。これによって，タイトヨタが直面した問題をどのように，当時の経営者たちが解決しようとしたのかよくわかる。同書の存在が，筆者に本格的なタイトヨタの研究にとりかかるきっかけを与えてくれたといえるほどである。また，タイトヨタの初期の様子を記録しているものにトヨタ自動車販売やトヨタ自動車工業の社史がある[35]。

また，タイトヨタの経営の現地化，すなわち，いかにして現地の人々が現地法人をみずから経営していくようになったのかを示した，今井宏『トヨタの海外経営[36]』がある。これはタイトヨタの副社長として現地法人の経営に実際に携わった経営者の書いたものであり，きわめて重要なものである。今井よりも早い時期に赴任し，タイトヨタの社長もつとめた佐藤一朗や工場長の高橋毅による一連の論文も重要である[37]。これらでは，初期のころのタイトヨタが直面した経営の問題とそれへの対応が扱われている。

こうした直接的にタイトヨタの経営に携わった人々の著したものに加えて，学術研究も利用している。これらの多くはタイトヨタの発展のある一部を対象にしたものであるが，タイトヨタの50年にわたる歴史を研究する時，きわめて重要になってくる。スッパワン・スリスパオランのアジア・カーのソルーナの開発に関する研究[38]，清水一史，伊藤賢次および下川浩一のIMVプロジェクトに関する研究[39]などがある。その他，タイの自動車産業に関する研究が多くあるので，これらも利用した。

さらに，タイトヨタの細かな動きについては，『日本経済新聞』『日経産業新聞』や*Bangkok Post*などの新聞，『日経ビジネス』などの雑誌類の記事を利用している。

本書の構成は，基本的には上記タイトヨタの5つの発展段階に基づいている。次の第2章での概況を踏まえて第3章では，トヨタ自動車のタイ市場への進出期（1957～1977年）を扱っており，なぜ，どのようにしてタイ市場に

進出したのか，当時の販売体制はいかにして形成されたのかが議論されている。同時に，輸入車の販売から組立工場の設立の理由とプロセスが，分析されている。さらに，タイ政府による国内自動車保護政策の開始について触れている。

第4章は，国産化への組織の対応と人事・教育制度の確立した1978～1985年の時期を扱っている。タイ政府による乗用車国産化政策の導入による保護主義的な傾向に対して，タイトヨタがどのような対応を図ったかが考察されている。近代的な企業としての人づくりと組織づくりのプロセスが議論される。そして，最重要部品であるエンジンの現地生産への道程が分析されている。

第5章では，自動車市場が急速に拡大し，タイ政府が自由化政策を導入した時期（1985～1993年）への対応が分析されている。まず，市場拡大による自動車生産の増加の様子が概観され，市場拡大にともなう日系部品メーカーの進出が分析される。そして，その時期のタイトヨタの急成長による管理問題と増産体制の確立について議論している。

第6章では，アジア・カーの誕生と通貨危機を含む時期（1994～2003年）のタイトヨタについて分析する。急成長するアジア市場に対応したアジア・カー構想がどのように立案され，タイトヨタの現地エンジニアたちがこれにどのように対応し，生産管理の効率化を図ったかが分析されている。急成長していた自動車市場が1997年の通貨危機によって急激に縮小し，タイトヨタは存続の危機に見舞われる。これにどのように対応したかをみる。

第7章では，2004年以降のタイ自動車産業およびタイトヨタの本格的な自立化についての考察がなされる。通貨危機克服のために始まったタイの輸出基地化をタイトヨタが先導したことが明らかにされる。そのためには現地調達率の向上と日系部品メーカーのタイ進出は欠かせないものであったことが論証される。輸出基地化は世界戦略車IMVの開発によって決定的となった。そして，生産・販売のみならずR&Dもタイでおこなわれるようになっていったことが考察されている。

第 8 章では，タイにおいても環境対策が大きなテーマになり，それへの対応として「エコカー」の開発へ関心が移りつつあることを分析する。まず，タイ政府のエコカー政策の内容を議論する。それへの対応として，タイトヨタがどのようなエコカーの開発に取り組んでいるかをみる。そして，最近の傾向として中国やインドといった新興国自動車メーカーのタイ市場参入から，タイの自動車産業構造が新たな転換期に来ていることを示す。

　最後の第 9 章のまとめでは，第 1 章「はじめに」で提起した問題に合わせて本研究がまとめられ，本研究の成果と意義が明らかにされている。

注

1　「タイ生産 500 万台超，トヨタ，現地操業 46 年目で」『日経産業新聞』2010 年 12 月 6 日。
2　「世界戦略車『IMV』，トヨタ，生産能力を増強，タイとアルゼンチン，255 億円投資」『日本経済新聞』2010 年 12 月 10 日。「トヨタ，世界戦略車増産，『IMV』，タイなどに 255 億円」『日経産業新聞』2010 年 12 月 10 日。
3　なぜ，タイが ASEAN のなかで自動車大国になったのかについては，以下を参照。末廣昭「第 15 章　東南アジアの自動車産業と日本の多国籍企業——産業政策，企業間競争，地域戦略」工藤章・橘川武郎編『現代日本企業　企業体制（下）——秩序変容のダイナミクス』（有斐閣，2005 年）。ここでは，通貨・経済危機の対応が各国で異なっていたことが指摘されている。
4　上山和雄・阪田安雄編『対立と妥協』（第一法規出版，1994 年）；原輝史「戦前期フランス三菱の経営活動」『経営史学』第 35 巻 2 号（2000 年 9 月）；上山和雄『北米における商社活動——1896〜1941 年の三井物産』（日本経済評論社，2005 年）；天野雅敏『戦前日豪貿易史の研究——兼松商店と三井物産を中心にして』（勁草書房，2010 年）；三輪宗弘『太平洋戦争と石油——戦略物資の軍事と経済』（日本経済評論社，2004 年）。こうした接収資料を使ってはいないが，以下のものは三菱商事のロンドン支店・現地法人の 1915 年から 1990 年代までの長期間を扱った，非常に例外的な研究である。Pernille Rudlin, *The History of Mitsubishi Corporation in London: 1915 to Present Day* (Routledge, 2000). 同書では，1990 年代末になるとバブルの崩壊を受けて日本経済が停滞してきたため，ロンドンの欧州本社に，親会社依存ではなくヨーロッパ独自のビジネスを展開することが期待されるようになったことが指摘されている（7 ページおよび第 9 章）。

5　戦後の日本企業の海外進出については，以下を参照。川辺信雄「日本企業の海外直接投資50年」『日外協マンスリー』218号（1999年6月）。

6　アルフレッド・D．チャンドラー・ジュニア「第2章　現代の産業的多国籍企業の技術的・初期的基盤――競争動学」アリス・タイコーヴァ＝モーリス・レヴィールボワイユ＝ヘルガ・ヌスバウム編／鮎沢成男・渋谷将堅・竹村孝雄監訳『歴史のなかの多国籍企業――国際事業活動の展開と世界経済』（中央大学出版部，1991年）。

7　J. H. Dunning, "Trade, Location of Economic Activity and the MNE: A Search for an Eclectic Approach," B. Ohlin *et al*. eds., *The International Allocation of Economic Activity* (London: Macmillan, 1977). また，多国籍企業の諸理論については，いろいろなテキストで紹介されているが，さしあたり以下のものを参照。長谷川礼「第3章　国際ビジネスの諸理論」江夏健一・太田正孝・藤井健編『国際ビジネス入門』シリーズ国際ビジネス⟨1⟩（中央経済社，2008年）。

8　例えば，以下のような研究がある。安保哲夫他『アメリカに生きる日本的生産システム――現地工場の「適用」と「適応」』（東洋経済新報社，1991年）；板垣博編著『日本的経営・生産システムと東アジア――台湾・韓国・中国におけるハイブリッド工場』（ミネルヴァ書房，1997年）；Shoichi Yamashita, ed., *Transfer of Japanese Technology and Management to the ASEAN Countries* (University of Tokyo Press, 1991); J. H. Dunning, *Japansese Participation in British Industry* (Dover, N. H.: Croom Helm, 1986); Martin Kenney and Richard Florida, *Beyond Mass Production: The Japanese System and Its Transfer to the U.S.* (Oxford University Press, 1993). また，英国の日産と東芝の現地子会社を対象とした次の研究も同様なアプローチといえよう。P. ウィッキンス著／佐久間賢監訳『英国日産の挑戦――「カイゼン」への道のり』（東洋経済新報社，1989年）；マルコム・トレバー著／村松司叙・黒田哲彦訳『英国東芝の経営革新』（東洋経済新報社，1990年）。さらに，高橋泰隆『日本自動車企業のグローバル経営――日本化か現地化か』（日本経済評論社，1997年）；および高橋泰隆・芦澤成光『EU自動車メーカーの戦略』（光文社，2009年）。

9　椙山泰生『グローバル戦略の進化』（有斐閣，2009年）。

10　この過程は，川辺信雄『セブン-イレブンの経営史』（有斐閣，1994年，新版2003年）に詳しい。

11　榎本悟『海外子会社研究序説――カナダにおける日・米企業』（御茶の水書房，2004年）。

12　C. A. Bartlett and S. Ghoshal, *Managing Across Borders: The Transna-*

tional Solution (Harvard Business School Press, 1989). (吉原英樹監訳『地球市場時代の企業戦略』日本経済新聞社，1990 年)。J. M. Birkinshaw, *Entrepreneurship in the Global Firm* (Sage Publishing, 2000.) および，J. M. Birkinshaw and N. Hood, *Multinational Corporate Evolution and Subsidiary Development* (Macmillan Press, 1998).

13 椙山泰生『グローバル戦略の進化』(有斐閣，2009 年)。他にも，知識マネジメントの観点からこうした分析をする動きも生じている。例えば，T. C. Chini, *Effective Knowledge Transfer in Multinational Corporations* (Palgrave, 2004). こうしたフレームで，日本企業を研究をしたものには，以下のようなものがある。桑名義春・山本宗雄「日系多国籍企業の知識マネジメント——YKK と東芝のケースを中心に」『千葉商大論叢』第 44 巻 1 号 (2006 年)。

14 折橋伸哉『海外拠点の創発的事業展開——トヨタのオーストラリア・タイ・トルコの事例研究』(白桃書房，2008 年)。タイについては，自動車産業の一大企業クラスターが形成されており，興味深い事例と指摘しているが，クラスターについての分析には入っていない (同書，229 ページ参照)。

15 櫨山健介・川邉信雄編『中国・広東省の自動車集積』産研シリーズ 43 号 (早稲田大学産業経営研究所，2011 年)。

16 後発国のキャッチアップに関して，組織化された企業者活動の必要性について述べたのは，以下の論文である。中川敬一郎「日本の工業化過程における『組織化された企業者活動』」『経営史学』第 2 巻 3 号 (1967 年 11 月)。また，以下も参照，末廣昭『キャッチアップ型工業化論——アジア経済の奇跡と展望』(名古屋大学出版会，2000 年)。

17 川辺純子は，タイの場合には単一企業の役割だけではなく，日本人商工会議所の役割を重視している。つまり，従来の研究ではバンコクの日本人商工会議所がタイ政府とどのように交渉・調整・協力して，タイ政府の自動車産業育成政策を実施してきたが明らかにされていないと指摘する。工業後発国としてスタートしたタイでは，タイ政府が自動車産業育成政策を展開し，未熟な地場企業に代わって日系企業が裾野産業の育成などを実施してきた。川辺純子「タイの自動車産業育成政策とバンコク日本人商工会議所——自動車部会の活動を中心に」『城西大学経営紀要』第 3 号 (2007 年 3 月)。

18 アルフレッド・マーシャル著／馬場啓之助訳『経済学原理 I』(東洋経済新報社，1965 年)。

19 アルフレート・ヴェーバー著／篠原泰三訳『工業立地論』(大明堂，1986 年)。

20 産業集積論および産業クラスター論についての研究史は，以下を参照。同書はテキストとして書かれたといわれるが，議論は極めて学術的かつ包括的なも

のである。山本健児『産業集積の経済地理学』（法政大学出版局，2005 年）。また渡辺幸男編著『日本と東アジアの産業集積研究』（同文舘，2007 年）も参照。以下は経営学視点から産業集積・クラスターの先行研究を明確かつ適切に論評しているすぐれた研究である。二神恭一『産業クラスターの経営学——メゾ・レベルの経営学への挑戦』（中央経済社，2008 年）第 1 章。これによれば，マーシャルは，集積を構成する企業間協力のなかに全体的効果，集合的な学習を見ているという。そこから，産業クラスターの構成要素としてコラボレーションの重要性を指摘している。

21　M.J. ピオレ＝C.F. セーブル著／山之内靖・永嶋浩一・石田あつみ訳『第二の産業分水嶺』（筑摩書房，1993 年）。

22　山本健児『産業集積の経済地理学』3 ページ。

23　マイケル・ポーター著／土岐坤・中辻満治・小野寺武夫・戸成冨美子訳『国の競争優位（上・下）』（ダイヤモンド社，1992 年）。産業集積と産業クラスターとは内容は異なると思われるが，本書では両者を厳密に区別せず相互補完的に使用している。

24　例えば，原田誠司は，ポーターのクラスター論について，①クラスター論における内部経済と外部経済の関連の欠如，②組織の枠を超えた情報流通型ネットワークの形成条件についての議論の欠如，そして，③クラスターの中で大企業をどのように扱うかという，3 つの問題点を指摘している。原田誠司「ポーターのクラスター論について——産業集積の競争力と政策の視点」『研究論叢』（長岡大学）第 7 号（2009 年 7 月）28-29 ページ。

25　二神恭一『産業クラスターの経営学』104 ページ。

26　世界銀行／白鳥正喜監訳『東アジアの奇跡——経済成長と政府の役割』（東洋経済新報社，1994 年）。

27　朽木昭文『アジア産業クラスター論——フローチャート・アプローチの可能性』（書籍工房早山，2008 年）15-16 ページ。

28　藤原貞夫『自動車産業の地域集積』（東洋経済新報社，2007 年），8，11 ページ。

29　Richard F. Doner, *Driving A Bargain: Automobile Industrialization and Japanese Firms in Southeast Asia* (University of California Press, 1991) p. 8.

30　藤原『自動車産業の地域集積』27，30 ページ。

31　由井常彦・和田一夫『豊田喜一郎伝』名古屋大学出版会，2002 年，310 ページ。

32　二神恭一『産業クラスターの経営学』104 ページ。プレイヤーをどのようにとらえるのかは，研究目的によって異なる。例えば，以下では政府，多国籍企

業，そしてタイ企業の3者としている。原口信也「国家イノベーションシステムのダイナミクス——タイにおける自動車産業の場合」ホンダ財団ハノイ国際シンポジウム2005『講演録』(2005年2月)。本書では，タイトヨタをハブ企業としてとらえ，親企業のトヨタ自動車，販売店，部品メーカー，大学などを一般社会としている。

33 Robert D. Cuff, "Notes for a Panel on Entrepreneurship in Business History," *Business History Review*, Vol. 76 (Spring 2002).

34 匂坂貞男『トヨタ・タイ物語』(トヨタ自動車，2001年)。

35 トヨタ自動車工業株式会社『トヨタのあゆみ——創立四十周年』(トヨタ自動車工業株式会社，1978年)。トヨタ自動車株式会社『創造限りなく——トヨタ自動車50年史』(トヨタ自動車株式会社，1987年)。トヨタ自動車販売株式会社史編集委員会編『トヨタ自動車販売株式会社の歩み』(トヨタ自動車販売株式会社，1962年)。トヨタ自動車販売株式会社史編集委員会編『モータリゼーションとともに』(トヨタ自動車販売株式会社，1970年)。トヨタ自動車販売株式会社史編集委員会編『世界への歩み——トヨタ自販30年史』トヨタ自動車販売株式会社，1980年)。

36 今井宏『トヨタの海外経営』(同文舘出版，2003年)。

37 佐藤一朗「タイ・トヨタの現状と課題」『トヨタマネジメント』(1982年8月)。佐藤一朗・足立文彦「日本型経営と移転——タイ国自動車産業の現場からの考察」名古屋大学経済学部附属国際経済動態研究センター『調査と資料』第106号 (1998年3月)。高橋毅「タイ・トヨタでの改善活動と考察」『IEレビュー』第32巻3号 (1991年8月)。

38 スッパワン・スリスパオラン「グローバル戦略におけるローカル・デザインの意味——トヨタ・タイランドにおけるソルナ開発を中心に」井原基・橘川武郎・久保文克編『アジアと経営——市場・技術・組織』上巻，東京大学社会科学研究所 (2002年3月)。

39 清水一史「ASEAN域内経済協力生産ネットワーク——ASEAN自動車部品補完とIMVプロジェクトを中心に」Discussion Paper No. 2010-4, 九州大学経済学部 (2010年6月)。伊藤賢次「トヨタのIMV (多国的世界戦略車) の現状と意義」『名城論叢』第7巻4号 (2007年3月)。下川浩一『自動車産業危機と再生の構造』(中央公論社，2009年)。

第2章

タイ自動車産業におけるタイトヨタ

概　況

タイウェイオブライフを象徴する
ピックアップトラック

タイの自動車産業は，1960年代まではほとんど産業的な基盤を持たなかった。しかしながら，過去50年間に急速な発展をとげ，現在では東南アジア最大の生産・販売・輸出拠点となっている。

　タイトヨタがなぜ，どのようにして現在のような自立化を達成したのかをみるための前提として，本章ではまず，現在のタイの自動車産業の概況を観察し，次にタイトヨタの概略についてみることにする。

1　タイ自動車産業の概要

　タイは，2005年に東南アジアで唯一100万台以上の自動車生産を誇る自動車大国となっている。その後順調な発展を遂げたが，2008年秋の「リーマンショック」以降，2009年には4年ぶりに100万台を割り込んでしまった。しかし，タクシン元首相派の反政府デモで打撃を受けた経済的な打撃も限定的なものにとどまり，観光業や個人消費も回復が顕著で，2010年には再び景気が回復し，自動車の国内販売が過去最高の80万台を超え，生産台数も165万台まで拡大した（後掲第1表）。

　東南アジアでは，1960年代から進出した日本の自動車メーカーの市場シェアは，きわめて高い。他の地域では，日本車のシェアは米国で4割，中国で2割，インド5割であるが，ASEANの主要自動車市場では日本は8割を占める。日本企業にとっては，欧米，韓国，地元勢との競争が激しい中印市場よりも収益性が高く，戦略的位置付けも大きい。[1]

　なかでもタイは，とりわけ日系メーカーの存在が大きく，9割の市場シェアを日系企業が占めている。マレーシア，中国，インドとは異なり，その国独自のブランドをもつ自動車メーカーは存在しない。また，政府もそうした政策を展開しようとせず，比較的自由に外資系自動車メーカーの参入を容認し，自由競争を促進してきた。その結果，タイの自動車産業は品質・コスト面で国際競争力を獲得していったのである。

　現在タイにおいては，17の組立メーカーが存在する。その内訳は，日系

車専門が9社,欧州系車専門が4社,米系車専門が2社であり,その他にゼネラル・アセンブラーと呼ばれる複数ブランドの組立を行っている企業が2社存在する。

　集積の大きな日系から内訳を見ると,三菱系シティポン・モーター,タイトヨタ,いすゞモーターズ,サイアム日産オートモービル,日野モーターズ・マニュファクチャリング,タイホンダ,マツダ,サイアムVMC(スズキ),日産ディーゼルがある。[2] 欧州ブランドでは,現地企業であるがベンツを生産しているトンブリ・オートモーティブ・アセンブリー(Viriyaphant家),タイ・スウェディッシュ・アセンブリー(ボルボ),BMWマニュファクチャリング,そしてフィアット・オート(フィアット)がある。米系では,フォードとマツダの合弁であるオートアライアンスとゼネラル・モータース(GM)がある。それから,かつてはいすゞを顧客とする自動車部品メーカーであったタイルン・ユニオンカーがある。同社は車台などをいすゞや日産から購入し,自社で1トン・ピックアップおよび四輪駆動車を数千台生産している。さらに,ゼネラル・アセンブラーとしては,ヨントラキット・グループのYMCアセンブリー(VW,アウディ,プジョー,KIA)とバンチャン・ゼネラル・アセンブリー(ホンダ,現代)がある。

　タイにおける自動車組立メーカーは,1960年代に設立されたものと,1990年代に設立されたものとに大きく分かれる。1960年代に進出した企業は,11社である。現存する企業6社のなかで,トンブリ(ベンツ,Viriyaphant家),シティポール(三菱,Panchet家),サイアム(日産,Phornpharapa家)は,技術は欧州や日本の企業から導入しているが,企業自体は現地華人系の企業としてスタートしている。残り3社は,トヨタ,日野,いすゞの日系3社となっている。消滅した5社は,プリンスと日産との合併によりサイアムに吸収されたプリンス・タイランド,シティポール・モーターズに吸収合併されたUDMI,消滅したカーナスット(フィアット,Karnastra家),タイ・モーター(英国フォード),イースト・エーシアティック(欧州車)である。

1　タイ自動車産業の概要　　27

かつて存在したカーナスット，タイ・モーター，イースト・エーシアティックといった現地華人系企業が消滅したため，華人系のタイ現地出資の自動車会社は大幅に後退している。現在の17社のうち，地場の現地華人系出資企業はわずか5社となっている。残りは日系7社，欧米系5社の外国勢によって占められている。そこでは，かつて大きかったタイ側の出資比率もマイナーになっている。例えば，タイ側がメジャーだったサイアム日産も，2004年4月には日産が株式の75%を取得し，社名もタイ日産と変更されている。

　次に，こうした組立メーカーに部品を供給しているタイ部品サプライヤーとその製品分野別構成をみることにしよう。すでにみたように，現在ではタイには自動車組立メーカーが17社，本研究では対象としていない二輪車メーカーが7社ある。これらに部品を供給する一次下請けメーカー（タイではTier 1と呼ばれる）は648社あるといわれている。その内訳は外資が47%，外資・タイ合弁が30%，そして純粋なタイ現地企業は23%といわれている。さらに，この一次下請けに納入する二次・三次下請けメーカー（Tier 2 & Tier 3）は1,641社である。一次下請けのいくつかを除いては，一般的にサプライヤーは中小規模のものが多い。

　日系部品企業が合弁形態で大資本を持って，エンジン部品，シャシー部品，ボディ部品を中心に高度部品の現地生産に取り組み，タイの自動車部品産業の高度化やタイでの現地調達率の向上に貢献しているという構図がみられる。

　タイの自動車部品企業については，以下のような特徴があるといわれている。第1に，部品企業全体としては，組立メーカーの立地の分布に合致して，バンコクおよび隣接する東部方面の旧来からの工業地帯であるサムットプラカーン県，東南方面の新興工業地帯であるチョンブリ県，ラヨーン県に集中している。この傾向は，Tier 1にも当てはまるが，Tier 1の場合はバンコクよりもサムットプラカーン県が多い。

　タイの自動車市場規模は1980年代から急速に拡大し，1997年のアジア通貨危機が生じる前年の1996年の自動車販売台数は58万9,000台であった。1997年にはそれが通貨危機による経済の悪化で36万3,000台，1998年には

14万4,000台に落ち込んでしまった。しかしながら，1999年から急速に回復を見せ2004年には，通貨危機前の販売台数を超える62万を超えるまでになった。しかしながら，2005年の70万3,000台をピークにその後は減少し，2008年には61万5,000台，2009年には48万台に減少している（第1表に，タイの自動車生産・販売・輸出台数を一覧表にしてあるのでそれを参照）。

　一方，生産台数でみると，1996年が55万6,000台であったのが，1998年には14万3,000台に落ち込んでいる。その後，急回復が見られ2002年には1996年を上回る56万4,000台に回復している。その後，急速に増加し2005年には100万台を突破して112万5,000台になり，2008年には139万2,000台となっている。しかし2009年には，2008年秋の「リーマンショック」を受けて，生産量は100万台を割り，93万7,000台に落ち込んでしまった。

　このように紆余曲折を経験しながらも急速に発展しつつある自動車産業は，タイの経済において大きな役割を占めている。2008年末で，産業別における製造業の雇用を見ると，上位グループは食品が152万5,000人で第1位であるが，第2位が自動車の117万6,000人である。それに続くグループには第3位の79万7,000人の電機，第4位が化学で79万6,000人，第5位が繊維で69万3,000人となっている。その後に，産業機械の35万6,000人，鉄鋼30万5,000人と続いている。一方，タイのGDPに占める自動車産業の割合は16％を占める。2007年の日本の自動車産業の割合が17％となっているから，ほぼ同程度の重要性をもっていることが分かる。

　タイの自動車市場の生産・販売における大きな特徴は，自動車台数に占めるピックアップトラック，なかでも1トン・ピックアップの割合がきわめて高いことである。1996年から2009年までの間に，ピックアップトラックが占める生産割合は最も低い1997年でも52％で，最も高い年（2009年）には68％となっている。

　タイ国内の販売においては，さらにピックアップトラックの割合は高くなる。すなわち，2004年にそのシェアは67％，2005年も73％，2006年に72％，2007年に73％に達している。しかし，2008年には急激に落ち込んで

第1表 タイの自動車生産・販売・輸出台数

年	1995	2000	01	02	03	04
自動車生産台数						
乗用車	117,007	97,129	156,066	169,321	251,691	299,439
商用車	365,786	314,592	303,352	415,630	498,821	628,642
合計	482,793	411,721	459,418	584,951	750,512	928,081
国内自動車販売台数						
乗用車	163,371	83,106	104,502	126,353	179,005	209,110
商用車	408,209	179,083	192,550	283,009	354,171	416,916
合計	571,580	262,189	297,052	409,362	533,176	626,026
自動車輸出台数						
輸出台数		152,836	175,299	181,471	235,022	332,057

出所：助川成也「タイの自動車産業――トヨタを中心に」ジェトロ・バンコクセンター，Association．

63％となった。2008年から2009年にかけて，ピックアップトラックはタイ国内市場において中核的な地位を失いつつある。

商用車を購入する購買者の内訳のなかで，圧倒的に大きいのが中小企業や自営業者であり，全体の52％と半分を占めている。それに続くのが政府の17％，農民の12％，その他となっている。

タイでは，キャブオーバー型のトラックは衝突時に運転者にとっては危険と考えられているため，ボンネット型が好まれている。また，車体が大きく比較的高価な2トン積みトラックは嫌われ，取り回しが便利で比較的安価な1トン積みが好まれ，これが主流になったという。

1トン・ピックアップトラックは，中小商工業者の小口商品運搬だけでなく，農漁業者の農水産収穫物の小口輸送にも適している。また，車体もワイドキャブ，ダブルキャブ，ステーションワゴンタイプなど多様なボディが現地開発され，共通のシャシー上に架装される。そのため，タイでは乗用車として，ミニバスや相乗りタクシーとして，都市・地方における旅客運搬用にも使われるなど，多目的に使用されている。

なお，このきわめてタイ的な1トン・ピックアップ車の発生は，1960年

(単位：台)

	05	06	07	08	09	10
	277,603	298,819	315,444	401,474	313,442	554,267
	847,713	889,225	971,935	992,555	685,936	1,091,037
	1,125,316	1,188,044	1,287,379	1,394,029	999,378	1,645,304
	188,211	191,763	170,118	226,805	230,487	437,796
	515,221	490,398	461,133	388,465	318,384	362,561
	703,432	682,161	631,251	615,270	548,871	800,357
	440,715	538,966	690,100	776,241	535,563	896,065

2009年，および"Can Statistic Report,"The Thai Automotive Industry

代に初めて日産によって生産された小型ボンネットトラック（ダットサントラック320型）の投入が引き金になったといわれる。これに追随して，トヨタのハイラックス，いすゞのファスターなどが相次いで投入されたという。その後，米国市場における乗用車のトランク部をオープン荷台に改造した「ピックアップ」風モデルが好まれた。タイでは，乗用車ではなく小型トラックのシャシーをベースにした，「ピカップ」という独特の仕様車が誕生し，国産車になった。[6]

また，タイに特徴的なこととして，自動車の輸出が1997年の通貨危機以後急速に拡大していることが分かる。2000年には15万2,000台であった輸出が2003年には23万5,000台，2005年には44万台，2008年には77万6,000台にまで増加している。2008年秋の「リーマンショック」以後の世界不況のなかで，10月以降急激に輸出台数が減少した。そのため，2009年には輸出台数は53万5,000台と急減し，タイの自動車生産に大きなダメージを与えた。しかしながら，2010年には，89万6,000台と急速に持ち直している。

自動車の輸出の急拡大は，外国メーカーのグローバル戦略に乗り，その国

際的な市場を割譲してもらっての輸出ということができる。つまり，タイは海外メーカーの輸出生産基地として位置づけられるようになったのである。これは，トヨタのIMV戦略に典型的にみられる。同じように，日産自動車は2010年の3月から世界戦略車「マーチ」の量産をタイで始め，日本やオーストラリアにも輸出し始めた。日本メーカーとして初めて量産車を海外に生産移管し，タイからの輸入に切り替えたものである。「タイ製＝安物」というマイナス・イメージを克服し，発売1ヵ月半で月間目標の4,000台の5倍に当たる2万台の販売を記録した。同社では，収益を出しにくかった小型車で，確実な利益を得るように仕組みを変えたという。[7]

タイ政府の優遇税制などを受け，ホンダや三菱自動車も，小型車の生産を相次ぎ開始する。三菱自動車は，2010年7月に，タイに小型車の年間20万台の新工場を，150億バーツ（450億円）を投じて設立し，2011年末から排気量1,000～1,200cc級の新型車を生産し，タイ国内だけでなく，7割を日米欧，豪州へ輸出すると発表している。この小型車は「グローバルスモール」と呼ばれ，同社が開発を進めている世界戦略車である。軽自動車の軽量・小型化技術を活用して高い燃費性能を実現し，部品の現地調達化などで100万円を切る低価格を目指している。このほか，ホンダが低燃費・低価格の小型車を2011年にも生産開始するとしている。スズキも，200億円を投じて新工場を建設し，2012年3月から小型車の生産を開始する予定である。[8] 日本の自動車メーカーの間に，タイを世界戦略車の輸出拠点として活用する動きが広がっている。

また，米フォード・モーターも2010年6月には，タイに乗用車の新工場を単独で東部ラヨーン県に建設すると発表している。150億バーツ（約450億円）を投じ，2012年から主力小型車「フォーカス」を生産する。年産能力は15万台で，85％を他のアジア太平洋市場などへ輸出するという。フォードは，マツダとの合弁会社オートアライアンスでも，2010年7月には初めて乗用車の「フィエスタ」の生産を開始している。9月から国内市場に投入するほか，アジア太平洋地域や南アフリカ共和国にも輸出を開始する。米ゼ

ネラル・モーターズ（GM）も，バイオディーゼル燃料に対応したエンジン工場の新設をタイで計画している。このように，米国企業でも裾野産業が集積するタイを世界市場の供給拠点に位置付ける動きが広がっている^9。

　2008年のタイにおける自動車の総生産台数は，139万2,000台であった。この台数を生産した自動車会社別内訳をその出身国・地域別に大きく3グループに分けて見ると，第1のグループで最大なのが日系自動車メーカーである。主要なメーカーは，トヨタ（生産シェア41%），三菱自動車（13%），いすゞ（12%），ホンダ（12%），日産（5%）となっている。その他の日系自動車メーカーとしては日野とマツダがある。日系自動車が圧倒的なシェアを占めているのが分かる。

　第2は，アメリカ自動車メーカーである。ここでは，フォード＝マツダが生産量の9%を占めている。ゼネラル・モータースは7%となっている。

　第3は，ヨーロッパのBMW，ボルボ，ダイムラー＝クライスラーがある。しかし，現在のところこれらの企業のタイ全体の生産台数に占める割合は極めて小さい。

　さらに，最近では，韓国の現代自動車や大宇をはじめ，インドのタタ，中国の奇瑞などの急速に発展する新興国の自動車企業の進出が取りざたされている。

　タイにおける自動車の普及率は全体で8.0人/台，その内訳をみるとバンコクでは2.2人/台，バンコク以外では10.9人/台となっている。日本やアメリカが2人/台，マレーシアが5人/台，シンガポールが6人/台で，フィリピンが30人/台，インドネシア60/台，ベトナム200人/台となっているから，ASEANの中では自動車は普及しているほうであるが，アメリカや日本といった先進国とくらべると，タイはまだ国内においても拡大の余地はあると考えられる。

2　タイトヨタの概要

　タイトヨタ（Toyota Motor Thailand：TMT）は，1962年10月に設立されている。現在，資本金は75億2,000万バーツであり，トヨタ自動車が86.4％，残りが現地資本で13.6％である。現地資本のうち，最初の合弁相手であるあるサイアム・セメントが10％分を所有している。

　会長にはサイアム・セメントでかつて上級副社長を担当していたプラモン（S. Pramon），副会長にはタイトヨタ生え抜きのニンナート（C. Ninnart）が就いている。社長には，日本から棚田京一，副社長には野波雅裕，財務役には中尾宏平が就任している。代々タイトヨタには，トヨタ自動車がかつて自工と販社に分かれていた時代の販社の出身者が社長に就任しているようである。

　本社がおかれているサムロン工場，車両生産のためのゲートウェイ工場，バンポー工場の3工場と，バンコクオフィスを持っている。さらに，部品梱包・輸出のバンポン工場を有している。従業員は2009年3月時点で1万1,544人（TAWを含む）である。関連会社としては，車両生産のタイ・オートワークス（TAW），エンジンなどを生産するサイアム・トヨタモータース，さらには設計開発・域内統括，調達・生産・物流企画を担当するトヨタモーター・アジア・パシフィック・エンジニアリング・アンド・マニュファクチャリング（TMAP-EM）がある。

　2009年におけるタイトヨタの組織は，第1図のように，会長，副会長，社長のトップの下に販売部門，製造・技術部門，そして管理部門の3つの部門に分かれている。販売部門の統括はシニアバイスプレジデント（Senior VP）のヴィチェンであり，その下に販売企画，営業企画，地域営業，アフターセールと，担当が分かれ，それぞれタイ人のSenior VPやVPが責任者となっている。製造・技術部門は，野波副社長の下，2人のSenior VPがそれぞれサムロン工場，ゲートウェイおよびバンポー工場の責任者となって

第1図　タイトヨタの組織と役職者（2009年8月）

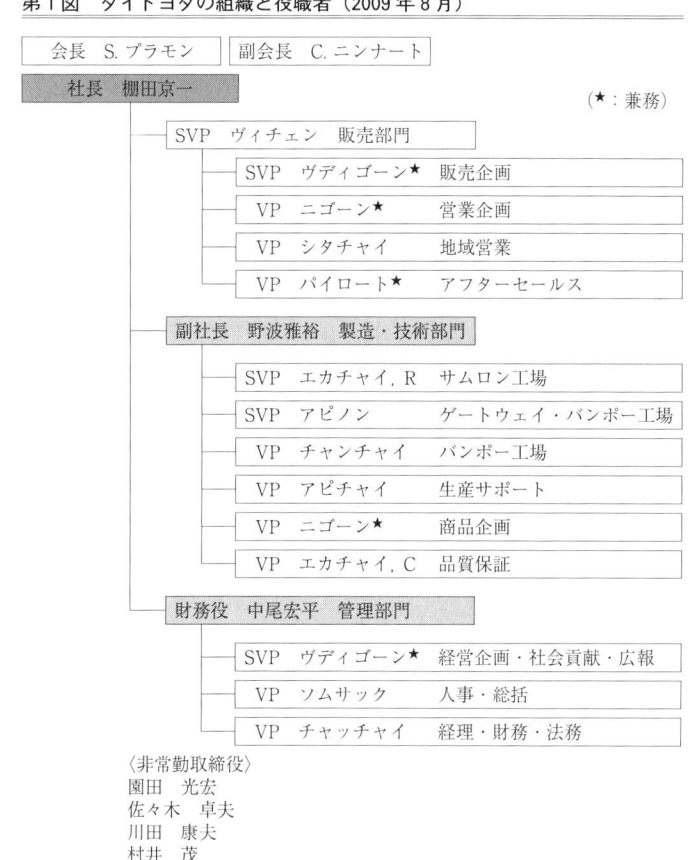

```
┌─────────────────────┐  ┌─────────────────────┐
│ 会長　S. プラモン   │  │ 副会長　C. ニンナート │
└─────────────────────┘  └─────────────────────┘
┌─────────────────────┐                          （★：兼務）
│ 社長　棚田京一      │
└─────────────────────┘
   ├─ SVP　ヴィチェン　　　販売部門
   │    ├─ SVP　ヴディゴーン★　販売企画
   │    ├─ VP　ニゴーン★　　営業企画
   │    ├─ VP　シタチャイ　　地域営業
   │    └─ VP　パイロート★　アフターセールス
   │
   ├─ 副社長　野波雅裕　製造・技術部門
   │    ├─ SVP　エカチャイ, R　サムロン工場
   │    ├─ SVP　アピノン　　　ゲートウェイ・バンポー工場
   │    ├─ VP　チャンチャイ　バンポー工場
   │    ├─ VP　アピチャイ　　生産サポート
   │    ├─ VP　ニゴーン★　　商品企画
   │    └─ VP　エカチャイ, C　品質保証
   │
   └─ 財務役　中尾宏平　管理部門
        ├─ SVP　ヴディゴーン★　経営企画・社会貢献・広報
        ├─ VP　ソムサック　　人事・総括
        └─ VP　チャッチャイ　経理・財務・法務
```

〈非常勤取締役〉
園田　光宏
佐々木　卓夫
川田　康夫
村井　茂
Damri Tunshevavong

出所：タイトヨタ「タイトヨタ会社概況」2009年8月。

いる。また，4人のVPがそれぞれバンポー工場，生産サポート，商品企画，品質保証の責任者となっている。管理部門では，中尾財務役の下，Senior VPが経営企画・社会貢献・広報を担当し，2人のVPがそれぞれ人事・総括および経理・財務・法務を担当する形をとっている。

　タイトヨタの車両生産工場について，古い順に見てみよう。最初の，サムロン工場は，1975年に稼働し始めたもっとも古い工場である。現在，第1,

第2，第3工場まで有している。土地面積43万平方メートル，建屋面積15万7,000平方メートル，従業員数は2008年6月時点で3,800名である。おもな工程は，ボディプレス，溶接，塗装，最終組立，樹脂成型，自動車機能部品の組付からなる。ここでは，IMVの主力であるハイラックスヴィーゴのB-Cab（IMVⅠ：シングルキャブ），C-Cab（IMVⅡ：エクストラキャブ），D-Cab（IMVⅢ：ダブルキャブ）を生産している。生産能力は年22万台である。

第2は，1996年に稼働を始めたゲートウェイ工場である。土地面積は100万平方メートルと最大である。建屋面積は16万6,000平方メートルであり，まだまだ工場を増設する余地が大きい。従業員は2008年6月時点で3,900名である。おもな工程はボディプレス，溶接，塗装，最終組立，樹脂成型，自動車機能部品の組付である。ここでの生産車種は乗用車中心で，カムリ，カローラ，ヴィオス，ウィッシュ，ヤリスを生産する。生産能力は年20万台である。

第3は，2007年稼働のバンポー工場である。土地面積76万平方メートル，建屋面積22万4,000平方メートルである。従業員数は2008年6月時点で，1万800人で，IMVⅡとIMVⅢを生産している。生産能力は年11万台である。

さらに，第4の工場としては，1988年（1964年に独立した会社としてすでにスタートしていた）に，現地サミットラとトヨタ車体と合弁で設立されたタイ・オート・ワークス（TAW）がある。同工場の土地面積は4万平方メートル，建屋面積は23万平方メートルとなっている。2008年6月時点で従業員1,100名である。主な工程は，溶接，塗装，最終組立である。主力製品は，ハイラックスヴィーゴのD-Cabおよびスポーツユーティリティビークル（SUV）のフォーチュナーである。生産能力は年5万5,000台である。ただ，2010年5月末に，トヨタはTAWの工場を休止している。[10]

タイトヨタの生産および輸出割合をみると，第2図のようになる。2002年には生産台数は14万台，そのうちの8％が輸出に向けられている。これが2005年には41万6,000台の生産台数の37％と，急速に輸出割合が増加

第2図　タイトヨタの生産台数と輸出比率の推移

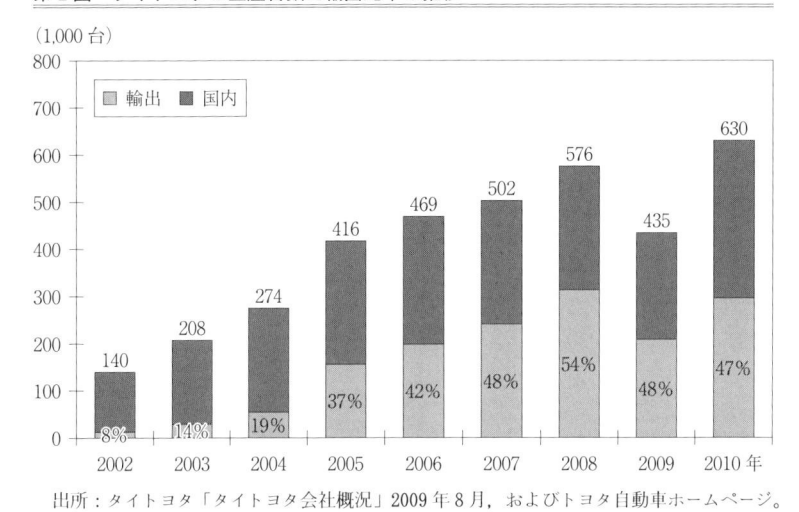

(1,000台)

年	生産台数	輸出比率
2002	140	8%
2003	208	14%
2004	274	19%
2005	416	37%
2006	469	42%
2007	502	48%
2008	576	54%
2009	435	48%
2010	630	47%

凡例：輸出、国内

出所：タイトヨタ「タイトヨタ会社概況」2009年8月、およびトヨタ自動車ホームページ。

している。その後は、2008年の生産が57万6,000台に増加し、輸出割合は54％となっている。2008年の「リーマンショック」後の世界同時不況の影響を受けて、生産台数は30万5,000台と減少しているが、輸出割合は55％とむしろ若干ではあるが増加している。

タイトヨタの2008年の生産台数は、51万3,000台となっている。他の国のトヨタの生産台数をみると、米国のケンタッキートヨタ（TMMK）が45万6,000台、中国の天津一汽豊田汽車（TFTM）が36万6,000台、カナダトヨタ（TMMC）が28万7,000台、米国GMとの合弁会社（NUMMI）が27万1,000台、そしてフランストヨタ（TMMF）が24万台で、トヨタの海外現地法人ではタイトヨタが最大の生産台数を誇るまでになっているのが分かる。

3　販売・調達活動

タイトヨタの輸出先は、第7章でくわしく見るIMV（戦略的国際多目的自動車）のリンク生産をベースに100カ国以上になり、世界の車両供給基地化

しているといえる。タイトヨタの2008年における地域別輸出台数をみると，以下のようになる。すでにみたように，同年のタイトヨタの総生産台数は57万6,000台で，国内向けが26万3,000台（46％），輸出が31万3,000台（54％）であった（前掲第2図）。輸出の車種別割合は，IMVが24万1,000台で，乗用車は7万2,000台であった。輸出の割合が1番高いのはやはりアジアである。アジアにはIMVが2万7,000台，乗用車が7万2,000台輸出されており，この地域では乗用車輸出の割合が大きいのがわかる。次に輸出の多い地域は中近東で，IMVが9万3,000台輸出されている。3番目に輸出が多いのがオセアニアで，IMVが5万3,000台輸出されている。オセアニアに続くのが中南米で，IMVが4万3,000台輸出されている。アフリカへの輸出が最も少なく，8,000台のIMVが輸出されているにすぎない。タイトヨタからのアジア以外への輸出は，基本的にはIMVに限られているのが分かる。

　完成車に加えて，タイトヨタでは部品の輸出も始めている。当初は，乗用車部品しかなかったが，2004年からIMVの部品の輸出が開始された。2001年には，300コンテナ（con）/年しかなかったが，2002年には4,400 con/年，2004年には1万con/年の乗用車分に500 con/年のIMV部品が加わるようになった。それ以後，輸出は急速に伸び2005年には1万800 con/年の乗用車部品に加えて1万9,700 con/年のIMV部品が輸出されるようになった。2006年になると，1万1,800 con/年の乗用車部品に対してIMV部品が1万2,900 con/年となり，乗用車部品とIMV部品が逆転している。2007年においては，乗用車部品が2万6,800 con/年，IMV部品が1万2,000 con/年，2008年にはそれぞれ1万700 con/年，1万8,100 con/年となっている。2009年には，全体の輸出は前年比21％減の2万3,000 con/年となっているが，内訳は乗用車部品が1万100 con/年であるが，IMV部品は1万2,900 con/年でIMV部品の輸出が急減しているのが分かる。

　部品の輸出国は13ヵ国におよび，IMV関連部品は11ヵ国となっている。最大の輸出相手国はインドネシアで7,661 con/年，第2位がマレーシアで

5,709 con/年であった。第3位の輸出先は南アフリカで，3,887 con/年であり，第4位はパキスタンの3,075 con/年であった。第5位はフィリピン，第6位はベトナム，第6位はインドで，それぞれ2,186 con/年，2,134 con/年，1,421 con/年であった。第8位がアルゼンチン，第9位がオーストラリア，第10位がベネズエラ，第11が台湾，第12位がブラジル，そして第13位が中国となっており，それぞれ988，978，374，101，80，14 con/年であった。

　国内の販売体制については，基本原則としては1県1ディーラー制（全店独立資本）をとっているが，バンコクはフリーテリトリー制をとっている。2008年11月末時点で，全国に122のディーラーが305の販売拠点を有している。バンコク以外の地方では，84のディーラーと177の販売拠点が存在する。地域別市場構成は，バンコク地域が38ディーラーで128拠点を有しており，シェア47％とほぼ半分を占める。その他は中部地区が27ディーラーで57拠点，シェア18％，北部地区が19ディーラーで38拠点，シェア11％，北東部地区が23ディーラーで48拠点，シェア13％，そして南部地区が15ディーラーで34拠点，シェア11％となっている。高級車のレクサスについては，バンコクに3拠点がある。

　なお，セールスマンは合計で4,757人，うちバンコクが2,331人，地方が2,426人となっている。ディーラーに併設された工場で車の点検・修理に当たるテクニシャンは，バンコク2,148人，地方3,296人となっている。

　また，中古車については新車販売と区別するために，"Sure"ショールームデザインを作り，これによって消費者は間違うことなく，"Sure"ブランドのショールームのある販売店で中古車を購入できるようにしている。

　タイの自動車市場とトヨタの販売シェアをみると（第3図），1996年のタイの自動車の総市場は58万9,000台で，トヨタの販売台数は16万4,000台であり，トヨタのシェアは27.8％であった。これが，1997年の通貨危機で販売が落ち込み，1998年には総市場が14万4,000台，トヨタの販売台数は10万7,000台となった。しかし，シェアは29.6％とあまり変化がなかった。1999年にはタイ市場は回復基調を示し，21万8,000台を販売し，そのうち

第3図　タイの自動車市場とトヨタのシェアの推移

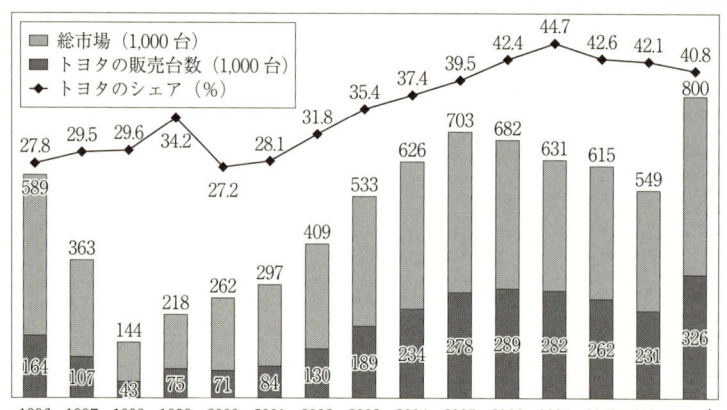

年	総市場（1,000台）	トヨタの販売台数（1,000台）	トヨタのシェア（％）
1996	589	164	27.8
1997	363	107	29.5
1998	144	43	29.6
1999	218	75	34.2
2000	262	71	27.2
2001	297	84	28.1
2002	409	130	31.8
2003	533	189	35.4
2004	626	234	37.4
2005	703	278	39.5
2006	682	289	42.4
2007	631	282	44.7
2008	615	262	42.6
2009	549	231	42.1
2010	800	326	40.8

出所：タイトヨタ「タイトヨタ会社概況」2009年8月，およびトヨタ企業サイト。

トヨタは7万5,000台で34.2％のシェアを占めた。しかし翌2000年には，総市場は26万2,000台になるが，トヨタの販売台数は7万1,000台でシェアは27.2％と低下してしまった。

2001年から2005年にかけて，タイの市場は急速に成長していった。2003年にはすでに1996年の販売台数に近い53万3,000台を達成している。タイトヨタは18万9,000台を販売し，シェアを35.4％まで高めている。2005年には総販売台数は過去最高の70万3,000台を記録し，トヨタの販売台数は27万8,000台でシェアは39.5％となっている。2006年以後は，総販売台数は減少した。トヨタのシェアは2007年に44.7％と最高を記録するが，その後は42％台となっている。2008年に起こった「リーマンショック」以降の世界金融恐慌のため，2009年には総販売台数は54万9,000台，トヨタの販売台数は20万5,000台となり，シェアは42.4％となっている。さらに2010年には総販売台数は80万台となり，タイトヨタの販売台数は32万6,000台で，シェアは40.8％となっている。

最後に，2008年10月現在における，タイトヨタの部品の仕入先の概要を見ておこう。仕入先は，大きく分けて，①関連会社を含む日系企業，②現

地企業（日系で技術援助を受けているものと純ローカルの企業に分けられる），③その他で，合計が148社である。日系は全体の74％を占める109社で，タイトヨタは，エンジン，電装品，シート・内装品，ガラス，ミラー，ランプ，ハーネス，タイヤなどを購入している。

注
1 「1～6月，東南ア，新車販売4割増——内需拡大取り込み，日本勢シェア8割」『日本経済新聞』（大阪夕刊）2010年7月28日。
2 助川成也「タイの自動車産業——トヨタを中心に」（ジェトロバンコクセンター，2009年）。
3 酒井弘之「第6章 タイにおける自動車部品製造業の集積」小林英夫・竹野忠弘編『東アジア自動車部品産業のグローバル連携』（文眞堂，2005年），153-154ページ。
4 同上，151-152ページ。
5 タイの自動車産業ならびにタイトヨタについて，特記のない場合には，以下の資料による。Materials made by Toyota Motor Asia Pacific and Toyota Motor Thailand Co., Ltd., "To Visit to Prime Minister Abhisit" (July 1, 2009). TMTサムロン工場「TMTサムロン工場概況」2009年8月。Suparat Sirisuwanangkura, Senior Vice President, "Psychology of Teenage Development 2008 Seminar: Skill Development to Match with Employer's Requirements" (November 28, 2008). Asia Pacific Global Production (Training) Center, "Introduction."
6 酒井弘之「第6章」156-157ページ。
7 「日産『マーチ』量産開始，タイから輸出7万台，世界戦略車の拠点に」『日本経済新聞』2010年3月13日。「タイ製マーチ成功，国は？——見切られる前に政策を（取材ファイル）」『日経産業新聞』2010年9月8日。
8 「三菱自，タイに新工場，小型車生産，450億円投資——年産20万台，世界へ供給」『日本経済新聞』2010年7月6日。「小型エコカー，三菱自，タイ新工場，450億円投資，来年末に稼働」『日経産業新聞』2010年7月6日。
9 「フォード，タイに乗用車新工場，450億円投資，アジアに輸出」『日本経済新聞』2010年6月25日。「フォード小型車，タイで生産開始，マツダとの合弁拠点で」『日経産業新聞』2010年7月21日。
10 「タイ1工場，トヨタ休止，生産体制見直し」『日本経済新聞』2010年5月14日。

第3章

トヨタ自動車の
タイ市場への
進出

1957～1977年

初期の代理店

スリオン事務所

タイの自動車産業も，当初は現在の他の ASEAN 諸国と同じような経緯をたどっていた。自動車産業が拡大する中にあって，当初の完成車輸入と補修の段階から，SKD（セミノックダウン），KD（ノックダウン），そして CKD（コンプリートノックダウン）生産へと組立生産が進み，それに並行して国内企業に保護が加えられていった。この国内企業保護は，ある程度まで技術移転と国産化を進めることにはなった。しかし，生産台数も限られていた上に，輸入部品に国産化推進のために高関税が課せられたりした。そのため，コストペナルティを伴うことにならざるをえず，日本製の倍に近い高コストと，国際的にはまだまだ低い品質水準に甘んじなくてはならないというジレンマを抱えることになり，これから脱却を図ることはなかなかできなかった。[1]

1 トヨタのタイ進出

　トヨタ自動車は，1936 年に満州に向けて 4 台の大型トラックを初めて輸出して以来，第二次大戦終結までに，満州，北支，南洋を中心として総計 5,941 台を輸出している。しかし，第二次大戦以前の自動車輸出は日本の中国大陸を中心にした侵攻政策に基づく軍の自動車需要によるもので，輸出という形態をとってはいても，それは占領地区に向けてのものであり，実質的には国内出荷のようなものであった。そのために，戦後の日本のトヨタの自動車輸出は全く白紙の段階から出発したといえる。[2]

　戦後は，1947 年 8 月に GHQ が制限付き民間貿易を許可して以来，徐々にその制限が外されていった。輸出では，1949 年 12 月の外国為替および外国貿易管理法の公布，1950 年 1 月の輸入貿易管理令の施行によって，正常な貿易が再開されることになった。

　トヨタ車の輸出業務は，戦前・戦後を通じて販売部の担当であったから，1950 年にトヨタ自動車販売がトヨタ自動車工業から分離して設立されると，輸出業務はトヨタ自工からトヨタ自販に移管された。このため，トヨタ自販は設立と同時に輸出部を設置し，輸出課と渉外課を設けて輸出業務を遂行し

ている。しかしながら，当時の日本はまだ占領下にあり，海外渡航も思うに任せぬ状態であったし，トヨタ自販の海外代理店もなかったから，わずかにGHQ経済科学局（ESS）の斡旋や，占領軍の軍事援助費によって買い付けされたものが，散発的に東南アジア方面へ出荷される程度であった。[3]

トヨタは「外貨獲得による国益の増進」のみならず，独自の経営上の問題から輸出増進の努力をした。すなわち，量産によるコストの引き下げは，自動車産業にとって重要な課題であった。輸出増進がこれを促進する1つの方策であり，結果として，それが国内市場の拡大と不可分の関係にあったからである。[4]

トヨタ自販の海外市場開拓の努力は，1955年に本格化した。これは，第1に，トヨタ自体が国内市場の拡大基調を背景に，ようやく企業基盤も固まり，先行きの見通しも立って，海外へ目を向ける余裕が出てきたことによる。第2は，1952年ごろからの国際収支の継続的赤字を背景とした，日本政府の一連の輸出振興策の展開によるものであった。

自動車産業においては，1949年に日本自動車工業会（以下，自工会）が中心となって，自動車輸出振興会（1965年，自工会の輸出委員会にその活動は引き継がれる）を設置し，国産車の輸出振興を目指した。しかし，不利な輸出環境やドッジデフレに伴う業界自体の混乱もあって，見るべき成果を上げるには至らなかった。しかし，1954年秋になると，閣議決定により設置された重機械輸出会議に自動車部会が設置され，官民一体となって輸出振興を図る態勢が整えられた。

こうしたなか，トヨタ自販の輸出部は海外自動車事情の基礎データを，おもに米の専門紙『オートモーティブ・ニュース』に依存し，諸外国の経済情勢については，東京銀行営業部，および同行外国部の協力を得て，情報収集に努めた。当時の状況を，トヨタ自販の社史は，つぎのように述べている。

しかし，当時の手持ち車種，技術水準からして，先進国への進出は，到底不可能であり，勢い欧米先進メーカーが地盤を固めていない発展途上国

を市場開拓の対象とせざるをえなかった。当社は，とりあえず，東南アジアと中南米の諸国を対象として販路拡張の足がかりを築く方針をとった。東南アジアは，欧米先進メーカーが比較的手を抜いていたし，地理的にも有利であった。[5]

1955年から57年にかけて，トヨタ自販は担当者を現地に派遣して，現地の政治，経済情勢，自動車事情などを調査した。そして，期待を持つことのできる国には，代理店を設置して市場開拓の布石を敷いていったのである。その結果，東南アジアの輸出圏は著しく広がり，1956年ごろには，政治経済上の問題のない地域をほぼ網羅するにいたった。[6]

このようにして，トヨタは輸出によって海外市場を開拓しようとした。トヨタ自販は，1960年代半ばまでの基本的な方針を次のように定めている。

第1は，輸出開始に先立ち，当該仕向け先国のアフターサービス体制を極力整えることであった。自動車の輸出は，その商品の性質上，アフターサービスが伴わない限り，恒久的な市場を獲得することはできない。とくに，発展途上国に進出する場合，車両整備，補給部品面のもつ重要性は高かった。

第2は，総合商社依存を極力避け，自らの手で市場開拓を行っていくことであった。輸出業務一切を総合商社に依存してしまうと，販売網の整備や情報入手が容易になり，短時間で成果を上げることができる。しかし，自動車に特有のマーケティングや製品の性能についての情報フィードバックなどがなければ，長期的な市場確保は困難である。

第3は，アメリカ車との直接の競合を避けることであった。アメリカ自動車産業の規模の大きさを率直に認め，その力を冷静に評価すべきである。これとまともにぶつかると大変な犠牲を強いられると考え，アメリカ車と競合しない独自の市場を獲得するべきだと考えたのである。[7]

1956年1月，トヨタ自動車販売はバンコクに海外駐在事務所をおき市場開拓に力をいれ始めた。当時タイは，東南アジアで1，2位を争う有力な市場であったことから，ここに東南アジア開拓の橋頭保を築くという方針に基

づくものであった。しかし，現地の販売力が弱く，代理店を何回変更してもうまくいかず，販売実績は満足できるものではなかった。そのため，1957年2月，同社は方針を変更して，タイを東南アジア市場開発の拠点とするため，バンコク営業所を開設した。直営の海外拠点をもつのは，日本の自動車業界では戦後始めてのことであった。同年5月には，この営業所を支店に昇格させた。

バンコク営業所の場所はバンコクのスリオン通りで，建坪2,310平方メートル，サービス工場330平方メートル，組立工場1,155平方メートルという東京における販売店と比較してもAクラスの立派な店構えであった。開店祝賀披露会には，渋沢信一駐タイ大使をはじめ在タイ邦人，タイの政財界の名士や映画女優など約1,000名が参加した。

タイは，東南アジア諸国の中では1，2を争う自動車市場であった。第2次大戦中にトヨタ自動車は中国と南洋諸島，日産自動車は満州，タイ，ビルマへ軍用トラックを輸出していた。タイは日本製トラックになじみができていた関係もあって，戦後いち早く日本車の輸出が実現したのである。そのうえ，タイの道路事情や使用条件は，もっとも日本車に適していた。したがって，トヨタ自動車販売は，早くからタイを重点市場の1つと考え，独自の進出を検討していたのである。[8] トヨタでは，このバンコクに次いでアメリカトヨタ，ブラジルトヨタを続けて設立している。

当初のバンコク支店は現地従業員70名，日本人駐在員7名の陣容であった。5トン積みトラックと2トン積みトラックを輸入・販売していたが，同年の日本からの輸出はわずか892台であったという。組織は，支店長の下に，車両部門，部品の在庫管理と販売部，サービス部，修理部門，経理部，総務部の5部門からなっていた。いまだ，日本の自動車メーカーが海外に輸出可能な品質と性能を有する乗用車を作れなかった時代であり，海外営業は手探りの時代であった。[9]

初代支店長は，本社トヨタ自動車販売のサービス部長であり，次長は同社輸出部の課長であった。この次長は戦前にインドネシアに駐在経験があり，

同社でただ1人の海外駐在経験者であった。2代目支店長も販売部長であったが，主に日本国内の営業の経験が多く，英語もそれほど堪能ではなかったという。[10]

　トヨタは1950年の朝鮮戦争までは，沖縄・台湾向けに少量の輸出を行っていた。タイ向け輸出はあまり振るわない市場であった。まとまったものとしては，1954年にトヨタ自販が契約した消防車117台の大口契約ぐらいのものであった。日本車の性能や価格は，まだまだ十分な国際競争力をもっていなかった。

　しかし，それ以上にタイでの販売事情が問題であった。日本からタイへの輸出の車種の幅は広かった。ところが，トヨタはまだまだ大部分の車種について競争できる価格を出しにくい状態にあり，大体1割5分〜1割7割5厘ぐらいの価格上のハンディキャップを背負って販売せざるを得なかった。

　もちろん最終販売価格は，他の外国車並みにしなければならない。ところが，現地の販売店にしてみると，トヨタの車を販売すれば，販売コストが高く利幅が小さくなる。それに対して，米国のゼネラル・モータース（GM）やフォード，あるいはドイツのベンツなどを扱えば，販売コストも安く，はるかに有利な商売になった。そのため，日本車の販売はこれらの車の販売権を獲得し損ねた弱小の販売店を相手にするほかなく，なかなか販売を伸ばすことはできなかった。

　そのうえ，タイでは金融機関が発達していなかったので，車を売った場合，その月賦資金は販売店自身が負担しなければならない。膨大な月賦資金を寝かせる資本力と覚悟を持たなければ，精力的な自動車販売はできない。個人商店の域を出ない弱小ディーラーに，これを期待することは不可能であった。トヨタは，支店開設までの2年間に4回ほど特約店を変更したが，それにもかかわらず，こうした事情のために輸出が思うように伸びなかったのである。[11]

　結局，トヨタ自販は恒常的な輸出市場を確立するには，自らの支店による進出以外に方法はないと判断した。そしてタイ市場では，直営化して進出すれば月50台までは十分輸出が可能であると考えたのである。社内では，ま

だ時期尚早であるとか，採算がとれるのか，といった心配があったようであるが，タイ国民の国王・仏教などに対する真摯な国民性への信頼，輸出による外貨獲得・量産効果，タイ市場の重要性なども考慮して，1956年9月の取締役会で支店開設が認められたのである。

1957年1月と4月に，トヨタ自販はタイ国支店設置と土地建物の購入費として30万9,200ドル（約1億1,000万円）の外貨送金許可を取得している。それにもとづいて，2月にバンコクに営業所を開設し，6月には支店開設の運びとなったのである。トヨタ自販が購入した土地建物は，元は米国ハドソンやパッカードの販売店で，1956年末からトヨタ自販とガソリントラックの販売契約を結んでいたものであった[12]。

支店開設とともに，いままで輸入決済資金や月賦資金の制約によって1カ月当たり10～20台に過ぎなかった輸出は，たちまち50～70台へと驚異的な増加ぶりをみせている。1957年のトヨタのタイ向け輸出は892台（1956年は110台）に上り，同年のタイに輸出された日本車の84.4％という圧倒的なシェアを占めた。これはタイ市場の需要の20％以上にあたり，月間登録台数では，シボレー，フォード，ダッジなどを上回るものであった。トヨタ自販の直売方針が功を奏したことを示すものであると同時に，三井銀行バンコク支店の協力による潤沢な資金源が販売台数の大幅な増加を可能にしたのである[13]。

日産もほぼ同じ時期の1957年6月にバンコク駐在員事務所を開設し，サイアム・モーターを代理店としてタイ市場への進出を決定し，またいすゞや日野などは商社と提携してタイ市場に進出している。日系企業のライバルはGM，フォード，ベンツなどの欧米系自動車メーカーであった。欧米系メーカーは，タイ人の富裕層をターゲットに現金取引で乗用車を販売していた[14]。

当時のトヨタ自販からの輸出はごく少数のクラウンの完成車を除き，トラックがほとんどで，SKD（セミノックダウン）であった。日本からの半製品を支店サービス部のスタッフが現地の技能員を指導して，モノを吊り上げる小型の機械であるホイストとフォークリフトと「馬」と呼ばれた木組みの枠を

使った組立用の台を使って組み立てるものであった。完成品は「ハイフォン1」と称するキャブのない状態で支店から出荷されたのである。この裸シャシーは地方のボディ屋で顧客の要望により架装された。この架装代の割賦代金は，シャシー代とは別に販売店が責任を持ち，シャシー代金はバンコク支店と顧客との直接取引となるような決済方式であった。[15]

タイ市場での販売は，バンコク支店の直接金融による月賦を含めた販売方式であった。最初の13の販売店は雑貨屋や精米業者などであったから，販売店による直接の拡販方式はむりであった。したがって，販売店は顧客からの注文を支店につなぐコミッション方式の取次店であり，販売店は顧客を支店までつれていった。もし，販売が割賦方式であれば，販売店はなにかあったときの保証人になった。[16]

この当時の取次店に支払うコミッションは，ASSA（アフター・セールス・サービス・アローワンス）という方式がとられていた。これは，コミッションの性格と回収義務に対する報奨金の性格とが混じったものであった。つまり，成約するといくら，月賦代金の半分を回収した時点でいくら，代金回収が終わればいくら，といったものであった。当時の販売店には，アフターサービスの概念はなかった。販売店はよくても部品を売るところまでであり，町の修理屋がこの部品を買って修理した。

当時，バンコク支店では取次店を各県に1店をつくることを目指して販売網を広げようとしていた。取次店と代理店契約を結ぶ条件として，月賦販売を前提とした資金面で担保力や信用力を持ちえているかを徹底的に調査したという。

販売開始当初は2種類のトラックしか扱っていなかったが，1963年ころには1トン積みトラックや5トン積みディーゼルトラックなど車種が増え，乗用車のティアラ（RT40＝新型コロナの輸出車名）も販売するようになっていた。

取次店では，自動車の修理などのアフターサービスを行うことができなかった。というのは，これらの取次店にはショールームがなく車を展示するこ

とができなかっただけでなく，サービスショップを有する能力もなく，修理を行うことができるメカニックなどもいなかったからである。そのため，1959年ごろまでには日本人サービスマンがローカルスタッフを伴って，国中を訪問修理するようになった。顧客からの注文により，商用車に架装するときも手配担当者が，架装業者から同様にマージンをもらうなどの不正取引が発生した。日本人管理者として，黙認することはできないものの，このような商慣行をすべて否定することはできなかったという。[17]

この頃の支店では，少数の日本人駐在員が部下のタイ人アシスタントと共に，完成車の輸入に，国内の販売に，サービスに，修理部品の調達に，タイ人スタッフの採用に，そして財務において，いかにその仕組みをつくり上げ，実際の仕事を効率よく展開して他社より良い結果をあげるかに没頭していた。1960年2月にトヨタ自販バンコク支店に赴任した今井宏は，当時の様子を以下のように述べている。

　　日本人は，日本の本社で体験した仕事のノウハウを，個々現地でいかに応用に結び付けるかに一所懸命であった。タイ人はというと，あくまで日本人の補佐役としての使命をいかに手際よく果たすかに腐心していた。
　　……タイ人従業員のほとんどは，日本人から仕事のハウツーをいかに吸収するかが当面の課題であったし，日本人もタイ人に，なんとかして早く正確に仕事のハウツーをいかに伝達するかに最大の関心が向けられていたというのが正直偽らざる当時の状況であった。[18]

2　自動車産業政策の始まりとタイトヨタの設立

1960年代の初めまでは，タイでは完成車の輸入しか行われていなかった。コメ依存の経済からの脱皮を図るため，世界銀行の勧告を受けたサリット政権は，産業投資奨励法を改正し，輸入税・営業税の減税恩典を盛り込んだ輸入代替産業育成施策を実施した。1961年，タイ政府の自動車産業振興政策

に応える形で，米国のフォード車がアングロ・タイ社（英国インチケープ社）と合弁で組立工場を設立し，CKD（コンプリートノックダウン）組立生産を開始した。これがタイ国における自動車産業の嚆矢であるといわれている。1962年には2社の組立メーカーが設立された。1つはカルナスタ（Karunasuta General Assembly Co.）で，フィアットの組み立てを行った。もう1つは，日産がサイアム・モータースとサイアム日産を設立して日産車とスズキ車の組み立てを始めた。これに続いて，トヨタが1964年に，プリンスが1965年に，いすゞ，日野，三菱が1966年にと，相次いで組立工場を設立した。

一方，1960年代までのタイにおいては，自動車が購入できるのは富裕な個人か発展する企業に限られており，年間の自動車規模は5,000台程度のものであった。[19]

また，1960年代に入ると，タイの工業化が輸入代替政策により促進されることになった。1960年10月には，新産業投資奨励法が公布された。1962年には同法が改正され，BOI（Board of Investment：投資委員会）からの投資恩典の賦与に加えて，CKD部品を輸入して国内で自動車を組み立てる場合には，完成車輸入に比べて輸入関税が半分に引き下げられた。国産化部品製造のための機材・設備の輸入関税の免税特典もあった。こうしたタイ政府の国産化政策を受けて，各国の組立メーカーがタイに進出し，1969年に投資奨励策が打ち切られるまでには，年間組立台数わずか1万台のタイにおいて11の組立工場が操業を始めていたのである。[20]

この11社の内訳は，4社がタイ現地地場資本，5社が日系，そして2社が欧州系であった。現在でも，存在する6社のうちトンブリ（ベンツ，Viriyaphant家），シティポール（三菱，Panchet家），サイアム（日産，Phornphrapa家）の現地華人系のタイ100％企業であり，残り3社は，トヨタ，日野，いすゞの日系3社である。この11社のうち以下の5社は，現在では消滅している。それらは，プリンスと日産との合弁によりサイアムに吸収されたプリンス・タイランド，三菱シティポール・モーターズに吸収合併された

UDMI，カーナスット（フィアット，Karnastra家），タイ・モーター（英国フォード），イースト・エーシアティック（欧州車）である。[21]

こうしたなか，1967年のASEAN結成後，当時の加盟国5カ国による自動車産業の相互補完協定（ASEAN Complementation）が1969年に発足している。これは，自動車生産の主要4カ国で，コンポーネントと部品について地域内補完分業を発展させようとするものであった。それぞれの国で，ばらばらにすべての部品を生産するよりも，ある特定の部品を集中生産することによって規模の経済性を生みだし，コストを引き下げようとしたのであった。

しかしながら，この計画の実現は極めて困難であった。それは，各国がそれぞれ独自の自動車国産化計画を持っていたため，どの部品・コンポーネントをどの国で分担するかによって，部品貿易で黒字になる国と赤字になる国が生じ，利害調整が難しかったからである。問題の根底には，ASEAN各国の工業化水準がまだ低かったこと，国によって工業化のレベルがアンバランスであったことなどがあった。つまり，将来の自動車産業政策をめぐって差異が出てきたことなど，各国の政策的な判断が食い違っていたことが問題であった。そのため，この部品の相互補完が具体的に動き出すのは，1980年代をまたなければならなかったのである。[22]

各種の法的措置によって，次第に現地法人を設立するための環境が整ってきた。支店形態の事業運営の場合は，トヨタ自販の一部として行われていたため，従業員へのボーナス支給，支店長の一時帰国なども，依然として本社の重役会の審議事項であった。支店会計であるため，日本・バンコク両方での本支店会計も必要で，支店ではタイ語と英語の2つの会計帳簿をつけざるをえなかった。こうした経営では，海を隔てた海外での事業運営に関する意思決定や事業遂行そのものにも日本本社の意向を伺う必要があり，効率が悪かった。

1962年に改正された産業投資奨励法では，その運営方式が簡単かつ明確化された。同法は，国内でのノックダウン組立に対して，向う5年間に限り，次の4つの恩典が与えられることになった。

① 所得税は免除。
② ノックダウン輸入税は完成車の半分。
③ 工場建設用の器材などの輸入税および事業税の免除。
④ 通常の枠（1国につき200名）以外に，技術者の入国ビザを与える。

　ノックダウン組立に伴う複雑な経営問題を解決するためにも，また今後のタイ市場の積極的な開拓をするためにも，製造・販売を統合した見方で，トヨタ全体で対応する必要が生じた。そこで，トヨタ自販の単独運営形態から，自工・自販の折半出資に移行することになり，1962年10月，現地政府の投資奨励法の適用を受けて，資本金約1,100万バーツ（約2億500万円）でトヨタ・モーター・タイランド（通称タイトヨタ＝TMT）が設立されたのである。トヨタとしては，ブラジルに次いで海外で2番目に設立した自前の工場であった。

　このタイトヨタの社長には，トヨタ自販取締役副社長であった大西四郎が就任した。販売は，従来通りトヨタ自販バンコク支店が担当した。その後，トヨタ自販は同支店を廃止することを決定し，1967年1月，バンコク支店の建物と営業権をタイトヨタへ譲渡し，支店勤務の自販従業員は支店長を残して，全員同社へ出向させられた。これは，恩典期限の5年間を待たずして実施したものであった。既存事業の統合によって各種の恩典がなくなったが，恩典を放棄しても，統合したほうが生産・販売体制の合理化に効果的であるという判断によるものであった。[23]

　工場の立地は，CKD（コンプリートノックダウン）のための部品の搬入や完成車搬出の交通の便などを考慮して，現在のサムロン地区が選定され，1964年12月に生産が開始された。この工場では，SKD（セミノックダウン）により「DAトラック」を，CKDにより「ティアラ（コロナの輸出名）」「スタウト」「ダイナ」を月間150台の生産から開始した。単純な組み立てではあったが，ボディ溶接，塗装，シャシー組立，総組立の工程を持ち，相応の技術が要求された。[24]

　この当時は，工業化政策に呼応しての，日系企業による現地部品の供給体

制はまだ整っていなかった。このため，塗料やガラスなども日本からの供給に依存せざるをえなかった。ちなみに当初の月産台数は150台規模であった。[25]

　トヨタの技術部サイドでは，車の構成部品は部品表をもとに運営されていた。こうした状況では，組み立ての技術について議論する以前の問題が存在した。つまり，この頃には，トヨタのCKD部品の出荷も，まだまだ体制が整備されておらず，誤欠品がよくあった。すなわち，CKDセットのなかに誤った部品が入っていたり，本来入っているべき部品が入っていなかったり，エアクリーナーがケースばかりでフィルターがなかったりといったことが生じていたのである。こうしたことは，税関の申請書類と中身が異なるということで，税関でのトラブルの原因となることもしばしばであった。

　トヨタのタイ向け輸出は，1967年ごろから急激に伸びていた。1966年には2,300台足らずであったタイ向け輸出は，67年には4,200台，68年には9,000台へと急伸した。そして，69年に1万700台に達し，市場シェアも22％を占めてトップに立った。[26]

　トヨタの海外での躍進の道を切り開いたのが，アメリカのハイウェイに通用する車の開発をねらったRT40すなわち「新型コロナ」であった。タイ市場では，まず完成車で，1964年12月に発売されることになった。翌年4月にタイで組み立てを開始したこのRT40は，組立の面でも作りやすかったといわれている。RT40ではCKD部品の精度がよくなり，作業性も向上した。[27]

　日系自動車がタイに進出した当初は，2トン積み，5トン積みのトラックを輸入販売する程度の実力しかなく，1960年代後半に入ってやっと小型乗用車も販売できるようになったのである。ただ，トラックなどの商用車については，日本の製品は欧米のものよりもすでに優れていたといわれる。

　したがって，1960年代前半にはタイトヨタなど日系自動車メーカーは，タイ人技術者に対しては，①トラックの修理技術，②大型トラックのセミノックダウン組立技術を移転し，ホワイトカラーに対しては，③ディーラー契約や月賦販売手法，月賦残債管理，部品在庫管理などのノウハウを教えたのである。

1960年代後半に入って，組立工場が建設され，乗用車も取り扱うようになってからは，④ノックダウン組立技術，例えばボディの溶接，塗装，最終組立などの当時としては高度な技術を含むものの移転が，タイ人従業員を相手にまさに手とり足とりのOJTでおこなわれている。

　組立工場の技術者には，修理技術の教育を受けた者の中から優秀な者を班長クラスの核としてラインに配置した。この当時は，自動車の故障した部分がどこで，それをいかに正確に修理するか，あるいは組立作業ラインで抜け落ちがないように，いかに正確に自分の担当箇所の作業を行うか，などを教え込むのが精いっぱいであったという。修理や組立作業で問題が生じると，そのつど，日本人駐在員自身が問題の解決に当たらなければならなかった時代である。[28]

　タイ経済の発展に比例して，同国の自動車市場も1960年の年1万台から65年2万台，70年4万台，75年10万台と順調に拡大した。しかし，国産化率は依然25％と低い水準にとどまっていた，1970年代には販売やアフターサービス面における技術移転に比重が置かれ，ホワイトカラーに対して，本格的な自動車ディーラーの設置・育成指導，部品管理，修理技術，サービス管理，ディーラー向け売掛金管理などについてのOJT教育が行われた。

　自社に「研修センター」を設立し，年間カリキュラムを組んでタイ国内ディーラーのメカニックに修理技術教育，部品マン教育，セールスマン教育も行われるようになった。タイ官庁や大口顧客のメカニックやドライバーに対する修理技術や安全運転，車両保全などについての無償教育・研修も始まっている。

　ただ，この時代，タイ人従業員への教育は，依然OJT教育が中心であったが，日本本社へ短期間派遣し研修を受けさせることも始まっていた。しかしながら，それらは制度化されたものではなかった。[29]

　このようななか，タイトヨタの日本人社長はバンコク商工会議所の自動車部会長として，日系自動車関連企業を取りまとめる役割を果たすことになった。1954年に設立されていたバンコク日本人商工会議所（Japanese Chamber of Commerce, Bangkok：以下 JCC) では，1963年3月車両部会を自動車部会へと名称変更して，タイ政府の自動車保護政策への対応を開始している (JCC は 1961 年に車両部会を設立していた)。

初代自動車部会長には，車両部会長であったタイトヨタ社長の水野敬三が就任した。自動車企業の中ではタイトヨタの JCC 入会が最も早かったこと，タイトヨタが合弁ではなく日本側出資単独操業であったことなどから，タイトヨタが最初の自動車部会長に選出されたようである。以後，現在に至るまで歴代自動車部会長はタイトヨタから出している。また，タイトヨタの社長のうち，村松吉明は第33代，佐々木良一は第39代，園田光宏が第43代，そして棚田京一が第47代 JCC 会頭に就任している。[30]

3 国内自動車保護政策の展開

1969年にタイ政府は，「自動車産業開発委員会」を発足させ，自動車産業の育成方針を検討することになった。この委員会は自動車国産化計画を打ち出し，同年に工業大臣通達が出された。この中で強調されたのが，部品の現地生産を目的とした部品国産化政策の導入であった。この通達では，既存の車種を増産するための工場新設は認められたが，新規車種のための新増設は認められなかった。

というのは，1960年代にいくつかの自動車工場が稼動したが，実態は CKD 部品を輸入して組み立てるだけであった。当時は，ブランド志向が強くて完成車の輸入が伸び，また輸入代替化の過程で中間財や資本財の輸入が増加したため，1960年代後半にタイの貿易赤字が深刻となり，1969年には CKD 部品および完成車の輸入関税が引き上げられた。自動車業界が輸入関税の引上げに反対したため，政府は代わりに国内組立業者の取引税（business tax) を5％に引き下げた。[31]

1971年には，タイ工業省は，タイ工業会自動車部会（Thai Automotive Industry Association：TAIA) の協力を得て，国内自動車産業の保護政策を初め

て発表した。内容は，組立工場に対し，組立モデル数を制限して，1973年末までに国産部品を25％以上使用するよう義務付け，また新工場の設立条件を日産30台以上，投資額2,000万バーツ以上として，新規投資を制限しようとするものであった。しかし，1971年11月のタノム首相によるクーデタにより，この政策は廃止され，25％の国産部品調達義務の適用は1975年からとなり，モデル数や生産量を制限しないという政策が72年に発表されている。[32]

1972年の政策変更により，自動車組立の新設および拡張が相次ぎ，タイでは1975年には日系組立企業14社が操業を開始していた。また，NHKスプリングなど主要自動車部品メーカーもタイへ進出していた。

国産化政策の展開によって，組立メーカーは多品種少量の部品を現地調達する必要に迫られ，日系組立メーカーは日本の系列部品メーカーにタイへの進出を要請している。同時にタイ政府も1974年に，自動車部品への投資を奨励し，8工場が認可を受けている。当時の地場系部品企業は，補修部品や模造品を生産する小規模工場が大部分で，製品の価格が高く，品質も規格に達していなかった。このごろになって，やっと一部の企業が組立工場への納入を行うようになっていた。[33]

こうしてJCCの自動車部会員数も，1974年の32社から1977年には45社へと増加していた。これらの自動車部会員が抱えた最も大きな課題が，国産部品調達率25％の達成であった。そのため，自動車部会は運営の見直しを行い，新たに部品メーカーの部会への勧誘をおこなった。その結果，自動車部会は組立メーカーおよび部品メーカーの両者から構成されるようになった。自動車部会は，会員企業に国内部品使用義務化の政策内容を伝えその達成をめざしていった。[34]

1970年には，タイトヨタの総工費5億円をかけた工場拡張が完了し，8月には新型コロナの第1号がラインオフしている。月産能力も月200台から600台に拡大された。現地生産台数の急増に伴って，タイトヨタの既存設備では，今まで中心的であった輸入車の保管，点検，整備，配車業務，あるい

はアフターサービスなどを迅速かつ適切に実施することができなくなった。そのため，配給体制の拡充・集中化，サービス機能の向上，教育の重視とその具体化を図るべく，総合センター設立の機運が生じた。1969年5月にタイ国トヨタ総合センターの建設に着手し，6億円をかけて同年12月にはこれを完成させ，海外で初めての総合センターとしての開所式が行われた。ここには，車両ヤード，部品倉庫，新車点検ライン，そして教育センターが設置された。これによって，タイにおけるトヨタ車の輸入，販売，アフターサービスの水準は著しく向上した。[35]

1969年のなかごろから，タイにおいては完成乗用車の輸入規制の動きが表面化してきたため，この総合センターの建設と並行してタイトヨタの組立工場の拡張も検討された。トヨタ自販では，タイ向けの輸出をノックダウン輸出と完成車輸出の2本立てで進めてきたが，タイトヨタの組立能力の限界によって，ノックダウン輸出は横ばいで推移し，完成車の輸出が伸びていた。1969年の実績1万700台のうち，ノックダウン輸出は2,000台に過ぎなかったのである。そのため，完成車輸入規制の動きに対応し，またタイの工業化および自動車国産化に積極的に協力するために，1970年1月にタイトヨタの組立工場を拡張することを決定し，同年7月の完成を目指してその建設を開始している。[36]

なお，日野自動車工業（日野自工）との業務提携に基づく，海外における相互協力の第一弾として，タイ日野工業に対するカローラの委託生産を実施した。タイ日野は，従来，日野自工の大型トラック，小型トラックを組み立てていたが，日野自工が小型トラックの生産を中止したことから，操業率が著しく低下してしまった。そのため，1968年8月，カローラの委託組立を行って，同社の稼働率を向上させようという構想が日野側から提唱され，検討の結果，これを実施することにしたのである。1969年7月には，委託組立のための部品や資材の第一陣が船積みされている。[37]

一方，タイトヨタでも，1963年から現地大学卒の採用をするほどの余裕が生まれていた。トヨタの技術を現地人が覚えなければ，現地で自動車を作

ることはできない。また，部品やサービス関係でも，日本にまで出張させ，実務を覚えてもらわなければならない。登用についても同様であった。国産化への対応や経営規模の拡大にしたがって，タイ人の従業員は増えていった。こうした状況に日本人のみで対応することはとうてい不可能で，現地化が次第に図られていった。トヨタは年功序列型の人事を行っていたので，仕事を覚えた課長クラスになると引き抜かれていった例も多くあった。しかし，こういった問題にもかかわらず，現地での人材養成に意をそそぎ，タイ人マネジャーの登用に踏み出したのである。

　こうしてタイトヨタの経営が順調に進み始めた1972年11月に，日本商品の不買運動が起こり，反日感情が噴出した。一部の出すぎた日系企業の営業活動・利潤追求へのタイ人のやるせない反発が表面化したと思われた。ナショナリズムに目覚めた学生たちは，開発途上国としての先進国への依存の必要は理解しつつも，自国市場をわがもの顔に横行する外国製品に嫌悪感さえいだいた。こうしたなかで，タイの商業省の行政指導もあり，タイトヨタは資本の現地化に踏み切ったのである。1974年4月，現地での資本公開を行い，販売店が11.5％，銀行などが6.5％と，合計18％を現地関係者が引き受けた。[38]

　タイトヨタのタイでの販売は着実にのび，1965年に日本からの輸出台数が2,300台であったものが，1973年の販売は1万5,000台に達した。この需要増加に対応するため，既存の工場をトラック専用工場とし，乗用車専用の第二工場を建設する案が急浮上し決定された。1974年春に土盛り工事が開始され，1億6,000万バーツ（24億円）をかけてサムロン地区の最初の工場に隣接したバナムク県ババデン地区（現在では，両地区が一体化）に建設された工場は，1975年5月に操業を開始した。当面は月産600台程度，需要が増えれば1,000台に引き上げる意向であった。日産自動車とトップ争いをしているシェアの差を大きく引き離す態勢が整ったとされた。[39]

　1971年の自動車部品国産化政策にもとづく輸入税の優遇措置に応えるため，タイトヨタではハイラックスのデッキ部品を国産化する方針を決定した。

しかし，タイトヨタにはプレスについての経験がないため，日野自工の指導のもとに，現地企業のチョー・オートパーツ（CAP）にこれを委託することになった。CAPはプレス技術を有していなかったが，CAPがデンソーと提携してタイトヨタにラジエタを納入していた実績を見込んだものであった。当時はCAPに限らずタイにはプレス技術を有する部品メーカーは存在せず，町工場の企業を根気よく育成し，共存共栄の道を探るほかなかったのである。CAPやCAPと並ぶタイの部品（架装）メーカーであったサミットラ社にプレス作業を委託することに一抹の不安があったが，フロアやガードフレームなど簡単なデッキ部品はすぐに対応できた。しかし，この場合でも，外鈑パネルやホィールハウスなどの，亀裂やしわには苦労したようである。

タイトヨタは，1980年半ばまでには，タイ全土で64店のディーラーを有していた。オーナーはいずれも中国系タイ人で，商才にたけたその土地の有力者，資産家が多い。これらのディーラーはバンコク銀行など地元金融機関の推薦や，タイトヨタの幹部が自ら地方を歩きまわって発掘したもので，資金援助や経営指導を通じて育てていった。1979年ごろからの深刻な金融逼迫状況のなかでも，トヨタ系ディーラーは6割以上が現金で決済されており，その旺盛な資金調達力が業界の注目を集めた。[40]

アフターサービスで欠かせないのは，自動車部品の確保であるが，タイトヨタの場合は第二工場内に大規模な部品センターを持ち，約4万点，1億3,000万バーツ（1バーツ＝約10円）相当の在庫を有していた。1979年からタイの自動車業界では初めて，電子計算機による部品の在庫管理に踏み切り，部品供給率は95％と，日本と同じ水準になっていた。[41]

1975年6月にはトヨタは第二組立工場内に整備訓練センターを建設し，自動車の整備，修理に関する総合教育を実施し，本格的にメカニックを養成する施策に踏み切った。同センターでは，主としてタイ各地のトヨタ系ディーラーから派遣されてくる研修生を特訓した。[42]

この結果，タイトヨタのトレーニングセンターの技量については評価が高く，やがて国内の注目をも集めるようになった。そして，警察・軍隊・官庁

など，大口ユーザーでの教育・訓練も頼まれるようになった。国連機関や職業訓練学校への協力，大学での実習の場としての協力をとおして，修理技術や自動車技術の普及も試みた。国立チュラロンコン大学の工学部機械工学科の実習課程はここで行われた。

　また，毎年，全国技能コンクールが開催され，地区大会，本大会を通じての優勝者には海外旅行がプレゼントされた。技能検定制度もあり，トヨタ1級，2級などの資格をもつものはどこでも引っ張りだこであった。トヨタ系ディーラーの技術者がサウジアラビアなどに引き抜かれていくケースもふえ，問題となった。

　これは，社会協力の一環としての技術移転が行われたといえる。トレーニングセンターを設置して，販売店のサービスマンの教育を進める間にタイ人スタッフの技術力が向上し，外部にも協力できるほどに力をつけてきた結果であった。これらのことは日本サイドでも評価され，日本のトヨタに代わって，タイトヨタがミャンマーなど近隣諸国への出張サービスをも引き受けるようになったのである。

　このトレーニングセンターで使用する教材についても，サービス部を主体にして社内印刷をはじめた。もともと海外の代理店はトヨタの海外サービス部が日本語から英語に翻訳したオーナーズマニュアルを使用していた。同じ右ハンドルのタイにも日本語版のものを送ってもらい，一時期そのまま使用していたが，そのうちタイ人スタッフがタイ語に翻訳できるようになってきた。そこで，印刷機などを使って，タイ語の教材を内製できる体制を整えた。この教材は好評で，高校・大学などにも寄贈して，技術移転の裾野の拡大に貢献できることとなった。[43]

注
1　下川浩一『自動車産業の危機と再生の構造』（中央公論新社，2009年），178ページ。
2　トヨタ自動車販売株式会社社史編集委員会編『モータリゼーションとともに』（トヨタ自動車販売株式会社，1970年），231ページ。

3　同上，282-283ページ。なお，1982年にトヨタ自動車工業株式会社とトヨタ自動車販売株式会社は合併し，トヨタ自動車株式会社となっている。
4　同上，230ページ。
5　同上，234ページ。
6　同上，235ページ。
7　同上，230-231ページ。
8　トヨタ自動車販売株式会社社史編集委員会編集『トヨタ自動車株式会社の歩み』(トヨタ自動車販売株式会社，1962年)，203-204ページ。なお，タイ営業所の支店昇格については，『トヨタ自動車株式会社の歩み』では，開店が6月となっている(203ページ)が，『モータリゼーションとともに』では5月となっている(236ページ)。トヨタ自動車『トヨタのあゆみ』1978年，123ページ。
9　種崎晃「ものづくりのための人づくり組織づくり――タイトヨタ(TMT)の組織能力獲得プロセスの検証」法政大学経営学研究科修士論文，2007年3月，18ページ。トヨタ自動車株式会社『創造限りなく――トヨタ自動車50年史』(トヨタ自動車，1987年)，326ページ。別の資料では，日本人駐在員は支店長以下12名，タイ人従業員約80名となっている。佐藤一朗・足立文彦「日本型経営と技術移転――タイ国自動車産業の現場からの考察」名古屋大学経済学部附属国際経済動態研究センター『調査と資料』1998年3月，12ページ。
10　種崎晃「ものづくりのための人づくり組織づくり」18ページ。
11　トヨタ自動車販売株式会社『トヨタ自動車販売の歩み』204ページ。
12　同上。
13　同上，205ページ。
14　匂坂貞男『トヨタ・タイ物語』(トヨタ自動車株式会社，2001年)，6ページ。日産は，タイの総代理店のサイアム・モーターが1960年末にニッサン車の組立許可をタイ政府から取り付けていた。そのため，1962年11月に日産とサイアム・モーターとの間に，ダットサンブルーバード，ダットサントラック，日産ジュニア，日産トラックの4車種の現地組立計画契約を結んでいる。同年，12月には月産500台の組立工場をタイに完成させている。日産自動車株式会社総務部調査課編集『日産自動車三十年史――昭和八年～昭和三十八年』(日産自動車，1965年)，463ページ。いすゞは現地特約店から三菱商事に販売を切り替えた結果，1958年から販売が急増したとしている。また，同社は，1961年11月にはタイ国三菱商事と共同で，バンコクに「いすゞ・サービスステーション」を，1963年11月には組立工場を設立している。さらに，1965年12月には，いすゞとタイ国三菱商事の折半出資で，タイ国いすゞ自動車(資本金3,466万4,000バーツ＝6億円)を設立している。いすゞカーライフ編集

『カーライフ30年』(いすゞカーライフ, 1991年), 167-169 ページ。
15 匂坂『トヨタ・タイ物語』, 7ページ。今井宏『トヨタの海外経営』(同文舘, 2003年) 5ページ。
16 匂坂『トヨタ・タイ物語』, 8ページ。
17 種崎晃「ものづくりのための人づくり組織づくり」20ページ。
18 今井宏『トヨタの海外経営』7ページ。
19 *Thailand Automotive Industry, Directory 2003-04* (Media Overseas Co., Ltd, 2003), p. 117.
20 佐藤一朗・足立文彦「日本型経営と技術移転」3ページ。末廣昭・東茂樹『タイの経済政策――制度・組織・アクター』(アジア経済研究所) 2000年, 134ページ。
21 酒井弘之「第6章 タイにおける自動車部品製造業の集積」小林英夫・竹野忠弘編『東アジア自動車部品産業のグローバル連携』(文眞堂, 2005年) 154ページ。
22 下川『自動車産業危機と再生の構造』179-180ページ。
23 トヨタ自動車『創造限りなく』468ページ。トヨタ自動車販売株式会社『モータリゼーションとともに』237ページ。今井『トヨタの海外経営』5ページ。
24 匂坂『トヨタ・タイ物語』7, 32-33ページ。佐藤・足立,「日本型経営と技術移転」12ページ。トヨタ自工とトヨタ自販の海外活動に関する役割分担は, 1970年代になって次のように明確になっている。「トヨタ自工は(昭和)48年7月に海外事業室, 海外業務部, 海外技術部を設置し, トヨタ自販も49年2月に海外技術部の組立化を独立させて組立部を発足させた。この体制の下, エンジンやプレスなどの現地生産を行う国はトヨタ自工が支援し, そのほかのノックダウン国に対してはトヨタ自販が支援することにし, 両者の分担をはっきりさせた。」トヨタ自動車株式会社『創造限りなく』702ページ。
25 匂坂『トヨタ・タイ物語』36-37ページ。
26 トヨタ自動車販売『モータリゼーションとともに』555-556ページ。
27 匂坂『トヨタ・タイ物語』39ページ。
28 佐藤一朗・足立文彦「日本型経営と技術移転」9ページ。
29 同上, 9-10, 14ページ。
30 川辺純子「タイの自動車産業育成政策とバンコク日本人商工会議所――自動車部会の活動を中心に」『城西大学経営紀要』2007年3月, 20ページ。
31 末廣・東『タイの経済政策』134-135ページ。
32 同上, 135ページ。
33 同上, 139ページ。
34 川辺純子「タイの自動車産業育成政策」21-23ページ。

35 トヨタ自動車販売『モータリゼーションとともに』556ページ。
36 同上。
37 同上。
38 匂坂『トヨタ・タイ物語』56-60ページ。
39 「タイトヨタの新工場が完成，タイでの生産倍増，シェア一気に拡大へ」『日経産業新聞』1975年11月21日。
40 「海の向こうの日本経営——タイトヨタ在庫管理，ディーラー網……経営戦略を移植」『日経ビジネス』1980年6月2日号，112ページ。
41 同上，111ページ。
42 同上，111-112ページ。
43 匂坂『トヨタ・タイ物語』173-175ページ。

第4章

国産化への組織の対応と人事・教育制度の確立

1978〜1985年

タイトヨタ，サービスセンター

タイトヨタ，トレーニングセンター

1979年の第二次石油危機により，タイ経済は不況に陥った。そのため，タイにおける自動車販売は，1978年～1982年にかけては，年間9万台の横ばいで推移し，タイトヨタは設立以来初めての赤字を計上した。同時に，タイ政府の積極的な国産化政策に対処しなくてはならなかった。こうした状況に対応し，新たな発展を実現するために，タイトヨタは近代的な組織づくりを必要としたのである。

　1980年代初めに，タイの自動車普及台数は二輪車を除いて約90万台であった。人口比で見ると50人に1台の割合で，日本の3.5人に1台と比較するとまだまだ未開拓の有望な市場であった。

　タイトヨタは1979年には乗用車，トラックを合わせて2万125台を販売し，市場シェアは22.6％であった。総販売台数では日産系のサイアム・モータースに若干の遅れをとったが，カローラやコロナなど乗用車部門のシェアでは約30％で，他社の追随を許していなかった[1]。

　しかしながら，バンコク首都圏ではすでに自動車の普及台数は45万台を超え，10人に1台とやや過密気味になっていた。それに，交通混雑や駐車場不足が深刻化するなかで，首都圏での伸びはあまり期待できなくなった。1980年代には，小型トラックを中心とした地方市場への進出が勝負になると考えられた。これも，タイ農村地帯の経済開発がどこまで進み，農家の購買力がどの程度向上していくかにかかっていた。

　こうした状況のなか，タイ政府は自動車部品の国産化比率を50％まで引き上げる政策を発表した。タイトヨタは，タイ国内での部品の生産体制や品質，性能などの現状からみて，国産化率をこの水準まで持っていくのには，製造コストの上昇を始め，多くのリスクが伴いそうであり，困難な対応をせまられることになった[2]。

　1982年10月に，タイトヨタは創立20周年を迎えている。この時，資本金13億円，日本人出向社員15名，タイ人従業員1,300名を擁していた。スリオン本社，サムロン第一組立工場，ババデン第二組立工場，部品センター，サービスセンター，研修センター，ルンピニサービス工場の7つの事業拠点

と，子会社としてプレス工場を持っていた。

1981年度の生産・販売台数は2万6,000台，市場シェア29％で第1位を占め，売上高480億円，税引き利益6億8,000万円，傘下販売店は70店までになっていた。

1 乗用車新国産化政策

1978年1月，完成乗用車を輸入禁止とする乗用車新国産化法令が発表された。この背景には，1970年代前半にタイ経済は急速に成長を遂げたが，1970年代半ばごろには貿易赤字が再び悪化したことがある。そのため，商務省は乗用車の完成車輸入を禁止し，同時に大蔵省はCKD部品の輸入関税をさらに引き上げた。また，1978年8月には組立工場に対し乗用車の国産部品調達義務（得点＝ギブンパーセント方式，後述）を，現行の25％から段階的に引き上げ，5年後に50％にすることをきめ，乗用車のシリーズ数の増加，組立工場の新設も禁止された。そのため，タイトヨタにとって国産化への対応が大きな課題になった。

国産部品調達政策をめぐっては，日系企業と地場系企業の間で意見が対立するようになっていた。タイ工業会自動車部会では日系企業が支配的な地位を占めて影響力をもっており，部品国産化の推進には否定的な意見が大半を占めていた。しかし，現地調達率を引き上げたい地場系企業は1978年6月，タイ工業会自動車部品部会とは別に独自のタイ自動車部品製造業者協会（Thai Auto-Parts Manufacturers Association: TAPMA）を設立している。

この地場系部品企業の政治的な働きかけによって，工業省は1978年8月に国産化率の引き上げを発表することになったのである。まず，従来の付加価値ベースの国産化率算定方式を，部品の品目ごとに点数をつけて合計得点を100とする「ギブンパーセント方式」に変更した。これは，組立工程を含めて，各々の部品ごとに0.2％とか0.5％と配分が決まっていて，その合計が100％で，メーカーはこのリストの中から任意の部品を国産化し，合計点

が所定の国産化率に達しなければならないというものであった。この点数方式で，乗用車の国産部品調達義務を25％から，最初の2年間で35％へ，その後1年ごとに5％引き上げ，5年後の1983年には50％にすると定めた。商用車についても，ウィンドシールド付きシャシーをベースとした場合，1981年の25％から毎年5％ずつ引き上げ，85年には45％とすることに決まった。そこで各メーカーは，自社に有利な部品から選択して国産化を図ることになった。この制度は，各メーカーの自主性が発揮できる点では，品目指定の国産化を強制される方式よりは合理性の高いものであった。同時に工業省は，シリーズ数の増加を認めず，乗用車組立工場の新設を禁止する政策も実施している。[6]

1982年当時，タイには組立メーカーが15社，組立工場が21工場あり，生産能力は年間13万台といわれていた。車種の数も多く，乗用車では20ブランド，75モデルが工業省に登録されていた。

市場規模は9万台と横ばいであるにもかかわらず，メーカーが乱立し，多車種少量生産のために，こうした状況に耐えられないメーカーも現れた。タイ政府としても，これ以上の国産化を推進して，コストアップのつけを消費者に回しつづけることは難しくなった。こうしたなかで，対応不可能なメーカーの自然淘汰を待つか，あるいは国産化方針をこのあたりでいったん緩和するかの分かれ目に立っていたのである。[7]

TAPMAは1980年代前半の長期不況のもとで，工業省などの政府機関に働きかけ国内市場の確保を狙った。一方，日本の組立メーカーは政府の要請にこたえるために，日本の部品メーカーをタイに誘致した。その結果，1980年代後半にタイの自動車産業は大きく発展した。タイの自動車生産台数は1989年に20万台の大台を突破して21万台となり，インドネシアを抜いてASEAN最大の自動車生産国になったのである。

1985年のプラザ合意による円高対応策として，組立メーカーに納品する日系自動車部品企業がタイに進出したため，バンコク日本人商工会議所（JCC）の自動車部会員が急増した。自動車部会員数は1978年から1989年の

11年間で，45社から78社へと1.7倍も増加している。[8]

　大所帯になったJCC自動車部会では，1981年に新たに，①四輪車分科会と，②部品分科会を設置した。これら2つの分科会を中心に，自動車部会はタイ工業省，BOI（タイ投資委員会），国家経済社会開発庁（NESDB），タイ工業会，日タイ貿易会議自動車ワーキンググループ，タイ自動車工業会（TAIA）などと協議を重ね，国産化政策に対する提言活動を行っていった。1982年11月には，タイ工業会の要請・協力により，「自動車国産化の将来方向に関するレポート」を提出し，国産化率45％での凍結を支持する見解を示した。結局工業省では，こうした業界からの要望に応えて，1982年に乗用車の国産化率が45％に達したところで，国産化を一時凍結した。

　続いて，自動車部会は1983年2月には，「CBU（完成車）乗用車輸入解禁に反対する書簡」を，工業省副大臣あてに提出している。タイ政府は，JCCの自動車部会の提言を積極的に取り込んでいったのである。

　このような状況のなかで，タイトヨタの考えを，当時社長であった佐藤一朗は次のように述べている。

　　タイトヨタとしては，エンジン生産を含むこれ以上の国産化は巨額の設備投資による大幅な車両価格の値上がりを招き，また日進月歩のエンジン技術開発時代に旧型エンジンを長年生産しなければならなくなるなど，タイの経済工業発展のためにはかえってマイナスとなり，メーカー，部品メーカー，販売店，消費者の4者にとって大きな打撃を与える恐れがあると，タイ政府やタイ工業会の関係者に説いて回っている。[9]

　この頃になると，タイにおける国産化要請が高まり，同時に開発のスピードも高まり，モデルチェンジの2年前ごろに準備に入らなければならない段階に入った。そのため，国産化部品の使用のための部品メーカとのすり合わせ，1～2号の試作車の作成，さらにはプレス型をはじめとする新たな設備投資も，モデルチェンジごとに5～15億円と巨額になり，負担が大きくなっ

た．経営面では高利借入金による投資の償却問題，生産面では高度国産化における購買管理，生産技術管理，生産工程管理などの分野の体制強化が急務となってきていた．

いうまでもなく，国産化率が高まれば量産による経済性を達成するために，車を1台でも多く組み立て販売する量販体制が必要となる．そのためには，販売店の体質・体制といった中身の強化，社内フィールドマン教育，年間9万台で横ばいの市場における増販対策にいっそうの努力をしていかねばならなかった．また，国産化率上昇とインフレによるコストアップ，販売競争熾烈化における小売価格の値上げ限界と販売店への増販援助金の増大といった，上下よりの圧迫による収益性の低下を，生産性向上，合理化，QC推進などによるコスト低減でカバーするよう，いっそうの努力を傾けなければならない状況であった[10]．

国産化率が30%から，乗用車54%，1トン・ピックアップトラックが62%になると，製品の品質管理に全力を傾ける必要が生じた．このため，「日本型生産管理」と呼ばれる品質管理，生産性向上のための諸施策が導入された．生産管理，品質管理，モデルチェンジ準備計画，工程内の品質つくり込み，作業の平準化，作業の段取り改善，QCサークル活動，提案制度，5S運動，機械設備の補修・保全，治具・金型などの自主製作技術，さらには購買管理，部品メーカーの育成指導など，生産に関与するタイ人作業労働者と技術者の各レベルに対する教育研修に全力を投入するようになった．

一方，販売関係では，ディーラーの管理・指導育成，ディーラーに対する経営指導，部品在庫管理，クレジット管理，宣伝企画，マーケティング管理，アフターサービス管理，自動車のメカニズムの高度複雑化に対応する修理技術など，1970年代に比べるとはるかに高度のノウハウを移転するべく，タイ人ホワイトカラー，中間管理職，メカニックおよびディーラーに対し教育研修が施された[11]．

1984年末，オブ工業大臣により新たな自動車工業育成方針が示され，乗用車は1988年1月までに65%，1トン・ピックアップトラックは1988年7

月までに62％の国産化が義務付けられ，商用車は45％据え置きとなった。その後，チラユ工業大臣になって再び見直しが行われ，乗用車は1987年7月までに54％，それ以降は保留，1トン・ピックアップトラックは変更なしと決定された。[12]

こうした動きに対して，タイトヨタは1978年2月に，100％出資でトヨタ・オート・ボディ・タイランド（TABT）社を設立して，プレス部品の内製化を図ることにした。そのため，ハイラックスのキャブ部品を製造するプレス工場が建設されることになった。これは，タイ向けのハイラックス輸出すべてを現地組立とすることを狙ったものであった。完成した工場では，初体験であるプレス技術に対するタイ人の関心も高く，技術の修得はきわめて早かったという。こうして1979年5月に，TABTはハイラックスのボディの製造を開始した。さらに，タイトヨタはプレスの型やボディ治具も内製することにした。日本からの輸入ではコストが高く，コストダウンは図れなかったからである。プレス型はすでにタイ日野では内製化しており，とりあえず日野に頼んで指導を受けた。

当時はラインについても，コンベアはなかった。従来はタクトタイマーをつかって，工程ごとに，「リーン」とベルがなると次の工程にもっていったり，ホイストや人力でロープを引っ張ってやったりしていた。そこで，コンベア化しようと日本に見積もりをだしたところ，艤装架ラインで1億円くらいかかると返事がきた。これでは，タイのような工場ではとても採算にあわない。そこで現地スタッフに自分たちでコンベア化を実現しようと提案すると，現地でつくろうということになり，駆動部分以外は全部タイでつくった。スラットコンベアで，幅広のベルトもタイ特産のゴムを使い，結局300万円でコンベア化を達成することができた。このごろから日本のトヨタからの技術援助は有償になった。

1980年12月に，第1回国産化会議がタイトヨタで開催された。ここでは，規定の国産化率を達成するための車種や部品の選定などが議論された。この場での現地とトヨタ自工との論点の一致には，なかなか厳しいものがあった

といわれる。タイトヨタは，もともとトヨタ自販からスタッフを受け入れてきた。しかしながら，国産化が進んだものづくりの段階になると，どうしても自販のスタッフによる対応にも無理が生じてきた。

そこで，トヨタ自工から購買経験の長い飯田吉平が派遣された。彼はすぐに部品メーカーを日本への研修旅行に誘うなど，日本におけるトヨタと協力会（豊協会）との関係を視察させた。こうして日本側の協力と27の部品メーカーの参加のもとに，日本の豊協会のタイ版として，1982年2月タイトヨタ協力会（Toyota Cooperation Club：TCC）が設立された。ここでは，研修会，QCサークル活動，会員相互訪問研修，ケーススタディ，日本研修旅行などにより，品質向上，不良品低減，納期遅延防止，生産性向上の面で，部品メーカーの指導育成に全力を傾けることになった。

当時は，タイの地場系部品企業は，補修用のスペアパーツを生産しているところが大半であった。そのため，組立メーカーは品質を確保するために，まず部品の内製化をしなければならなかった。しかし，プレス部品などでは内製化が進められたが，製造コストがかさみ量産しない部品に関しては外注に出したほうが安くつく。また，日系部品企業が製造している部品にも当時はまだ限りがあった。そこで，将来の国産部品調達率規制の上昇への対応として，タイの地場系部品企業の育成が図られることになったのである。

タイの地場系部品企業の代表的なものには，サミット・グループ，マノヨン・グループ，ソンブーン・グループ，アピコ社，バンコク・スプリング社，アンパス社などがある。これらのほとんどは，華人企業者によって設立され，発展してきたものであり，その根幹は家族経営である。創業者の妻や兄弟や子弟が実際に経営に参画している場合が多い。また，友人との関係で企業を創設することも多く見られる。

これらの華人企業者は，どのようにして自動車部品製造分野に進出したのであろうか，それには2つのタイプがみられる。第1は，日本企業へのサプライヤーとして発展したものである。これには，サミットやソンブーンのように修理事業などを行ったり，自動車関連の企業で働いたりした経験から固

有・関連分野の技術に関する理解をもち，その後，関連部品の製造へと進出したものも含まれる。第2のタイプは，予備部品の輸入など非製造事業に携わっていた者が，企業者機会を捉えサプライヤーへと発展したものである。

一方，サミット，ソンブーン，マノョンの創設者のたたき上げタイプに比べて，これらのグループの後継者は2代目として高等教育を受け，高度な生産や経営の技術を理解する能力を有し，アンパス社のスポジアやアピコ社のヤップなどの新しい企業者と共通するものをもつようになっていることにも注目すべきである。また，関連技術を有する企業家が技術的な問題に強い関心を持っているのに対して，技術を有していない企業家は市場機会に目ざといという違いもある。

これらの部品メーカーは，基本的には合弁や技術提携によって，日系企業から生産・経営ノウハウを導入したといっても過言ではない。後発国の部品メーカーとして，日系企業との関係を構築すること自体が，部品サプライヤーとして大きな経営資源となったといえる。そのため，この経営資源を一度集積した企業は，次々と日系企業と合弁事業を展開し，いくつかの自動車関連事業を有する企業グループを形成する場合が多い。また，多くの企業で日本人の技術者を雇用し，生産を任せたり，日系組立メーカーとの取引を担当させたりしていることは興味深い。[13]

当時タイトヨタは，取引関係のある部品メーカー45社中，日系メーカーが14社（3分の1）を占めていたこと（取引総額では全体の70％）もあり，品質改善，コスト低減，あるいは日本的な改善活動を展開することができた。こうしたOJTによる育成とともに，日本と同様，協豊会に相当するグループ活動も行うことによって，ローカルの部品メーカー育成を進めたのである。[14]

そのためには，彼らに自動車の生産に必要な品質管理，納期や在庫量などの管理を徹底させることから始めなければならなかった。生産ラインを止めないためには，品質そのものより先に，部品規格の統一が必要であった。組立メーカーは部品企業を集めて講習会を開き，納入不良率と納入遅延回数の削減運動を始めた。[15]

ここでは，部品メーカーの改善・合理化のケーススタディなどの情報交換，トヨタ生産方式に関する大野耐一の講演会，親睦のためのボーリングやゴルフ大会など幅広い活動が行われた。とくにトヨタの要求する品質については，タイでの従来の考え方を打破すべく，材質・精度・耐久性などをこと細かに指導した。当時のタイでは，品質という考え方はなかなか理解できなかった。同じ恰好をしているから，いいじゃないかという調子のなかで，品質本位という考えを徹底的に指導したのである。

　1990年の初めごろまでには，TCCに参加する協力会社も40社となり，分科会を設けて研鑽に励むようになった。こうした試みをさらに実りあるものにしようと，タイトヨタでも現場工長クラスを協力会社に派遣し，恒常的に生産技術の指導に乗り出した。とくに，タイの工場ではコスト的に高価な設備による自動化は進んでいないため，労賃の安い人手に頼る傾向が強い。しかし，人手に頼るやり方では品質にバラつきが生じ，歩留まりが悪くなってしまう。そのため，品質を高める工夫を重ねながら，生産効率も高めるというトヨタ流の生産管理が必要になってくる。現地人を日本へ派遣して研修したり，QC活動を積極的に推進するようになった。[16]

　日本の部品メーカーとの交流らしきものとして，協豊会の国産化部品調査団が，すでに1970年5月にタイを訪問していたが，このときはデンソーがタイに進出する程度の結果に終わっていた。しかし国産化の進んだ段階では，これを調達部門からの指導で推進する必要があった。こうして，タイトヨタ協力会を通じてのいま一歩の前進がはかられた。なお，協力会の初代会長は，CAPのチャリットが引き受けた。

　国産化率が高まると，品質の面に注意を払うことが必要となった。こうして1982年10月にはタイトヨタに技術部が発足し，順次日本と同じように品質管理部なども設立された。

　1983年3月には，工業省は国産化政策を一時的に見直し，乗用車の国産化率を45％で凍結し，目標であった54％との差額分に関しては強制調達部品を決める政策を発表している。同時に乗用車組立工場に対し，モデル数や

車種の増加および工場の新設は認めない一方,既存モデルを生産する工場の拡張は認可することにしたのである。工業省はまた,1984年に部品企業の保護政策として,部品生産で規模の経済が働きやすくなるように,乗用車の組み立てを全部で42シリーズ以内に制限し,各シリーズは2モデルまでとした。部品国産化政策に関しては,乗用車の場合,1986年から3年間で合計165品目を強制調達部品として指定し,1988年には65％に達するとする計画が発表された。[17]

部品の国産化率を上げるため,この時期に日本からの自動車部品メーカーがタイに進出した。1986年,小糸製作所は現地資本との合弁でタイ小糸を設立した。出資比率は,小糸側が49％であった。

1984年国産化の目標は,乗用車が45％,1トン・ピックアップトラックが35％であった。これはフィリピン,インドネシア,マレーシアよりも高く,また1トン・ピックアップについては,ボディのプレスはこれに算入されていないので,実質的にもっと高くなった。

こうしたなか,トヨタは東南アジアで金型の水平分業に乗り出し,タイを金型輸出基地として選んだ。タイトヨタでは金型の製造に乗り出すことを決め,これまで現地関連メーカーから調達していた金型を一部内製に切り替えるだけでなく,アジア各国へも輸出した。第一弾として,タイトヨタは1988年春,マレーシアに燃料タンク用の金型を供給し始めた。そのため,1987年8月から11月までの4カ月間,トヨタ・オートボディ・タイランドから10人のタイ人を研修のために元町工場に送り込んでいる。[18]

その後,樹脂部品からエンジン部品へと,国境を越えて供給しあう品目は拡大している。東南アジアでは完成車の輸入禁止,完成車組立の現地化に続いて,部品の現地化を義務づけようとしていた。これまでは,それぞれの地域で部品の現地化を進めてきたが,特定の部品を1カ所に集中生産したほうが効率が上がるため,トヨタは東南アジア内での部品の補完体制を整えることに力を入れた。同じように,三菱自動車や日産自動車も,アセアン地域の4カ国(タイ,マレーシア,フィリピン,インドネシア)で部品を相互供給する

体制作りに乗り出した。これに続いて，デンソーなど部品メーカーもアセアンの各拠点間で生産が重複する部品も多く，競争力をつけるためには，各国で製品別に特化させたほうが有利という判断から，各国の間で水平分業を考え始めた[19]。

タイ工業省の自動車産業開発委員会は 1986 年，乗用車の部品国産化政策を再検討し，新しく強制部品 28 品目 27.07％ と選択部品 142 品目 39.99％ という 2 つのリストを用意して，両者の合計が 54％ になるよう国産部品を調達する政策を 1987 年から実施した[20]。

2 人づくりと組織づくり

1980 年半ばまでには，タイトヨタの従業員は 1,150 人に増加していた。これに対して，日本人スタッフはわずか 11 人で，部長，次長，課長らのタイ人管理者が 39 人を数え，現地化も着実に進んでいた。

給与，賞与も在タイ日系企業のなかではトップクラスで，福利厚生面の整備，経営幹部と工場従業員との定期的な対話などもあった。タイトヨタでは創業開始以来，一度も労使間の揉め事が起こっていない。

また，チュラロンコン，タマサート両大学への奨学基金の提供（それぞれ 200 万バーツ），孤児院への教材配布，身体障害者施設への基金など，進出企業としての社会貢献活動も積極的におこなって，トヨタの名がタイの人々の間にも親しまれるようになっていった[21]。

国産化の進展とともに，会社の規模が拡大し，従業員のうち大卒・高専卒が 200 名ほどにもなった。つまり，この規模になってくると，組織で動かさなければ企業間の競争に負けてしまうと考えられるようになった。そのため，この時代には企業の近代化が最重要テーマとなってきた。この近代化の中心には，人材の育成があった。そのため，マネジメントのノウハウの移転やトヨタ自身の従業員の教育・訓練が必要となり，教育部門がつくられた。同時に現地の人たちの登用が重要な課題になると同時に，地道なシステム作りに

努力を払わなければならなかった。

　事業の拡大と高度国産化への対応のため，人材育成の重要性を痛感し，1983年人事部の中に「教育課」を新設している。これによって，社員教育を計画的かつ体系的に実施することができるようになった。技術者，班長，技能者といった現場従業員やホワイトカラーに対し，階層別にカリキュラムを組んで技術，技能，マネジメントを教えた。

　その後，円高以降のタイ国内自動車市場の急速な拡大と，国際分業戦略への対応から，1989年に教育課を「人材開発センター」に格上げし，長期人材開発計画を策定して，いっそうの人材確保，人材開発に全力をかたむけるようになった。この人材開発センターは，今日のタイトヨタ・アカデミーとなっている。[22]

　トヨタでは「工程内のつくり込み」とか生産性向上といったことがよくいわれるが，当時作業を行っているのはタイ人で，工場の日本人技術者は3人ぐらいであった。タイ人の技術員・組長・班長，およびワーカーがきちんと仕事をこなさないことには，車の生産はできない。そこで，タイ人の従業員をきちんと教育して育てていくことが，良い車をつくることにつながり，1台でも多く売れることにつながった。

　一方，自動車部品の現地化を進めるなど，自動車産業の育成を目指していたタイ政府は，外資系自動車メーカーに，現地人の積極的な幹部への登用を働きかけている。タイトヨタは1987年，創立25周年を迎えたのを機に，この政策に協力する姿勢を打ち出した。

　そこで，タイトヨタは組織・人員体制の見直しを始めた。1987年10月に組織を改革し，以下の点について改革を行っている。第1は，日本人をラインの部長から外して，顧問，調整役として現地人にアドバイスする役割を与える。そして，部長には次長クラスの中から優秀な現地人を昇格させる。第2は，日本人だけしかいなかった役員にも現地人を積極的に登用する，というものであった。また，当時の取締役は9人で，社長以下全員が日本人であった。これを，部長クラスに引き上げた現地人が育った段階で，役員陣に加

えるというものである．そして第3に，全体の人員規模を縮小する他，人件費の高い日本人を14人から10人まで減らすというものであった．そして，1987年10月から定期人事異動と人事給与諸施策の発令および，定期昇進を実行に移している．実際，技術部門の管理者が人事部長や販売部長に配置転換されている．[23]

1983年には，トヨタ本社の第二生産技術部（二生）の高橋朗部長が南アフリカへの出張の際にタイ訪問を実現し，タイトヨタは，プレス技術について，トラックの場合にはタイ日野，乗用車については二生の支援を得ることができるようになった．

また，新しい工場長の下で本格的な工場における改善が図られた．1984年2月に高橋毅が工場長に赴任したとき，床の工場は汚く，塗装工場の中には，所によってはすべって歩くのさえ危険と思われる場所があるといったありさまであった．そこで，彼は同年8月，工場総務のタイ人課長を事務局にして，4S（整理・整頓・清潔・清掃）キャンペーンを始めた．当時の状況を高橋は次のように述べている．

> きれいにしようにも，工場の中のどこを見てもゴミ箱はないしホウキもない．タバコを吸う人はいるが，灰皿を置いてない．工場統括のなかからS課長に指示をして，ホウキの購入，灰皿，ゴミ箱の調達（社内製）から始めた．

そして高橋は，毎日，毎日工場を巡るたびに，繰り返し自らゴミをひろい，担当のマネジャーや指導者に汚いところを清掃するように指示したという．[24]

次に彼は，工程内の品質の問題にとりかかった．一番の課題は塗装品質であった．塗装工場内の手直し率は年々下がっているが，それは，タレ流しで，組立ラインオフ後，全数手直しを受けているという状況であった．まさに，①品質も悪い，②生産性も悪い，③コストも高い（全数手直しのため）というトリプルパンチの状況であった．

この改善のために，高橋は以下のことをおこなった。① 技術部内にあった品質課を独立させて品質保証部とし，工場長が部長を兼ね，（技術＋生技）×購買×製造×品質保証という役割分担を明確化し，② 工程内品質情報を整備し，③ 工場長主催で品質保証部が事務局を担当する品質会議を設立・定着させ，④ 前日の不具合に関する原因と対策，再発防止などについて，製造部次長がチーフになり，関係部署，スタッフ，マネジャーが集まって話し合う「ラインストップ会議」を開始させた。こうして，ラインオフ後まったく手直しをしない直行車をめざし，2年がかりでやっと1985年12月に直行一号車がラインオフしたのである。[25]

　この時期には販売が落ち込んでいたので，こうした改善がやりやすかったという。このような環境を活用して，「自主研」にも取り掛かった。ここでは，問題の原因をさかのぼる活動をおこない，工程でどうしたら品質の保証が可能になるのか，そのために小集団活動を実施していった。

　国産化の推進の面では，プレス部品の場合，まずトヨタ・オート・ボディ・タイランド社（TABT）で難度の高いものをつくり，難度の低いものはサミットラ，CAPで調達した。図面は日本のものを使ったのだが，しかしこれを組み合わせる段階で困難にぶつかった。同じ寸法でも公差があり，どこか少し違う。実はこれは日本のトヨタでも同じで，どちらかに偏っている。

　日本のトヨタ，TABT社，現地メーカーからの部品を混合して使用する。そのため，本番移行の準備期間中に，日本からの出張者を含めて，プレス型の修正をしては試行し，また修正しては試行する試行錯誤の繰り返しであった。これがドアの場合なら，プレス部品はもちろんのこと，ガラスもあり，雨漏れ用のウェザーストリップもあった。

　これらの作業を通じて，部品の生産・品質保証とはどういうことか，車が立ち上がるまでには，タイトヨタのなかでしっかりやることはもちろんであるが，外注部品を受け入れ，試行錯誤して，互いのやりとりで不具合を修正する。高橋は，そういうステップを踏むことにより技術員を育てた。タイ人には日本の技術を吸収したいという気持ちが強く，彼らは教えただけで技術

をよく吸収したといわれている。

　また，1982年にはタイトヨタの労働組合が設立されている。1997年までには，従業員の64％に当たる約3,000人が組合員に加入していた。この組合は社外に存在する労働団体にはどこにも加入していない企業内労組である。第三者の干渉を嫌い，自発的に会社との問題解決にあたりたい，自らの指導性を発揮したいとの労組執行部の決意を反映した形になっている。労使間の問題は毎日発生しているといっても過言ではないほどであるが，タイトヨタではストライキの歴史はない。

　しかしながら，タイトヨタでも毎年春には，賃金，ボーナスおよびその他労働条件に関する労使交渉が行われている。その内容は大きく分けて，賃上げ・ボーナスと福利厚生の2つの部分に分かれている。労使交渉は，労組側は委員長，副委員長，書記長，執行部など合わせて15人前後，会社側は事務局を含め大体10人ぐらいが出席する。意見交換は自由に行われるが，それぞれの政策や公式見解は，労組側は委員長，会社側は社長から任命されたタイ人または日本人の会社代表が表明するしきたりとなっている。タイ人代表なら人事労務を統括している立場の部長か，会社を代表する副会長，日本人代表なら執行副社長がその任にあたる。他の会議体と異なり，労組側が英語をしゃべらないので，タイ語による議事進行が行われる。そのため，日本人はいても会社を代表して話すのはタイ人となる。[26]

　1992年ごろまでは，いったん要求した賃金や労働条件はがんとして譲らず，少しの妥協も許さないような状況であった。また，労働側から提出される要求賃金のよって来る理由が示されることはほとんどなく，労働条件全般について他社比較がなされることもなかった。

　このような状況を改めるため，会社側は労組のレベルアップを試みた。労使関係はどうあるべきかの基本認識の座学から始まり，労組委員長はじめ執行部の何人かを，年1回，会社側担当者とともに日本に派遣した。彼らは，トヨタ本社の労組幹部ならびに自動車労連の幹部，さらには本社の労務担当部署の役職者などと直接会議を持った。そこで，日本での労使関係の実情，

労組の役目，交渉時の準備及び会社側との話の進め方，今後の方針などの説明を受け，率直な意見交換の機会を持ちながら，それなりの教育を受けている。

しかしながら，こうした啓蒙活動でも変化がみられず，そのため会社の社長と労組の委員長は少なくとも3カ月に一度はお互いに会って，労組の活動状況，苦情について率直に話し合いを持つことを定例化することになった。これは相互信頼関係の構築に役にたった。さらに，従業員の運動会，新車のラインオフ，新車発表会，創立記念日，新工場落成式などの主な会社行事には，労組の執行部に参加を呼びかけた。

労組と会社の信頼関係があるレベルまで高まったと思われた1993年の秋，会社と労組双方は敢えて「労使宣言」をかわし，さらに一層の良き関係作りを目指すことになった。海外拠点では，はじめてのことであった。[27]

プラザ合意以後の1980年代後半には，円高定着を背景に日系の自動車および部品メーカーはタイからの輸出を目指していっせいに動きを始め，新規投資のためBOIと話し合いを進める企業もでてきた。アセアン市場の狭さや品質面での問題はあったが，タイではこうした動きを日本車の第2の生産基地となる好機到来と期待を込めてみていた。とくに，前述（77ページ）のように，このころトヨタはインドネシア向けの金型をタイで調達した。部品そのものではなく，部品生産の基礎となる金型をタイから輸出したというのは，画期的なできごとであった。金型は比較的人手がかかる部門なので，労働コストが安いというタイのメリットが生かせたといわれている。

円高が日本の自動車産業の海外戦略に大きな変革を迫っているなかで，アセアンでは比較的早く自動車の組み立てを始めたタイは，部品の国内調達比率も50％近くに達しており，域内では中核的役割を果たしうる立場になっていた。グループ企業のデンソーも，タイでは電装品も加えて16品目も製造しており，円高で日本製部品の価格が急騰したことから，タイからの輸出を具体化した。生産量の1％しか輸出していないが，これを20％くらいまで高めたいと考えるようになった。泉自動車の合弁会社，「イズミ・ピスト

2 人づくりと組織づくり

ン(MFG)タイランド」は,1984年から東京の親会社向けに輸出し始めたが,1984年11月のバーツ切下げに加えてその後の円高で輸出競争力がつき,輸出シェアは当初の10%から30%まで拡大した。また,タイ矢崎もタイの自動車生産が1984年の10万台をピークに急減し始めたことから,自動車用ワイヤハーネスの輸出に本格的に取り組んだ。系列のタイアロー・プロダクツが,タイ矢崎で生産した電線を主体に日本や欧州から輸入した連結部品や金具を接続,ハーネスとして英国・西独など欧州諸国とオーストラリアを中心に輸出している[28]。

また日系企業にとって大きな誤算となることもあった。アジア各国間で部品を相互融通する域内分業の構想が変更を迫られたのである。好況のタイ,台湾に対してインドネシア,マレーシアなどは自動車マーケットが沈滞気味で,跛行性がでてきたためである。部品の相互融通には時間がかかるので,市場が急拡大している非常時には,これはアキレス腱になった。1988年1月からタイでカナダ向け「ランサー」の生産・輸出に乗り出したMMCシティポール・モーターズは,フィリピン製変速機,マレーシア製プレス部品といった具合に,それぞれ各国の三菱自工の生産拠点から調達する分業構想をもっていた。ところが,MMCシティポールはタイでの調達に傾斜しつつあった。これには,他の国からの部品は,品質も価格も折り合わず,必要量を納期に間に合わすことができるか疑問だということが背景にあった。そのため,三菱自工は日本の部品メーカーを説得してタイ進出を促し,現地調達率を引き上げようとしたのである[29]。

3 エンジンの現地生産化

トヨタは,技術移転に努力を払っていた。しかしながらタイ政府からは,機能部品は国産化しないし,簡単な技術しか移転しないとの批判が上がった。1970年代末に一度頓挫していたディーゼルエンジン製造の国産化計画が,1986年に再び政府によって発表された。このなかでは,生産品目はタイで

一番需要があり，モデル数も少ない小型ピックアップトラックのディーゼルエンジンとされた。また，タイ政府は国産エンジンの輸出義務を課して，量産化により規模の経済が働くようにし，段階的に部品の国産化を進めて，シリンダーブロックなどの鋳造品やクランクシャフトなどの鍛造品を強制調達品目とした。最終的にトヨタ，日産・三菱自工，いすゞの3グループがBOI（タイ投資委員会）の投資奨励企業となり，エンジン製造会社設立の認可を受けて，このプロジェクトが1989年7月から開始され，ピックアップトラックの組み立てに関して，国産エンジンの使用を義務づけた[30]。そのためタイトヨタは，エンジンを製造しなければ国産化率はあがらないし，心臓部を国産化したといえばタイトヨタのイメージもよくなるということから，日本側の反対を押し切ってハイラックスのエンジンの国産化を承知させた。

　この1986年に始まるエンジンの国産化については，トヨタはサイアム・セメントと組んでいる。サイアム・セメントは王室の関係する会社で，財閥としてはタイで最大であった。サイアム・セメントは，エンジンを生産すれば自動車業界をおさえられると考え，この話に乗ってきた。こうして，1987年7月には，トヨタ40％，サイアム・セメントが40％，日本電装タイランドとタイ産業金融公社（IFCT）が10％ずつ出資したエンジン製造会社，サイアム・トヨタ・マニュファクチャリング（STM）社が設立された。

　STMは，10億バーツを投じラカバン工業団地に月産能力2,000台の工場を建設した。従業員数は約200人，生産品目は1トン・ピックアップトラック「ハイラックス」用の2,500 ccエンジンで，5年間で最低5億バーツ分のエンジンを日本のトヨタに輸出する計画であった。BOIの優遇措置を受けることが決まっており，同委員会の規定によるエンジン部品国産化率は初年度（1989年7月）20％から5年目に80％になるように毎年引き上げていくことになった[31]。

　ピックアップトラックのエンジン部品の国産化義務が課せられたことにより，日系各社は1996年7月までに80％の国産化率を達成する必要があった。トヨタ，日産，いすゞは個別に部品を調達して組み立てていたが，機械加工

ラインは年25万台でないと経済的ではないといわれる。そこで，トヨタがシリンダーブロック，日産がシリンダーヘッド，いすゞがコンロッドとクランクシャフトを生産する工場を設立し，3社が互いに供給して国産化に対応することになった。[32]

エンジンは，当初，タイトヨタが第一工場で組み付けのみを行っていたが，のちにSTMがラカバンに工場を取得して，機械加工と組み付けをはじめた。このラカバン工場はもともとタイ日野の大型エンジン製造工場であった。日野はタイ政府が大型についてはエンジンの国産化を進めるという方針を転換したので，この工場が遊休になってしまった。そこでトヨタに売り込みがあったのである。

こうしてSTMで始めたエンジンの国産化は，のちには鋳造の段階にまで進んだ。さらに，STMはバンパコンに土地を新たに取得して，シリンダーブロック，シリンダーヘッドの製造にまで進むこととなり，日産，いすゞにも鋳物の素形材を供給するようになった。

こうしたエンジンの国産化に合わせて，ハイラックスの国民車化が図られた。当時，1トン・ボンネットのハイラックスは，トヨタの販売台数の65％を占め，メイン車種であった。この分野では，いすゞはタイルーンというボディ会社をもっていて，ワゴン車などのバリエーションもあり，健闘していた。そこでいすゞに対抗するためにも，ハイラックスのタイトヨタ独自の仕様車を考案したのである。

まず，ハイラックスのCキャブ，すなわちエンラージドキャブ，次がハイラックスのワゴン車であった。これは，日本のトヨタ・テクノクラフト（旧トヨペット・サービスセンター）に設計を依頼した手たたきのボディのものであった。手たたきでは生産性も悪いし，品質的にも問題があった。そこで，タイトヨタは1988年にタイの自動車の60％を占める小型トラックではハイラックスの新型車を導入したが，さらに荷台をユーザーの要望に応じて架装する月間能力100台の専門会社を設立した。これが，資本金1,000万バーツで，日本のトヨタ車体，タイトヨタが各々20％を，残りを現地の架装メー

カーのサミットラ社の出資で，合弁により設立されたタイ・オート・ワークス（TAW）であった。タイでは，ピックアップトラックを豪華に架装して乗用車代わりに使用することも多いため，架装部門を強化することは，競争力を高めるうえで重要であった。[33]

これにより，タイトヨタは小型トラック分野でのいすゞ自動車，日産自動車との拡販競争を有利に展開することができた。乗用車においても，カローラに続いてコロナも全面改良し，販売が急進したホンダの抑え込みを図ろうとした。また，トヨタは10億バーツを投じてタイに小型トラック用エンジン工場を建設する計画を打ち出し，1989年にかけてタイへの投資が集中したのである。[34]

4　販売面における改革

タイの自動車市場は，きわめて特殊な状況を呈していた。カローラ250万円，コロナ300万円，ハイラックス140万円と，税金の関係で乗用車の価格が非常に高く，価格の半分は税金であった。これらの自動車の価格は，タイ国における大卒初任給の4〜5年間分に相当するものであった。

乗用車の大半はバンコクに集中し，購買層は金持ち，商売人，高給取り，夫婦共稼ぎの中の上流家庭，官庁公用車などに限定されていた。商用車は，1トン・ボンネットトラックが価格も手ごろで貨客兼用の足として，またソイバスと呼ばれる営業用路線バスとして使用されていた。そのため，市場に占める小型トラックの比率はきわめて高かった。中・小型トラックは主として都市間の貨物輸送用に使われていた。

タクシーのほとんどは，RT40（コロナ）や当時のトヨタのライバル車である鉢巻ブルーバードといった20年前の車で，日本から輸入された中古のLPGタンクを乗せて走っている状況であった。また，サムローといわれる3輪車やソイバスと大型バスが大衆の足となっていた。

1981年7月，長年1ドル＝20バーツであった為替レートが約10％切り下

げられ，その上，もろもろの経済環境が悪化し，自動車のみならずすべての商品の売行きが対前年比20～30％落ち込んでしまった。1981年10月頃には三菱が1カ月工場を閉鎖し，日産，マツダも大量の在庫を抱え，操短を余儀なくされたほどである。

1981年秋には，各社が大量の在庫をかかえ始めて，前年秋頃より販売競争は熾烈を極めた。販売店はもっぱらインセンティブをあてにして，卸価格と同額，場合によってはそれを割ってまでも車を売るようになった。

国産化の手前，量販せざるをえないメーカーからの押し込みなのか，各社の販売店はなんとか頑張っていた。しかし，儲けが少なくなってくると，日ごろ出ない不平不満が噴出し，割当地域の侵害や販売店同士の値引き合戦などのトラブルが続出し，販売店対策をどのようにするのかが，各社の腕のみせどころとなった。[35]

すでにみたように，タイトヨタの創設当初は，販売店というよりも取次店のような店が20店ほどあった。それらは雑貨屋や精米業などをやりながら，外にトラックを1台並べているといったところがほとんどであったという。それ以来，タイトヨタは取次店でやる気のある店に対し，ショールーム，部品倉庫，サービスショップを持たせるように店舗建設資金を低金利で融資し，店舗の設計，業務管理の手段などパッケージで指導するととともに，サービス機器の代金の一部トヨタ負担，サービスペイ（修理を受け入れた台数を単位とした支援体制であり，ピットとも呼んでいる）の数による援助金，メカニックや部品マン，セールスマン教育を行い，本格的なディーラー網の整備に取り組んでいき，1982年夏ごろには70店を超える販売店をもち，強力な販売アフターサービス網をタイ全土に張り巡らすようになっていた。

さらに，タイトヨタでは日本国内の対販売店インセンティブ制度をタイの風土に合わせて調整し，他社に先駆けて導入した。まず固定マージンを6％とし，後はすべてインセンティブとなった。年間契約台数達成インセンティブ，さらに四半期に分けたクォータリー台数達成インセンティブ，現金決済インセンティブ，また市場の動向に応じて特定車種，特定期間を設けての目

標達成インセンティブなど,販売店がある程度努力すれば達成可能な目標を与えて売らせる仕組みであった。

タイトヨタでは,年初に70店の販売店経営者すべてと面談し,前年度の反省,新年度の見通しや要望などを十分話し合ったうえで,新年度の目標台数を設定し,年契約を取り交わし,年初の販売店総会開催というステップを踏んでいった。

販売店のほとんどが華僑で,家族経営であり,店舗は整ったがマネジメントはまだ旧態依然としており,タイトヨタとしてはアメリカ留学帰りの二代目経営者や新しい感覚を持った人材を今後大いに指導育成し,販売店の体質強化を図っていこうとした。[36]

注

1 「海の向こうのニッポン経営 タイトヨタ在庫管理,ディーラー網……経営戦略を移植」『日経ビジネス』1980年6月2日号,111ページ。
2 同上,113ページ。
3 佐藤一朗「タイトヨタの現状と課題」『トヨタマネジメント』1982年8月号,70ページ。
4 末廣昭・東茂樹『タイの経済政策——制度・組織・アクター』(アジア経済研究所,2000年)139ページ。
5 東茂樹「タイの自動車産業——保護育成から自由化へ」『アジ研ワールド・トレンド』1995年7月,40ページ。
6 末廣・東『タイの経済政策』140ページ。東は,「1970〜1980年代におけるタイの自動車産業政策は,自動車産業の発展を目指した官僚たちによって政策が立案されたが,実際には地場系部品企業による政治的な圧力によって,部品国産化政策が推進されていった」と指摘している。
7 佐藤「タイトヨタの現状と課題」74ページ。
8 川辺純子「タイの自動車産業育成政策とバンコク日本人商工会議所——自動車部会の活動を中心に」『城西大学経営紀要』第3号(2007年3月)23ページ。
9 佐藤「タイトヨタの現状と課題」74-75ページ。
10 同上,75ページ。
11 佐藤一朗・足立文彦「日本型経営と技術移転——タイ国自動車産業の現場からの考察」名古屋大学経済学部附属国際経済動態研究センター『調査と資料』第106号(1998年3月),10ページ。

12 同上，4-5 ページ。
13 タイの自動車部品メーカーについては，以下による。川邉信雄「華人企業の経営特性の連続性と非連続性――タイ自動車部品製造業にみる企業者活動」早稲田大学産業経営研究所『産業経営』第 38 号（2005 年 12 月）。
14 高橋毅「タイトヨタでの改善活動と考察」『IE レビュー』第 32 巻 3 号（1991 年 8 月）35 ページ。
15 東「タイの自動車産業」43 ページ。
16 「アジアが新しい (3) QC 活動が盛んに――現地に生産性向上を求める」『日本経済新聞』1990 年 1 月 11 日。
17 末廣・東『タイの経済政策』143, 144 ページ。
18 「転換期迎えたアジア進出戦略(下) 分業体制の構築――ASEAN を重視」『日本経済新聞』1987 年 10 月 9 日。
19 「日本電装，東南アでの水平分業検討――トヨタの供給体制に対応」『日経産業新聞』1989 年 10 月 9 日。
20 末廣・東『タイの経済政策』144 ページ。
21 「海の向こうのニッポン経営 タイトヨタ在庫管理」112 ページ。
22 佐藤・足立「日本型経営と技術移転」14 ページ。種崎晃「ものづくりのための人づくり組織づくり――タイトヨタ（TMT）の組織能力獲得プロセスの検証」法政大学経営学研究科修士論文，2007 年 3 月，24 ページ。
23 「タイトヨタ，ライン部長や取締役，現地従業員を登用――日本人減らす」『日経産業新聞』1987 年 6 月 22 日，種崎「ものづくりのための人づくり組織づくり」29 ページ。
24 高橋「タイトヨタでの改善活動」36 ページ。
25 同上，36-37 ページ。
26 今井宏『トヨタの海外経営』（同文舘出版，2003 年）168-169, 180 ページ。
27 同上，168-174 ページ。
28 「タイ――日本車部品基地に意欲，ASEAN の輸出拠点に（太平洋地域トゥデイ）」『日経産業新聞』1986 年 9 月 30 日。
29 「自動車メーカーアジア戦略に誤算（ビジネス TODAY）」『日経産業新聞』1988 年 7 月 4 日。
30 末廣・東『タイの経済政策』145 ページ。東茂樹「タイの自動車産業」41 ページ。
31 「トヨタ，タイのエンジン合弁に調印」『日本経済新聞』1987 年 6 月 13 日。
32 東「タイの自動車産業」48 ページ。
33 「トヨタ，タイで架装部門強化，新工場稼動，月 100 台」『日経産業新聞』1988 年 10 月 24 日。

34 「トヨタタイ市場攻勢,乗・商用車を20％増産——トラック架装会社も新設」『日経産業新聞』1988年8月19日。
35 佐藤「タイトヨタの現状と課題」72ページ。
36 同上,73-74ページ。

第5章

自動車市場の急速な拡大と自由化政策への対応

1985〜1993年

タイ人社員の活躍（左より2人目ニンナート現副会長）

タイトヨタ財団の活動

自動化された工場

1985年から1986年にかけてタイの自動車産業を襲った不況で，45％で止まっていた国産化プログラムやエンジン・プロジェクトも，長期にわたって保留され据え置かれるのではないか，との見方が強かった。しかしながら，1986年に入って，タイの軽工業品と農産物の輸出が順調に伸長し，タイ政府はいっそうの工業育成と輸出振興を主眼とする第6次経済開発5ヵ年計画を打ち出した。また，韓国やマレーシアの自動車輸出にも刺激されて，自動車産業についても，予定通り国産化を推進することを決め，これまでの悲願であった自動車部品を，そしてできれば完成自動車も輸出したいと考えるようになった。

　タイ政府にとって長年の懸案であった自動車エンジンについては，タイ自動車市場の60％を占める1トン・ピックアップトラック用ディーゼルエンジンを国産化することに決め，1986年末，トヨタ，日産，いすゞ・マツダ・三菱連合，そしてプジョーの4社に認可を下した（プジョーは最終的にプロジェクトを放棄している）。

　エンジンの国産化率は1990年20％であったが，毎年10％ずつ引き上げて，1996年7月には80％に達することが義務付けられ，また輸出義務も課せられた[1]。

　1991年7月には，タイ政府は突如，完成車の輸入を含む輸入自由化を発表し，輸入関税を大幅に引き下げた。さらに，1992年1月より，それまでのビジネスタックスを廃止し，付加価値税と奢侈税（乗用車のみ）を導入したのである[2]。

1　自動車生産の増加

　1985年のプラザ合意による国際通貨調整により，日本や台湾からのタイへの投資が急増し，タイ経済は1980年代後半に急成長した。1988年から1990年にかけてのタイにおける年平均10〜12％の高度経済成長は，自動車産業にも大きな影響をおよぼした。国民所得の増大は消費需要を拡大させ，

自動車市場はそれまでの年間9〜10万台規模から，1989年には生産台数で20万台の大台を突破して21万台となり，インドネシアを抜いてASEAN最大の自動車生産国になった。さらに，1990年30万台，93年45万台，95年57万台と急激な拡大に転じたのである。[3]

一方で，円高や日本国内の労働力不足から，タイを輸出向け海外生産拠点とする日本企業のタイ進出が集中豪雨的に生じた。日系自動車部品メーカーも，拡大するタイの国内需要と輸出市場を合わせると，品目によっては量産用設備投資を行ってタイで部品生産を行えるだけの経済規模と採算性を見出すようにもなったのである。[4]

このような背景から自動車価格の低下が生じ，経済成長の恩恵を受けた消費者の購買意欲が高くなった。例えば，バンコクでは企業の賃上げの指標にもなる法定最低賃金が1990年から92年まで毎年2桁上昇し，収入が1万バーツ以上の世帯の割合が1986年の17％から1993年には46％に拡大した。個人消費の国内総生産に占める割合は，タイ全体では50％を超えた。経済成長を牽引していたのは，GDPの約30％を占め順調に伸びていた輸出であったが，その下支えをしたのは13〜14％の伸びを記録したとみられる個人消費である。[5]

この結果，かつてのように一部の富裕者層のみならず，月賦で乗用車を買える中間所得層，とくに都市型中間層が購買層として急速に台頭してきたのである。そのため，1990年代初めには，1990年代半ばごろまでにはタイは韓国や台湾と同じレベルのモータリゼーションの時代を迎えると予想され始めた。[6]また，価格・品質両面での競争は今後激しくなり，環境対策や安全性などすでに先進国で問題になっているようなことも，大きな課題になると考えられた。こうした状況の中，日本企業にとっては，タイをはじめとするASEAN市場は従来の輸出用生産拠点としてだけではなく，耐久消費財の市場としても魅力を持つようになり，経済構造も内需主導型へと変換し始めたのである。[7]

タイの1980年代の経済成長率は7.6％と高かった。すでにみたように，

とくに1980年代後半は10%以上の高い成長率を達成した。また，1985年のプラザ合意による円高は，タイへの外資とりわけ日系企業の投資ラッシュにつながった。このため，1988年のタイ投資委員会（BOI）による投資の認可額は，それまでの20年間の累積投資を上回るほど巨額であった。さらに，タイは1990年にはIMF 8条国の仲間入りを宣言し，為替・金融に対する規制緩和にも踏み出した。一方，円高の追い風を受けたブロイラー，ツナ缶詰をはじめとする農海産物関連の輸出が伸びたため，タイでは所得の増えた農村地域を中心として，1トン・ピックアップトラックなどの自動車の需要が増加したのである。

こうした状況のなかで，タイトヨタの販売も1987年から急増し，1991年には7万4,000台にまで達した。それまでの数年間9万台前後で低迷していたタイの自動車需要は，1987年ごろから急増し，1988年には13万5,000台に達した。このため，タイに進出していた日本の自動車組立メーカーはいっせいに増産のため生産設備の拡大にとりかかり，拡販に打って出たのである。タイトヨタでは毎日残業2.5時間，土曜も出勤というフル生産体制に入った。

しかしながら，対応の早かった日産自動車系のサイアム・モーターズが，自動車需要の60%を占めるピックアップトラック市場で，1988年5月に首位に踊りでた。1987年に27.9%のトップシェアを握ったトヨタは現地生産が追いつかないこともあって，1988年の1〜8月の累計では27.4%にダウンした。また，1984年にタイに進出したホンダのアコードやシビックは1986年には900台にとどまっていたのが，1987年に3,400台，1988年は6,000台以上と予測され，乗用車市場で第2位の三菱自動車を抜くのは時間の問題となった。ホンダの成功は，「タイの市場は安い車しか売れない」という定説をくつがえした。[8]

こうした自動車市場の急速な拡大に対応するために，いかにして増産するのかが自動車メーカーにとって大きな課題となった。この問題を解決するため，タイトヨタでは1989年9月に，それまでの一直制に代わり，ラインの二直化に移行し，増産体制を整えたのである。1987年半ばごろから需要が

回復して残業で対応していたのであるが,これでは間に合わず,この時点で協力工場を含めて2直化をはじめたのである。これによって,3万4,000台を生産する計画であった。

しかし,こうした対応では生産が追いつかず,シェアトップの座も揺らいできた。そのため,タイトヨタでは1989年中に年間生産能力を3万4,000台から4万台に引き上げることを決めた。設備増強の概要は,①工場敷地内の老朽建屋を建て直す,②組立ラインを刷新し,塗装設備も増設する,③部品倉庫を新設する,といったものであった。投資額は,総額3億バーツ(18億円)を見込んでいた。[9]

この旺盛な需要に対していかにシェアを下げずに対応するかとういうことが,タイトヨタにとって大きな課題となった。生産サイドは,1991年の後半には需要に対応する十分な数の車が生産できなくなっていた。ハイラックスを捨てるか,乗用車を捨てるかしないと対応できないほどであった。結果として,モータリゼーションは乗用車の大衆化を意味するということで,タイトヨタは乗用車の将来に社運をかけることになり,乗用車優先を選択した。このため,1992年には1トン・ピックアップを含む商用車部門のトップの座をいすゞに譲ったのである。

1992年の5月のタイの政変にもかかわらず,自動車販売は急増した。1～6月の乗用車販売は前年を47.2％も上回る4万8,600台を記録した。タイトヨタは,大量の受注残を消化するため,月産1,700台から2,200台への増産に踏み切り,1992年は前年比20％増を見込むまでになった。[10]

2 日系部品メーカーのタイ進出

タイに進出している組立メーカーのこのような増産に対応するために,部品メーカーも現地での供給能力を強化し始めた。タイトヨタ,マツダ系のスコソル・アンド・マツダ・モーター・インダストリーズ社を中心に,日産自動車,ダイハツ工業,ヤマハ発動機の生産拠点にランプ類を供給しているタ

イ小糸は，1991年10月に資本金を5,680万バーツ（約3億1,250万円）から1億1,360万バーツ（約6億2,500万円）に増資した。増資で得た資金で建屋を3,960平方メートルから6,280平方メートルに拡張することを決め，拡張は1992年3月に完成した。[11]

もともといすゞ自動車が出資して設立されたが，現在では広範な取引先を持つ自動車部品工業社も，1993年に現地法人ジブヒン・タイランド（JBT）の工場面積を2倍に拡張した。同社は自動車部品工業（出資40.7％）など5社が出資して発足した企業である。同社はリングギヤの生産能力を約70％増強したほか，フライホイールの生産もはじめた。これによって，日系組立メーカーの1トン・ピックアップトラックの増産に対応しようとした。[12]

また，この時期には新たにタイに進出する企業もあった。例えば，豊田合成は1994年1月にハンドルなど樹脂製品の生産会社「TGポンパラ」を，現地企業と合弁でバンコク郊外のバンパコン工業団地に設立した。資本金は2億バーツ（約9億円）で，出資比率は豊田合成，現地企業のポンパラ・ポリマーが各43％，豊田通商の現地法人豊田通商タイランドが9％，タイのディーラーであるSPインターナショナルが5％となっている。同社は，ウレタンハンドルなどを生産し，タイトヨタ，タイいすゞなどに納入するために，1995年の稼動を予定した。[13]

また，東海理化電機製作所と豊田紡織は，1994年6月タイ企業とともに現地で自動車用シートベルトを生産する合弁会社，「タイ・シートベルト」社をバンコク郊外のバンパコン工業団地に設立し，1995年6月からの生産開始を目指していた。資本金約2億5,000万円で，出資比率は現地の自動車内装品メーカーであるサミット・オート・シートが48％，東海理化が32％，豊田紡織が16％，そして豊田通商タイランドが4％である。製品はタイトヨタに納入する。それまでは，部品の大半を日本から輸入してノックダウン生産していたが，円高に対応して現地での一貫生産体制を確立した。同時にこの計画は，タイを中心にしたASEAN地域での自動車市場の急成長に備えたものであった。新工場の稼動後は，3～4年かけて部品生産のほとんどを

現地化する方針であった。[14]

　ショックアブソーバーなどを生産するトキコは，1995年3月に海外初の生産拠点となる合弁企業「トキコ・タイランド」を設立した。本社はナコンラチャシーマ市で，資本金は1億2,500万バーツ（約5億円）で，トキコが49％，残りは現地の部品メーカーなどが出資している。10億円を投じて月産約10万本の生産設備を建設した。将来は，自動車関連の各種計器類や空圧製品も生産する計画であった。日本からの輸出を切り替え，組立メーカー各社がタイで計画している「アジア・カー」向けの部品の供給拠点を目指していた。将来は為替メリットを生かし，日本への輸入も検討している。販売はトヨタ自動車，マツダ，いすゞ自動車などメーカー向け60％，補修用販売が40％としている。[15]

　ジョウホク・タイランドは，小物部品の組み立てという新規事業に乗り出した。自動車や家電メーカーの工場では生産拡大に伴い，労務管理や工程管理が厄介な小ロットの組立ラインが邪魔になり始めた。そこに，ジョウホク・タイランドが注目したのである。同社は，自動車・家電の多岐にわたる得意先からさまざまな種類のワイヤーハーネスを受注し，柔軟にラインを組んで対応してきた経験を生かす細かい工程管理に優れている。例えば，同社は大手自動車部品メーカーからトヨタのアジア・カー向けのワイパーモーター部品の組み立てを受注している。アジア・カーに代表されるようにタイでも量産化とコスト削減が追求されるなか，同社は，コスト低減の努力もしている。例えば，小規模プロジェクトは，5年以上勤続した信頼のおけるタイ人従業員を独立させ，下請け方式で仕事を任せている。すでに，1996年半ばごろまでには5人が企業家として巣立っていた。ローカル企業から部品を購入するなど，リモコンでは5％のコストダウンを行っているという。[16]

　アイシン精機は，1996年7月にタイのサイアム・セメント・パブリック社と自動車部品生産の合弁会社，「サイアム・アイシン」を10月に設立すると発表した。資本金は6億8,000万バーツ（約29億8,000万円），出資比率はアイシン50％，サイアム・セメント47％，豊田通商タイランド3％である。

インドネシアの合弁会社と補完して，東南アジア各国に部品供給をしていく方針である。[17]

豊田工機は1996年9月，タイ企業などと合弁でバンコク近郊に自動車用パワーステアリングのポンプと配管の生産会社,「豊田工機タイランド」と「山清タイ」の2社をそれぞれ設立し，1997年6月から生産を始めた。パワーステアリングが普及し始めた東南アジア各国に製品を供給する。豊田工機タイランドの資本金6億6,000万円のうち，豊田工機が70％，現地部品メーカー，サイアム・ナワロハ・フォンドリーが25％，豊田通商タイランドが5％出資する。山清タイの資本金は約1億8,000万で，出資比率は豊田工機40％，自動車部品メーカーの山清工業（名古屋市）が40％，横浜ゴムの子会社，横浜ハイデックスが20％となる。豊田工機タイランドは，タイの他インドネシア，マレーシア，フィリピンにあるトヨタ系の車両組立工場に納入する。山清はトヨタ以外にいすゞ，マツダの現地工場にも出荷した。[18]

1985年のプラザ合意以降の円高，トヨタ自動車の日本本社の国際戦略，タイ国への貢献の必要性などの環境変化に応じ，タイトヨタは輸出にも努力するようになった。まず，トヨタ社内で制作した組立用治具や下請けメーカーに制作させたプレス用金型を，インドネシア，台湾へトヨタとしてはじめての輸出をおこなった。

さらに，1988年にはサイアム・トヨタ・マニュファクチャリング（STM）が将来的には輸出を行うというタイ投資委員会（BOI）の設立認可条件を満たすべく，ディーゼルエンジンをポルトガルに定期的に輸出するようになった。1990年代に入ると，ASEAN域内戦略，グローバル戦略，BBCスキーム，量産によるコスト低減，タイ経済へのいっそうの貢献という見地より，タイトヨタは輸出入部を新設し，積極的に輸出努力を続けるようになった。1993年の輸出額は5億7,800万バーツであったが，2000年には，自動車，KD部品，エンジン，金型などでこの14.5倍に当たる84億ドルの輸出を計画していたのである。[19]

3 急成長による管理問題

　これまで新規参入の制限などで国内自動車産業を手厚く保護してきたタイ政府が，1987年にCKD部品の輸入関税を引き上げ，さらに円高も進んだため，自動車の価格は上昇していた。一方で，自動車需要の増大に生産が追いつかず，消費者に割高な自動車を押し付けることになった。そのため，これまでの保護育成政策が見直されるようになった。

　こうして，1989年東南アジア最大の自動車生産国になったのを機に，タイ政府は，世界的な自由化の流れと消費者利益を考慮して，1990年から小型車の輸入解禁など，第一弾の自動車産業の自由化政策を進めることになった。[20] 1992年のクーデター後に発足した暫定内閣のアナン政権も，さらに自由化を意識した政策を打ち出した。この背景にはいくつかの理由があると考えられる。第1はタイがGATTに加盟し，また知的財産権法，著作権法の整備に関連してアメリカとの間で貿易摩擦があり，市場開放・自由化という形で対応する必要ができたことである。第2は，タイがIMFから準NIEs＝DAE（Dynamic Asian Economies）と評価され，1991年10月バンコクで行われたG7会議，IMF総会に向けて，タイの自由化政策を宣伝する国際戦略的な意図があったことである。第3は，経済成長に並行する物価の上昇（インフレ率5～6％）に対する国民の不満への対応政策を展開しなければならなかったことである。[21]

　タイ政府はまず，それまでの乗用車の組立シリーズ数を42シリーズ以内とするとの制限を廃止し，自由化した。1991年4月には，2,300 cc未満の乗用車の完成車輸入を解禁している（2,300 cc以上は，すでに1985年に解禁していた）。さらに1991年7月，完成車およびCKD部品の輸入関税を大幅に引き下げた。これにより，タイに生産拠点のない海外メーカーにも輸出の道が開けるほか，免許制度で現地生産車種を制限されていた後発メーカーも，先発メーカーに対抗して自由に車種数を増やせるようになった。従来は現地で組

み立てた車種だけを販売していたため，各社とも販売は2～5車種程度に限られていた。それが，輸入車自由化によりスポーツカーや高級車も輸入販売できるようになり，各自動車会社の品揃えが一気に広がった。トヨタは，1993年から新たに「セリカ」「プレビア」など4車種を加え，輸入車の販売台数を月間100台に伸ばす計画を立てた。1992年11月からは高級車「レクサス」の販売も始めている。これまでに，日本車メーカーのなかで唯一販売をしていなかった富士重工も，タイ市場への参入を表明する一方，92年から進出した韓国の現代自動車も急速に販売を伸ばしていた。[22]

　輸入関税の引き下げなど自動車税率の大幅な変更は，2つの面でタイの自動車業界に影響を及ぼした。

　第1は，これまでピックアップ車は税制上優遇され，乗用車より約10万バーツも安かったが，税率改定によって両者の価格差が縮小した。そのため，消費者の需要が乗用車に移りはじめ，生産台数に占める乗用車の割合が高まる傾向がでてきたことである。

　第2には，税率改定によって輸入完成車と国内組立車の価格差が縮小し，国内組立メーカーは輸入車との競争にさらされることになる。乗用車の輸入は1992年の2万7,000台から93年には4万4,000台に伸びた。[23]しかしながら，実際には組立メーカーやその関連企業が完成車の輸入を行うので，輸入される車は結局国内で組み立てていない高級車やメーカーの車に限定された。

　1993年にはさらに自由化が進展し，これまで拡張しか認められなかった乗用車組立工場の新設が認可された。この決定を受けて自動車メーカーが新たにタイに進出する動きがみられた。1994年にはBOIが，タイを完成車輸出の生産基地にすることを目指して，地方に立地する自動車組立工場に税制面での恩典付与を決定した。また，部品企業に対しても，自由化政策の一環として，部品製造に使う原材料の輸入関税を段階的に引き下げている。他方で，国産部品調達義務に関しては，依然として乗用車では国産化率54％に据え置かれた。しかし，国産化義務はGATTの貿易関連投資措置（TRIM）に該当するため，5年以内にその撤廃が迫られた。[24]

自動車市場の急速な成長に対応するため，1990年1月トヨタはサムロンの第三工場の完成とともに，ハイラックスの新型車を立ち上げた。モデルチェンジされたハイラックスの好調な販売とともに，工場も増産に追われるようになった。しかし，数量実現のために，結果としては品質面の押さえが弱くなり，手抜き状態になった。タイの品質の不具合が槍玉にあがり，アメリカやカナダよりも品質がわるい，インドネシアにも負けているといわれた。そこでタイトヨタは，生産台数をふやすだけでなく，まず品質をよくすることを優先するようになった。1992年に，「イヤー・オブ・クオリティ活動」に取り組んだ。この結果，品質面でみるみる改善され，2年ほどでトヨタの海外工場のなかではトップレベルになった。

　こうした国産化の進展にあわせた施策とともに，タイトヨタの組織の運営も大きく変わってきた。それまでは，日本人とタイ人の相互補完の段階であった。その過程で，日本人だけが業務を管理し，そこで働く人間を管理することは無理であることが共通認識になり，会社としてのコンセンサスが出来上がった。つまり，タイ人を中心とした組織への移行である（第4章も参照）。

　1987年前半までは，従来，業務管理にあたっていた部長クラスのマネジャーは日本人であった。昇進を含む人事管理の方式については，常にそのあり方を日本の本社に求め，むしろそれを真似る形で進められていた。これをタイ人にまかせた組織にした。そのため，日本人は全員マネジャーから退いてコーディネーターとなり，部課長は100％タイ人からなる組織に変更したのである。日本人コーディネーター制度は，アメリカトヨタでは効率よく作用していないとの理由から再考を求める意見が日本の本社ではあったが，あえて実施に踏み切ったという。[25]

　タイ人の経営参加もはかり，優秀なタイ人には日本人社員と同等な情報を与えて，自分で判断させながら，一人立ちできる体制を整えはじめた。また，非常に優秀と思われる者には昇進の道が開けているという，会社としてのコンセンサスを作り上げた。まだ，体系的とはいえなかったが，部署のあちこちにタイ人の部長や課長が生まれ，タイ人を登用する気風が大きくなった。

日本側の仕方に従ったとはいえ，1986年10月には，将来の重役候補としてのアソシエート・ディレクター（参与）を部長と役員の中間に配置した。[26] これとともに，タイ自動車工業会へのメンバーにも，従来の日本人の代わりに，参与のニンナート・チャイティラピニョーが選ばれた。というのは，このころには自動車工業会もタイ政府との折衝が増え，日本人よりやはり現地の事情に詳しいタイ人のほうが良くなったからであった。

　また，同時に一部マネジャークラスの給与の大幅な引き上げなどによる待遇改善を実施した。例えば，3年間で70％ほどの昇給を実施したり，外部からの人材の採用をおこなったりすることにより，日本的な風土を排除するための環境づくりをおこなった。

　タイトヨタでは，すでに1987年には各部に5カ年計画をつくらせていた。これは，日本人ボスが代わると従来の方針がころころと変わることが多かったためである。これではタイ人が混乱してしまうので，ある事柄はこの部として，また会社としてやることになっていることを示し，日本人・タイ人の意思統一をはかったのである。

　また，「年間計画書」も策定した。方針立案担当者が原案を練り，部内で根回しをしながら，関係者の事前了解をとったのち，部内会議にかけて検討され，部長がOKを出して各部の案が出来上がる。各部案は，その後部長が代表して管理部門，マーケティング部門，技術・生産部門などの部門会議で発表する形で進められ，そこに出席している副社長，執行副社長の承認を得て決められる。経営企画室が中心となり，会社全体および各部の方針などの調整とりまとめを行いながら，最終的には社長の決裁で全社方針と各部方針を決めた。最終書類は各部長が起案者となり，日本人コーディネーターも参画のうえ，副社長の署名をもらうことで運用している。

　年間計画書は12月に作成されるが，実施年度となる翌年に入ってから，国の経済状況，市場の販売環境，政府政策，社内組織改革など，計画作成の際予想できなかった社内外の状況変化により，計画内容の変更を必要とすることが発生する。そのため，実施年度に入ってから，各旬間ごとに見直しを

行う。[27]

　1987年に再度タイトヨタへ赴任した今井宏は，タイトヨタ，ディーラー，部品サプライヤーなどの関連会社内外の置かれた環境および経営意識が以前と比べ質的にもかなり変化しており，発展の度合いは驚くほど高くなっていたことに気付いたという。彼の担当した総務，人事，教育，渉外などの管理部門についても，前向きな改善がなされていることに大変な驚きの念を抱いたようである。タイ従業員のうち大学卒業生が増加し，海外留学を終えて入社している者もみられるようになり，仕事への気構えが育っていた。また，管理職についても，それなりの管理者意識を持つようになっていたのである。

　タイトヨタでは，「経営の現地化」を基本政策の1つとしていた。タイ人の管理者を育てて業務権限を与え，同時に責任を果たしてもらうということを通じて，異文化問題を乗り越え健全な会社経営を目指そうとしたのである。タイトヨタでは，これを1987年にすでに社会で一般に使用されていたタイナイゼーション（Thainization），つまり経営のタイ人化として正式に名付けている。しかし，これを実質的体系として本腰を入れて実施にとり組んだのは1992年を過ぎてからのことであったという。[28]

　このタイナイゼーションの成果は数字の上に明確に出ている。自動車市場が好況で，増産・増販がつづいた1988年から1994年までの従業員総数は1,287人から3,712人へと急増している。そのうち日本人は，14人から26人に増加しているに過ぎない。また，タイ人幹部の数は，1988年の106人から212人となっている。したがって，この時期にタイ人の従業員の増加のみならずタイ人幹部も増加し，経営の現地人化が進んだことが分かる。1992年には従業員から選任した，タイトヨタ初めてのタイ人取締役が誕生している。彼はチュラロンコーン大学を1971年に卒業し，勤続21年45歳であったニンナートである。[29]

　タイ人の昇進機会が増えるに従い，1990年ごろから昇進制度も確立していった。人事管理を担当する人材開発部が中心となり，昇進標準タイムテーブルの再確認，人事考課，過去の昇進候補者審査内容の3点から昇進資格の

有無を設定した。昇進の最終決定機関は社長を含む取締役であるが、そこに行くまでの過程で審査の主役を演じるのは昇進委員会（Promotion Committee）である。委員会の構成は実務経験のあるシニアの部長で、会社の政策を理解し、自分の担当している部のみならず他の部のことや仕事内容にも明るく、部下からも人望のある者5名からなり、委員長には人材開発部長が任にあたった。もちろん全員がタイ人である。ここでの審査は、係長、課長、次長までであり、部長昇進の審査はしない。こうして、経営の現地化の方針のもと、昇進審査権限もタイ人に移譲されたのである[30]。

同時に配置転換も、会社の立場からは業務活性化をもたらし、従業員の立場からはいろいろな業務を経験することで多くのメリットが得られるということから、実施されるようになった。5年以上にわたって同一部署で仕事をしている者をその対象にしている[31]。

さらに、タイトヨタでは日本のトヨタ本社にもなかった経営スローガンがすでに実体として存在した。そして、そのスローガンは社内以上に社外に知れわたっていたという。

1987年までに存在していたタイトヨタのスローガンは、「高技術・高品質」「最良のCS（顧客満足度）」「タイナイゼーション（経営の現地化）」「社会貢献活動」の4つであった。1994年からは「チームワーク」が追加され、5大スローガンとなっている[32]。

トヨタの自動車生産の立脚点の1つは、良い品質のモノを作るには、モノを加工したり組み付けていく工程で、その精度や誤欠品を確認したりすることが、品質維持にとって一番有効であるというものである。

そのため、スローガンは以下のように展開されている。社内で品質を高めるための意気込みをまずトップがもち、年間または何カ月といったある種の品質向上強化期間を設定して、目標達成のための特別方針として、明確な形で社内の各方面に知らしめることからスタートする。次に、このスローガンを効率的に実行するための実行委員会を組織して、社長自らを委員長、タイ人の生産担当の取締役を副委員長として、生産分野の責任的立場にある5〜

6人のタイ人と,生産部門の日本人コーディネーター2～3名をアドバイザーとして,推進のための企画を含む実際の進め方を検討する。

　委員会で進め方の方針が固まった段階で,社内ではタイ人管理者を一同に集めて,実施内容の発表を兼ねたキックオフセレモニーを開催する。会社が何に向かって動くかを社内全員に具体的に示す場となるから,このセレモニーは非常に大切である。つまり,自分たちが何をすれば評価されるかということが示されるからである。キックオフセレモニーの後は,実行委員会から下部の関係者に下ろされ,具体的な展開が始まる。

　その後,社外では担当者が関係の部品サプライヤーに説明して協力を呼び掛け,工業省,BOI,場合によっては商業省,大蔵省などの関係官庁にも報告を行う。そして,マスコミを通して,タイトヨタが何をやろうとしているかをPRして,タイ一般社会の人にも知らしめる。[33]

　こうして,タイにおいてはアメリカ企業が衰退し,日本型経営を代表する多くの多国籍企業の出先である日系企業が進出して大活躍をしていた。そのため,アメリカを代表するような上院議員やジャーナリストたちが状況視察のため来タイしている。米ビジネス雑誌『フォーチュン』誌の1993年11月1日号は,「日本企業がタイで実際の仕事に成功を収めているのはタイに適応しているからである。タイ人は日本人に似て葛藤を嫌い,極めて人間関係に依存している。他方,アメリカはあまりにも法律尊重主義的,かつ柔軟性に乏しい」という,日米企業と合弁を行っているタイの一流企業であるサイアム・セメントの副社長であるプラモン・スティボンのインタビュー記事を掲載している。[34]

　しかし,1987年から1993年にかけての時期は,増産と増販が矢継ぎ早に促され,右肩上がりの市場の状況が目の前にあり,そこに会社全体がある意味では巻き込まれて社内組織または機構の改革は二の次にならざるをえなかった。こういう時期には限られた範囲でしか改革できなかった。そのため,機構の改革は必要不可欠であったが,社内業務を広く見渡して優先順位を定めつつ推進することが海外経営管理においても当てはまるものであった。[35]

販売面においても新しい試みが行われた。それは，タイのモータリゼーションの高まりとともに設立されたトヨタ・リーシング・タイランド（TLT）社である。需要が増大して，販売店は金融をつけることが重要になり，車を売るどころではなくなった。そのため，トヨタはすでに日本，米国，カナダ，ドイツ，豪州，ニュージーランドに販売金融会社を有していたが，これに見習ったものである。タイの販売金融会社は世界7番目のものであり，アセアンで初めてのものであった。ユーザーに対する割賦金融から始め，将来はリース金融などへ拡大していくことも考えられた。資本金は2億バーツ（約9億円）で，トヨタ自動車の出資比率は33%，ほかに現地生産子会社のタイトヨタ，バンコク銀行などが出資し，社長はタイトヨタ社長が兼務した。[36]

4　生産体制の拡充

　もともとトヨタは生産体制にそれほど余裕をもっているわけではなかった。むしろぎりぎりで回っていたので，需要が急増するときは市場シェアを落として需要の減退期にシェアを増やすパターンをとっていた。しかし，1987年から90年までの自動車総需要の伸びは，各年28%，45%，41%，46%と高水準で，1990年には30万4,000台に達したのである。さらに，1991年には35万台，1992年には36万3,000台に達した。1992年9月には，タイトヨタは1962年の設立以来，月間販売が初めて1万台を突破した。[37]さらに，1996年にはタイの自動車生産台数は約58万9,000台となった。

　この時期には，明らかにタイの自動車市場が変わり始めた。市場急拡大の原動力になったのは中間所得層の台頭に伴う乗用車の販売増で，従来主力となっていた1トン・ピックアップトラックなどの商用車が1992年前年比19.7%の伸びにとどまったのに対し，乗用車は81.9%もの伸びをみせたのである。1992年には従来の商用車から乗用車への需要シフトは先進国型モータリゼーション時代の幕開けを告げるものであり，バンコク以外の地方都市での販売急増は裾野市場が確実に広がっていることを示していた。[38]

こうしたなかで1990年代初めには，タイトヨタでは20万台体制の確立が日程に上ってきた。1984年から87年にかけて金融引締政策のあおりを受け，自動車需要の増加率は高かったとはいえ伸び悩んだが，1990年代には自動車需要が急増し，半ばまでには91年実績比85%増の50万台に拡大するとみて，その30%の18万台に輸出の2万台を加えて，20万台生産体制を目指すことになった。そのため，1992年3月にタイトヨタは約50億円を投じてゲートウェイに新たな工場用地（約100万平方メートル）を購入した。[39]

　輸出については，サイアム日産が1987年にトライアル輸出として，1トン・ピックアップトラック5台をパキスタンへ，乗用車40台をブルネイに輸出している。当時は，家電製品を中心にタイの製造業品が急成長した時期にあたり，トライアルながら自動車の輸出開始は工業化，経済成長の成果として反響を呼んだ。本格的な輸出では三菱自動車が先駆的役割を果たした。三菱自動車のグローバル戦略の一環として，タイの三菱シティポール・モーターズは1988年1月からカナダ・クライスラー向けに輸出を行い始め，6年間に10万台の輸出計画を立てた。1992年には，同社は1トン・ピックアップトラックの対ヨーロッパ輸出を開始している。

　三菱にできるのになぜトヨタにできないのか，ということで，1992年からトヨタも1トン・ピックアップトラックの対ラオス，パキスタンへの輸出を開始し，輸出戦略を練り始めた。これは，1993年をメドに新工場をタイ国内に建設し，完成車の年産能力を従来の3倍に当たる15万台に拡大するというものであった。量産化によって輸出余力が生じると考えられた。車種は主力の1トン・ピックアップトラックの「ハイラックス」である。日本への補完的供給のほか，欧米，インドシナ向けに年間5万台規模の輸出を見込んでいた。もちろん，タイのみならず多くの途上国では自動車を先進国に継続的に輸出し，外貨獲得の目玉にしたいと考えたようである。[40]

　この構想は，1993年2月にさらに具体化されて発表された。タイトヨタは，タイに新工場を建設すると共に，既存工場を拡張して現地生産能力を1997年までに現在の2倍にあたる20万台に引き上げる，というものであっ

た。総投資額は約450億円であった。新工場は，すでに手当てしてあるゲートウェイ地区の100万平方メートルの土地であった。投資額は290億円で，96年初めにも生産を開始し，1997年のフル稼働期には年産5万台となるものであった。同時にサムロン地区にある既存工場も75億円を投じて拡張し，年産で5万台増の15万台まで引き上げる。従業員数は，両工場合わせて3,500人から6,000人に増加させる。これによって，タイはトヨタの九州工場に匹敵する生産拠点となると考えられた。また，販売力を強化するために，現地の営業マンを教育する研修センターも建設し，1994年から活動するというものであった。このとき，タイトヨタは2000年のタイの自動車市場は60万台まで拡大するとみていた[41]。

　一方，1987年6月，トヨタ自動車はエンジンユニットの生産，組み付けを手がけるサイアム・トヨタ・マニュファクチャリング(STM)を設立する合弁契約に調印している。これは，タイの産業政策に協力し，現地で生産している小型トラックのエンジンを安定的に供給するためのものであった。資本金は1.5億バーツ，トヨタの出資比率は40％であった。トヨタは，これを機にタイ製の製品の日本への輸入や第三国への輸出の検討を開始している。1991年6月から100億円を投じ，エンジン部品のシリンダーブロック，シリンダーヘッド，クランクシャフトの加工設備を導入して，1992年9月，本格稼動に入っている。これはトヨタの愛知県三好町の下山工場と同じレベルの設備・機械を持つ，日本以外では最も進んだ工場となった[42]。

　この工場が完成するとSTMの年商は約180億円に拡大するが，年商200億円に達しないと採算には合わない。そのため，輸出市場を開拓しなければならなかった。各拠点の拡充には，同じ問題が生じた。STMの生産能力は年間10万台であるが，タイ国内のハイラックス需要はせいぜい6万台程度である。必要な部品をアジア域内で，迅速にしかも効率よく融通しあう環境づくりを急がなければならない。そのため，ASEAN各国の部品相互補完協定に沿って，トヨタは本格的な主要機能部品の相互補完に動き出した。

　1987年の第3回ASEAN首脳会議で，従来の「集団的輸入代替重化学工

業化戦略」から「集団的外資依存輸出志向型工業化戦略」への政策転換がなされた。この戦略のもとで，各国間の協力を具体化したのが，三菱自動車がASEANに提案して採用されたブランド別自動車部品相互補完流通計画（BBCスキーム＝Brand to Brand Complementation Scheme）であった。三菱自動車の提案と1987年のASEAN域内経済協力の変化をもとに，1988年10月の第20回ASEAN経済閣僚会議において「BBCスキームに関する覚書」が調印された。ここでは，BBCスキームが，各メーカーにとって，規模の経済の向上と域内貿易の増大に資することが明言された。特典としては，BBC製品のASEAN各国における付加価値が50％以上であれば，国産化認定がなされ最小50％の特恵譲許が与えられることになった[43]。

　BBCスキームが議論され，各国での輸入関税を半額に減免することや，各国が担当する生産部品の割り振りが決められたが，政府主導では総論賛成・各論反対で長い間懸案のままに止まり，動かなかった。それが，ここへきて円高という推進力により，各自動車メーカー主導によるBBC方式で，一挙に実現の運びとなったのである。トヨタ，日産，三菱自動車がこれを活用し始めた。

　日本の自動車メーカーは，円高以前は，その採算性やASEAN域内の市場規模の制約により，ASEANでの大々的な部品生産はほとんど問題外と見ていた。しかし，タイ，マレーシア，インドネシア，フィリピンといったASEAN4カ国の自動車市場が1990年の82万台から，2000年には180万台，2005年には236万台へと成長が見込まれたこと，ドル為替レートが一時100円を割った超円高などの新しい国際経済環境のもとで，ASEAN域内戦略をグローバル戦略の角度より見直す必要にせまられ，進出先国に対する社会的貢献という意識も大きく加味されるようになり，ASEANでの部品生産に真剣に取り組まざるを得なくなったのである。

　このような動きは，タイ国内における自動車国産化率を押し上げる方向に働くとともに，タイからASEAN域内のみならず，日本，ラオス，カンボジア，ECなどへ，自動車用部品，1トン・ピックアップトラックの輸出が本

格的になっていくと思われた。[44]そのため、ASEAN各国に生産拠点を有して生産を行っていたトヨタは、ASEAN域内での部品の相互補完と集中生産のため、1990年に新たにトヨタ・オートパーツ・フィリピンとマレーシアのT&Kオートパーツを設立した。これら部品を効果的に供給しあい、各国が競争力のある完成車を組み立てようという試みである。

トヨタは補完体制を管理・運営する統括組織としてトヨタ自動車マネジメント・サービス・シンガポール（TMSS）社を設立した。TMSSが招集してトヨタ・アセアン会議を主催し、各社のコーディネーター役を果たす。こうすることにより、従来は各社が日本のトヨタと縦の関係で結びついていたものが、横の面的なつながりをつくりあげ、車両や部品の相互補完ができるようにしたのである。

TMSSが動き出したのを機に、輸入関税が半減されるBBCを有効活用し、ASEAN域内で部品の本格的な相互供給を進めた。1991年より、マレーシアからタイへショックアブソーバーを、タイからフィリピンへはプレス部品を、BBCスキームに乗せて補完流通させ始めた。1992年からはフィリピンのTAPからトランスミッションをタイ、マレーシア、インドネシアへ、同じくマレーシアのT&Kオートパーツからステアリングギアをタイ、フィリピン、インドネシアへ、それぞれBBCスキームに乗せて補完流通を開始し、ASEAN域内での部品流通は急速に拡大したのである[45]（第4図参照）。

対象品目は基幹部品に加え、フロアパネル、ショックアブソーバーなどへも拡大した。TMSSの年間取扱高は1992年までは10億円程度であったが、93年は90億円、94年には160億円と急増していった。

さらに、ASEANの経済統合は進展した。1991年以後のアジア冷戦構造の変化および中国の改革開放に伴う同国への直接投資の急増に対応するため、ASEAN各国は1992年にASEAN自由貿易地域（ASEAN Free Trade Area：AFTA）に合意し、1993年から関税の切り下げを開始した。当初は、適用品目については2008年までに0～5％に引き下げる構想であった。[46]

拠点間の部品の輸送は、それまで船便の数が少なく、どうしても1回当た

第4図　ASEAN諸国での部品相互補完計画の概要

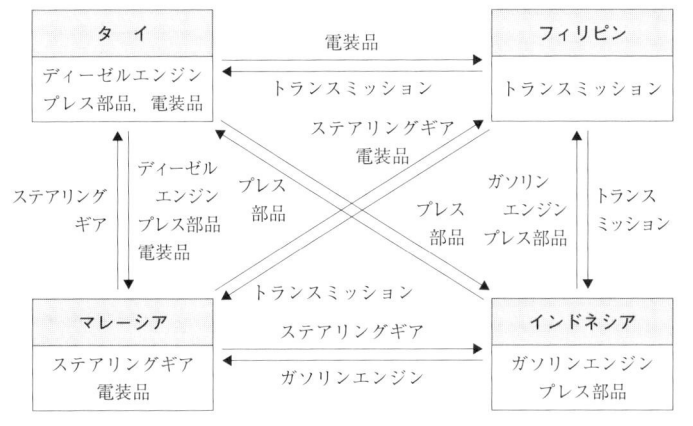

タイ ディーゼルエンジン プレス部品，電装品	電装品 トランスミッション	フィリピン トランスミッション

（図中の相互矢印）
- タイ ⇔ フィリピン：電装品、トランスミッション
- タイ ⇔ インドネシア：ステアリングギア、電装品／ガソリンエンジン、プレス部品
- タイ ⇔ マレーシア：ステアリングギア／ディーゼルエンジン、プレス部品、電装品
- フィリピン ⇔ マレーシア：プレス部品／トランスミッション
- フィリピン ⇔ インドネシア：トランスミッション
- マレーシア ⇔ インドネシア：ステアリングギア、ガソリンエンジン

マレーシア ステアリングギア 電装品		インドネシア ガソリンエンジン プレス部品

出所：トヨタ自動車。

り大量に送る必要があった。船便による輸送はたいてい週1回，多くてもフィリピンからタイへのトランスミッション輸送が週2便という程度であった。タイやインドネシアの完成車組立工場は，物理的に通常，2，3日分の在庫を抱えざるをえない。在庫がないに等しい日本に比べ，かなり贅肉がついているといわねばならない。在庫負担が大きい上，海を越えて運ぶので物流コストも上昇する。

　船便の輸送頻度が少ないのは，必要な部品の量が日本ほど多くはないという事情にもよる。ASEAN地域の主力工場や米国拠点に比べ，取扱量は依然として4分の1から5分の1であった。日本の主力工場や米国のケンタッキー工場は，年間生産台数は40万台から50万台にのぼる。ASEANでは，生産台数が急増したとはいえ，実際の取扱台数は1994年でタイトヨタが11万台，インドネシアのトヨタ・アストラ・モーターが8万台にすぎなかった。まとめて部品を週2回送れば済み，日本並みの部品の多頻度配送を実現するにはまだ時間がかかると思われた[47]。

　潜在需要の強さは変わらないが，現地の輸出促進のために，各生産拠点では日本や台湾など他地域へも販路を求める計画を進めなければならなかった。

4　生産体制の拡充

そのため，タイトヨタでは，ラオス向けにハイラックスの輸出を始めたり，パキスタンやオーストラリアへの輸出を実現したりすることが必要となった。トヨタのアジア工場は，現地市場向けにとどまらず，世界市場を相手にする時代に入ろうとしていた。そのため，タイトヨタは一刻も早く品質やコストで日本や欧米の工場と競い合えるようになるまで力をつけることが必要になったのである。[48]

こうしたなか，トヨタは2001年4月に東南アジアを中心に現地ディーラーの販売活動などを支援する「トヨタ・モーター・アジア・パシフィック（TMAP）」をシンガポールに設立している。トヨタ本社のアジア部にあった機能の一部を委譲し，東南アジアで販売するトヨタ車の価格決定に携わったり，販売促進活動の企画などを担当したりするものであった。その狙いは，市場に密着する組織に企画立案機能を持たせ，機動性を高めることにあった。[49]

同年5月になると，このTMAPがシンガポール内に部品流通拠点「トヨタ・サービスパーツ・コンソリデーション・センター・シンガポール」を新設している。アジア周辺国・地域の部品物流の効率化を図るのが狙いで，同社は5年間で同センターに370万ドルを投資する方針であると発表している。[50]

トヨタ自動車本社内では，シンガポールに地域統括会社を設立しては，という議論もあったようであるが，これを見送っている。地域統括会社の場合には，技術開発，生産・調達，営業のすべてを1カ所に集めることになるが，自動車の場合は，これを日本以外で行うのは難しいというものであった。こうした一連の動きの背景について，TMAPの武元源信社長は，次のようにのべている。

　　昨年［2000年］，アジア市場強化についての議論が社内であった。東南アジアではここ数年で自動車の国産化規制が撤廃された。一方で（域内関税の撤廃を目指す）東南アジア諸国連合（ASEAN）の自由貿易地域（AFTA）のスケジュールが見えてきた。この2つの要因から，トヨタが従来とってきた国・地域別に最適な事業を推進するという手法ではなく，東南アジア

を地域全体で見る必要があるという結論になった。[51]

　この組織の設立によって，トヨタは2つのことを実現しようとした。第1は営業戦略である。各市場はそれぞれの課題を抱えていたが，それでも同じ方向性でやれるものがあれば，一緒にマーケティングに取り組もうとした。例えば，当時台湾，タイ，インドネシア，フィリピンで導入した新型カローラは，各国共通のテレビ広告宣伝を展開している。ハリウッドの人気スターであるブラッド・ピットを起用し，歌はリッキー・マーティンを使っている。1つにまとめることによって，限られた予算を有効に使うことができるというものであった。

　第2は部品調達であった。従来は，日本から支給する部品は日本で管理し，現地調達部品はシンガポールで管理してきたが，これを一緒にすれば問題が起こった場合でも動きがよく見える。例えば，2001年5月からインドネシアの部品メーカーでストライキがおこりシート部品が供給できなくなった。影響はタイやマレーシアなど4，5カ国の工場で出たが，シンガポールからこうした問題に迅速に対応できるようになったという。

　さらに，AFTAへの対応策として，トヨタ自動車としては域内関税が下がったからといって各国に散らばっている工場を集約する考えはなかった。車台や部品の共通化に取り組み，販売の中心となっているモデルを，域内各国で作りたいと考えていたのである。[52]

　さらに，2002年6月になると，TMAPはアジア太平洋地域を主な対象地域とする新しい部品物流センターをシンガポールで稼働させている。関税手続きが必要な部品物流に関して，拠点（ハブ）物流体制をスタートさせるのはトヨタ自動車では初めてのことであった。この新物流センターはシンガポール中心部に近いコンテナ港内の倉庫1,200平方メートルに設置した。トヨタ自動車がシステムを開発し，日本郵船グループのニューウェーブロジスティク・シンガポールに運営を委託する。従来の部品物流は部品工場から直接供給先に届けており，生産台数が少ない工場向けの部品はある程度の数に達

するまで部品工場に滞留していた。複数の組立工場向け部品をいったんシンガポールに集約することで，生産後短時間で出荷できるようになり，配送頻度を高めコストを削減する。対象地域は東南アジア周辺国，台湾，南アフリカ，そして南米の一部を含む9カ国1地域の完成車・変速機組立工場を対象としている。[53]

5　タイトヨタ財団の設立と社会貢献

　タイトヨタが大規模化するにつれて，タイ社会への貢献が期待されるようになった。そこで，1992年秋にはタイトヨタ財団が3,000万バーツの基金で設立され，基金の利子が活動の原資となった。基金はその後増額して2000年には4億バーツに増加している。タイトヨタの社会活動としては，チュラロンコーン大学やタマサート大学への奨学金，日本人出向員夫人による孤児院訪問や一日里親パーティなどの奉仕活動がすでに行われていた。

　タイトヨタの社会貢献活動は，1973年の日本人出向社員夫人（奥様会）が，夫の働く同じ地のタイで，タイ社会に溶け込むために，困った人を細やかながら助けたいという気持ちと，仕事に励む夫を内助の功で側面支援しようとの思いが一緒に作用して行動に移したのが始まりであった。これは，その後ラーチャウィティー孤児院における一日里親パーティの開催とパタヤベビーホームの訪問へと発展している。[54]

　1989年には，タイトヨタはチュラロンコーン大学に，自動車工学の講座を創設している。私企業がタイの国立大学に講座を設けるのは始めてのことであった。

　タイトヨタ財団の活動が1993年に行われるようになると，タイトヨタの社会貢献活動のほとんどが同財団に移行された。その活動内容は，大きく分けて教育の助成，生活と環境の向上，諸団体との協力活動に分けられる。

　教育面では前述の2大学への奨学金のほか，全国年間100校の児童向け文房具の支援，僻地校年間10校の標準教室づくり，教育省と協力しての図書

館宛図書の寄贈,全国トヨタ販売店協力の下に古本100万冊(のち200万冊)の学校ほか特殊施設あて寄贈,その他の活動がおこなわれている。

一方,生活と環境向上面では,国家安全協議会と共同で交通安全プロジェクト,シリントーン王女の後援による僻地学校児童への昼食支援運動,水害対策としての植林運動,栄養不足解消の青野菜奨励プロジェクト,正しい雇用促進に向けた準看護師教育,NGOセーム財団と協力してのエイズ遺児奨学金,麻薬撲滅運動に同調した患者更生などにかかわる支援などが挙げられる。諸財団との協力活動では,王室,大学,赤十字,NGO宛に,必要に応じて車両を寄贈したり,寄付金を出したりしている。他に,警察官の日常活動を支援するプロジェクトがある。[55]

タイトヨタのこうした活動が,タイ地域社会において次第に認められるようになった1994年12月に,チュラロンコーン大学が実施した「企業イメージと外国企業にかかわる比較研究」と題するプロジェクトにおいて,地場のサイアム・セメント,タイ石油機構,バンコク銀行,タイ国際航空を,また欧米系企業のIBM,フィリップなどの有力企業を抜いて,タイトヨタはベストイメージ企業に選ばれている。[56]

タイトヨタの社会貢献活動のなかで特異なのが,精米所の設立である。1997年のアジア通貨危機で疲弊したタイ社会のなかで,「香米」(タイ語でカーオホーム)の増産が関係者に強く勧められていた。タイトヨタは,1998年国王から精米所の設立をアドバイスされた。日系企業のマネジメントで,精米所を設立し,地域住民のために少しでも安いコメを都合してほしいとの要請であった。国王自ら設立資金の一部を拠出されたほどである。こうして,精米所はタイトヨタのゲートウェイ自動車工場に隣接して建設された。コメの流通先は協同組合を経由してタイトヨタの工場周辺の地域住民のほか,全国のタイトヨタの販売店を通じて車の顧客に市価より安く販売されている。[57]

注───────────
1 佐藤一朗・足立文彦「日本型経営と技術移転──タイ国自動車産業の現場か

らの考察」名古屋大学経済学部附属国際経済動態研究センター『調査と資料』第106号（1998年3月）5-6ページ。
2　同上，7ページ。
3　同上，6ページ。「日本企業の利害対立――近づくタイの自動車規制緩和（海外産業ホットライン）」『日本経済新聞』1990年7月9日。
4　佐藤・足立「日本型経営と技術移転」6ページ。
5　「ASEAN諸国，内需主導型経済へ着々――都市型中間層の消費拡大」『日本経済新聞』1995年5月1日。
6　アジアの新しい中間層の台頭とその特徴については，以下を参照。Richard Robinson and David S. G. Goodman, *The New Rich in Asia: Mobile Phones, McDonald's and Middle-Class Revolution* (Routledge, 1996).
7　「ASEAN諸国，内需主導型経済へ着々」『日本経済新聞』1995年5月1日。
8　「ホンダカーズタイランド藤江佐一郎氏――5年先には大市場に（新国際族ホットライン）」『日経産業新聞』1991年4月4日。
9　「自動車メーカー――アジア戦略に誤算（ビジネスTODAY）」『日経産業新聞』1988年7月4日。
10　「タイ経済，政変の激震乗り切る，外資の信頼は不変――内需・外需・輸出とも力強さ維持」『日本経済新聞』1992年8月3日。
11　「小糸製作所来年3月メドに，タイ工場を拡張――日系向けランプ供給強化」『日経産業新聞』1991年12月6日。
12　「自動車部品工業，タイ合弁を拡張――フライホイールも生産」『日経産業新聞』1993年11月29日。
13　「豊田合成，樹脂製品合弁タイに設立」『日本経済新聞』1994年2月2日。
14　「東海理化・豊田紡織，タイでシートベルト――合弁生産へ」『日本経済新聞』1994年5月18日。「東海理化，豊田紡織，タイでシートベルト――近く合弁，来夏から生産」『日経産業新聞』1994年5月18日。
15　「トキコ，タイで合弁，ショックアブソーバー――日系向け供給拠点に」『日経産業新聞』1995年2月17日。
16　「ジョウホク・タイランド――電子部品"下請け役"（日本企業世界に生きる）」『日経産業新聞』1996年6月3日。
17　「アイシン精機，タイで自動車部品合弁――98年から生産」『日本経済新聞』1996年7月6日。「アイシン精機，タイに部品合弁会社――11月に工場着工」『日経産業新聞』1996年7月8日。
18　「タイに合弁2社設立，豊田工機，パワステ生産」『日経産業新聞』1996年9月4日。
19　佐藤・足立「日本型経営と技術移転」15-16ページ。

20 「日本企業の利害対立——近づくタイの自動車規制緩和（海外産業ホットライン）」『日本経済新聞』1990年7月9日。
21 佐藤・足立「日本型経営と技術移転」7ページ。
22 「タイで輸入車ブーム，関税引き下げでシェア急増」『日本経済新聞』1992年3月30日。「日本車，タイでシェア争い——『商用』につぎ『乗用』も（国際ビジネス最前線）」『日本経済新聞』1992年12月1日。
23 東茂樹「トレンドリポート——タイの自動車産業と自由貿易協定」『アジ研ワールド・トレンド』第12巻5号（2006年5月）47ページ。
24 同上。
25 今井宏『トヨタの海外経営』（同文舘出版，2003年）30-31, 42ページ。
26 同上，45ページ。
27 同上，89ページ。
28 同上，71ページ。
29 同上，72ページ，および73ページの表2：タイトヨタスタッフ明細表（1997年12月現在）を参照。佐藤・足立「日本型経営と技術移転」13ページ。
30 今井『トヨタの海外経営』47ページ。
31 同上，58-59ページ。
32 同上，8-9ページ。なお，この5つのスローガンについては，9-16ページ参照。
33 同上，18-19ページ。
34 同上，40-41ページ。"Thailand: Japan VS. The U.S.," *Fortune*, November 1, 1993, p.7.
35 今井『トヨタの海外経営』34ページ。
36 「トヨタ，タイに販売金融会社」『日本経済新聞』1994年1月29日。「タイに販売金融会社，トヨタ，リース金融も検討」『日経産業新聞』1994年1月29日。今井『トヨタの海外経営』8ページ。
37 「海外発くるま販売模様(6)タイの日本車，売れて売れて（ルポルタージュ）終」『日経産業新聞』1992年10月29日。
38 「転機のASEAN自動車産業(1)目立ち始めた格差——タイ，40万台市場へ」『日経産業新聞』1993年1月25日。
39 「タイ工場をトヨタが拡張」『日本経済新聞』1992年3月12日。「トヨタ，タイに新工場」『日経産業新聞』1992年3月12日。
40 「走り出した挑戦アジア自動車産業(5)『国際車』へハードル高く」『日経産業新聞』1990年2月15日。
41 「トヨタ・タイで生産倍増——97年新工場フル稼働」『日経産業新聞』1993年2月18日。

42 「第2部 真価問われる日本企業(25)トヨタ自動車(下)(アジアパワー)」『日経産業新聞』1993年2月24日。トヨタ自動車『創造限りなく──トヨタ自動車50年史』トヨタ自動車,1987年,826-827ページ。

43 清水一史「ASEAN域内経済協力と生産ネットワーク──ASEAN自動車部品補完とIMVプロジェクトを中心に」Discussion Paper No. 2010-4, 九州大学経済学部(2010年6月),2ページ。

44 佐藤・足立「日本型経営と技術移転」6-7ページ。

45 清水「ASEAN域内経済協力」3ページ。

46 同上,3-4ページ。

47 「特集 南下するトヨタ伝道師──アジア修正版,構築の時」『日経ビジネス』1995年7月31日号,31-32ページ。

48 「第2部 真問われる日本企業(25)トヨタ自動車(下)(アジアパワー)『日経産業新聞』1993年2月。

49 「トヨタ,東南アジアの販売店,支援会社を設立」『日経産業新聞』2001年4月3日。

50 「トヨタ,シンガポール現法が部品流通拠点を新設」『日経産業新聞』2001年5月31日。

51 「トヨタ・モーターAP社長武元源信氏──東南アジア販売,現地化(そこが知りたい)」『日経産業新聞』2001年7月25日。

52 同上。

53 「トヨタ現法,シンガポールにハブ物流機能」『日本経済新聞』2002年6月8日。「トヨタが部品物流拠点,シンガポール,生産後短時間で出荷」『日経産業新聞』2002年6月10日。

54 今井『トヨタの海外経営』199-200ページ。

55 同上,200-210ページ。

56 同上,196-198ページ。

57 同上,210-211ページ。

第6章

アジア・カーの誕生と通貨危機

1994〜2003年

ソルーナ

ゲートウェイ工場

タイトヨタは需要の急拡大に対応し，生産ラインの増設，二直体制，作業労働者や臨時工の採用，販売・アフターサービス網の充実強化，部品メーカーに対するタイへの進出要請，タイ部品メーカーの育成，社内従業員各層・ディーラー・部品メーカーに対する教育研修の強化による人材育成，技術移転のレベルアップなどに全力を傾けてきた。そして，ASEAN地域戦略，グローバル戦略と2000年をにらんだ新工場の建設，アジア・カーの開発・発売に取り組んで，体制が整い，一段落がついたところに，1997年6月，通貨危機が生じた。

　かつてない経済危機のもとで，賃下げ，ボーナスカット，オートローン停止や，輸入関税・付加価値税・奢侈税・自動車税の増税による自動車価格の値上がり，ガソリンや公共料金をはじめ諸物価の急騰などから，消費者は自動車を買う余裕がなくなり，需要は一気に減退した。自動車の総市場は1996年の59万台から1997年35万台，1998年には15万台に激減した。

　当初，2000年の自動車需要は80万台と予測されていた。そのため，主力自動車メーカーは2000年をにらんで年間15～20万台の生産体制の構築を終えたばかりであった。輸出向けを差し引いても多少供給過剰となり，競争の激化が必至といわれていたが，この経済危機により，需要と供給の差は一段と開き，大きな課題がタイの自動車業界に対して投げかけられたのである。[1]

1　アジア・カー構想

　1992年，トヨタは海外生産による新興工業国向け専用の乗用車を開発することを決定し，タイがその対象国に選ばれた。タイトヨタはモータリゼーション期に入りつつある市場で車両を製造・販売し，トップシェアを占めていたからである。こうして，トヨタ本社と現地タイトヨタによるアジア・カー（ソルーナ）の共同開発が始まった。すでにタイトヨタには，1982年には技術部が発足していた。後に副社長になるニンナートが技術部長として，「タイ人による，タイ人のための車をつくる」という信念のもとに，日本の

バックアップを得てプロジェクトに取り組んだのである。

　しかし，実際は本社でのバックアップがかなりあったようである。5代目から7代目のカローラの開発を担当した吉田健がソルーナの担当になっている。彼は，後に次のように述べている。

　　カローラを外れてアジア戦略車の「ソルーナ」の担当になったときはメチャクチャさびしかった。カローラに戻るという約束はなかったし，何よりもソルーナを生産・販売するタイは現在はアジアのデトロイトと呼ばれるまでになったが，当時は自動車のマーケットとしては地味な存在だった。ただ，ソルーナを経験したことはその後でとても役にたった。
　　カローラ一筋だと，どうしても，カローラ命になってしまう。離れることで，改めてカローラの価値を冷静に判断できた。タイの奥地に行くと20年前のカローラが売られていて，ソルーナの競合車だと聞いたこともある。[2]

　1994年1月，本社からタイトヨタに，ターセルをベースにしたアジア向けの新型車を導入するので，20万台体制を作ってほしいという話があった。東南アジアでは今後も乗用車市場の成長が見込めるほか，日本からの輸入資材を使う日本車の価格が円高で割高になっていることもあり，現行より5〜10％は製造コストを下げてアジア市場に適した低価格車を開発することになったのである。小型車の「ターセル」または「スターレット」をベースに，1998年からタイトヨタで生産するというものであった。当時は，ホンダも同様にアジア・カーの開発を考えていた。1994年5月20日付けの『日本経済新聞』は，トヨタとホンダの両社が東南アジア市場向け低価格の戦略乗用車「アジア・カー」を開発し，現地生産することを次のように伝えている。

　　両社は既存の排気量1,300〜1,500 ccの小型車を基本に開発，部品の全量をアジアで現地調達することで，低価格を実現する。トヨタは1998年

からタイで量産，中近東・中南米にも輸出し，本田は1996年までにタイやインドネシアで製造・販売する。日本の自動車メーカーのアジアへの製造移転が加速し，多国間で部品や車種を補完する国際分業体制が一段と進むことになる。[3]

アジア・カーには日本車のような「過剰」品質は要らない。必要なのはアジアに合った製品ということで，例えば寒冷地向きのマイナス数十度まで耐寒性のある鋼材や樹脂は，亜熱帯の東南アジアでは必要ない。エアコンやヒーターも不要であり，日本では安っぽいと敬遠される塩化ビニールのシート材も，ほこりっぽいアジアでは手軽に汚れをふき取れるため，好まれるという。品質や装備を見直すことで，アジア地域で現地調達する資材も飛躍的に増やすことができる。円高で日本車が価格競争力を失うなか，アジア・カーはトヨタが日本市場から脱却する試みでもあった。

トヨタがアジア・カーの開発を急ぐのには他にも理由があった。東南アジア最大の市場で，1994年には前年比6.4％増の48万台に達したタイでは，月収2万バーツ（約8万円）を超える中間所得層が台頭し，商用車から乗用車への需要シフトが生じ始めていたからである。1989年に23％であったタイ市場における乗用車の占有率は，1994年には32％にまで急上昇した。

ただその間，円高を背景として相次ぐ値上げや韓国，米国勢の追い上げで，タイの乗用車市場における日系メーカーの占有率は1991年の84％から4年後の95年には69％に低下している。さらに，1997年初めごろまでには，ほぼ10年続いた右肩上がりの成長にかげりが生じ始めていた。1996年の自動車出荷台数は，軽く超えると思われた60万台達成さえ難しくなり，各社の値引き合戦が本格化した。韓国の現代自動車は1996年10月，タイで初めて30万バーツ（約130万円）を切る乗用車を発売した。[4]カローラの価格は，40～55万バーツ（約160～220万円）で，タイで売れるかどうかの境界の価格35～40万バーツ（約140～160万円）を上回る。このまま手をこまねいていれば，アジアでの急速なモータリゼーションの需要を後発メーカーに奪われる

とのトヨタの危機感が強まった。そのため，アジア・カーの価格は，ユーザーの購買力に最も適合する36万バーツ（約144万円）程度に設定されるとみられた。[5]

タイトヨタのアジア・カーは一般家庭向けの4ドアセダンで，小型車「ターセル」のプラットフォームを用いるが，シャシーは現地の気候や道路事情に適したものを開発することになった。エンジンの排気量は1,500 ccで，価格は現行のタイで販売されている1,500 ccの「カローラ」（43万バーツ＝約180万円）より安く，1996年2月に稼動を始めたゲートウェイ工場で生産する。当初は月産3,000台であるが，2000年までには月産5,000台に引き上げる。当初はタイ国内で販売するが，同時に量産効果によるいっそうのコスト低減を考えると，輸出市場の開拓が不可欠となる。そのため，将来的には他の東南アジア地域に輸出する。トヨタは，アジア各国・地域で市場に適した専用車を生産するとしているが，タイでは部品産業など周辺産業の育成が進んでいる上，市場も成長しており，まずタイでアジア・カーを生産することにしたのである。

このために増強投資を行い，1998年までに120億円を投資してタイトヨタの年産能力（当時フル稼働で20万台）を24万台に引き上げることが柱であった。車両の能力増強とは別に，ディーゼルエンジンの生産拠点であるサイアム・トヨタ・マニュファクチャリング（STM）の能力も1998年までに現行の12万基から17万基に増強する。同時に，日本から輸出しているフィリピン向けのピックアップトラック「ハイラックス」の生産基地をタイに移管するなど，輸出拠点として活用する。[6]

1996年4月に「アジア・カー」についてあらたな発表がなされた。部品は60％をタイで調達するというものである。シンガポールやブルネイへの輸出も検討する初年度は，タイトヨタのディーラー網約230店を通じて4万台を販売するとした。1996年12月には，1997年1月末にアジア・カー「ソルーナ」を販売すると発表している。[7]

1997年1月に，タイトヨタはソルーナの最廉価車種をエアコンなしで32

万 7,000 バーツ（147 万円）に設定すると発表した。タイで量産する乗用車で 35 万バーツを切ったのは初めてであった。ホンダが 1996 年 4 月に販売し，大ヒットしたアジア・カーであるシティの価格を約 3 万 5,000 バーツをも下回る。しかも，ホンダの 1,300 cc に対して，ソルーナの排気量は 1,500 cc である。1 月 31 日に発売する 4 タイプの価格帯は 32 万 7,000〜41 万 7,000 バーツであった。初めて乗用車を購入する層を対象に初年度 4 万台，2000 年には 6 万台を販売することを目標とした。[8]

　すでに，タイトヨタでは 1986 年より「タイナイゼーション」，すなわち現地人への権限委譲を行い，現地法人の経営者にタイ人を登用してきた。これによって，タイ現地採用従業員に幅の広い業務を与え，より高い段階の技術移転を促進してきた。そして，このタイナイゼーションを常にリードしてきたのがチュラロンコン大学出身のニンナートであった。彼はこのアジア・カーの開発委員長になった。彼のもとに，ソルーナの設計チームに配属された 7 人は，いずれも当時 27〜28 歳であり，タイ国内大学の工学部を卒業した入社 2〜3 年間の職歴しかない若手エンジニアであった。日本からの CKD 車両の生産では，開発にまで意見を述べることはできない。しかし，このターセルをベースにした新型車は，タイトヨタが開発に関与できるものであった。新型車は，タイ特有の雨期に合わせてエンジンの空気取り入れ口を高くしたり，現地好みにヘッドライトのデザインも目の大きめのものが採用されるなどして，現地側意見が十分反映された仕上がりであった。[9]

　同時に，この新型車の開発にあたっては，低価格車のために生産コストを低減することが必要であった。円高も重なっていたところから，部品はできる限り現地で調達しなければならなかった。ところが，タイトヨタは金型専門の製造企業をもたなかった。当時のタイ国内で組み立てられる乗用車の現地調達率は 54% であったが，ソルーナのそれは 70% とされた。こうした高い現地調達率を実現するには，国内部品メーカーとの価格交渉や，品質管理への助言といったことが必要であった。現地採用従業員が部品を自ら設計することによって，品質管理や価格交渉が言語障壁なしで，効率的に行うこと

が可能になった。さらに，彼らは設計に限らず，試作の作成，品質のテスト，生産車に仕上げるまで繰り返す実験といった，広い範囲の仕事までも担当した。日産の「アジア戦略カー」で実績のあったサイアム・グループの部品企業と系列を超えて取引することにもなった。[10]

原価低減活動を進めるため，原価企画の手法が導入された。当時のタイは，高関税のため，カローラクラスでも50万バーツというのが常識的なところを，35万バーツを狙って開発に取り組んだのである。同時に，従来のカローラでは290点ほどであった現地調達部品も，ソルーナでは全部品の約70％におよぶ721点をタイ国内から調達するなど，日本からの技術移転と国産化に大いに寄与することになった。

こうして完成して販売されたソルーナの人気はきわめて高かった。発売日にタイトヨタが予想していたのは1万2,000台であったが，最初の3日間で2万8,765台の予約を受けた。発売初年の予測は4万台であったが，発売開始後2カ月で5万件あまりの予約を受けるほどの人気であり，販売計画を大幅に上回り，生産もスムーズに立ち上がった。

しかしながら，ソルーナの人気はタイ人によるタイ人の車というイメージというよりも，トヨタのブランドの信頼性，耐久性，安全性，経済性であったと指摘されている。タイ人向けの開発という直接的な成果よりも，むしろタイトヨタのブランドや企業イメージが向上し，現地採用従業員のモラルややりがいを高める効果があったようである。[11]

この時代には，権限の移譲も進め，1980年代より拡大基調にあった生産工場内の組織の拡充・改組が行われた。例えば，製造部だけであったのが，第一製造部，第二製造部，技術部，生産技術部，品質管理部，生産管理部，購買部，営業面では車両部，車両業務部，第一販売部，第二販売部，販売企画部，広報部，直納部，財務部，経理部，システム部などといった部門の新設により，タイ人の部課長職員数が増加し，さらに部課長職や技術者に対する処遇の改善がはかられた。[12]

また，このころにはすでにタイ人技術者の成長とともに，「組立用治具の

設計・開発」「フレーム・ターンオーバー・マシンの設計・開発」「プレス用金型の設計・開発」あるいは第三組立工場の設計参画」「塗装ブースの設計参画」「量産型生産計画や新型モデル導入計画の立案」など，タイ人技術者の手による設計・開発や生産企画が行われるようになりつつあった。[13]

　1996年12月からソルーナの生産を開始し，二直二残を前提とした生産能力は，従来のサムロン工場と合わせて年24万台となったのである。こうしたタイトヨタの生産設備拡張で，部品に対する需要も高まり，部品企業では規模の経済を生かしやすくなった。しかし，トヨタも他の日系の組立メーカーも，新たな部品需要に対応するために地場系部品企業の更なる育成よりもむしろ，系列部品企業のタイへの進出要請で対応する動きを強めた。[14]

　こうして，従来のようなタイ政府が規定する国産化の段階的高度化に準じて進んできた技術移転とは全く異なる，以下のようなタイトヨタ独自の自発的かつ一段と高度な技術移転がおこなわれるようになったのである。

① 量産システムにかかわる生産技術（例えば，チェーンコンベヤー方式の防錆下塗り塗装技術，ロボット採用の外板上塗り塗装技術，ロボット採用の溶接技術など）。
② 量産に係る生産計画，生産管理技術（部品メーカーを含む生産計画，購買管理，在庫管理，生産管理，工程管理）。
③ 部品の図面を読み，設計変更などもできる設計技術。
④ 品質・原価管理技術。
⑤ 素材・現地調達部品の品質検査技術。
⑥ 部品・完成車の品質，性能評価技術（評価センター）。
⑦ 試作車・完成車の実相試験技術（テストコース）。
⑧ 組み付け部品の寸法，耐熱・耐振動性のチェック技術。
⑨ 排ガス検査技術。
⑩ アジア・カー開発に係るR&D技術。
⑪ 鋳物用金型製作，鋳物製造技術，機械加工技術，エンジン性能検査技術などエンジン生産に係る技術。

その他にも，左ハンドル装備，輸出先別車両企画，耐寒・耐熱対策などの輸出仕様に係る生産技術がある。さらに，輸出船積み業務，海外輸出先との国際ビジネス，海外市場調査，海外マーケティングなど輸出にかかわる業務管理，マーケティングノウハウなどがあった。[15]

　市場が成長過程にあるアジアでは，日米欧に比べて生産規模が小さく量産効果が出にくい。アジア最大の生産規模を誇るタイにおいても，1996年1年間の生産台数は59万9,000台と日本の6％に満たないものであった。グループ企業同士による域内の部品相互補完に加え，タイ国内では企業間の垣根を越えた連携がスケールメリット追求の上で欠かせない。メーカー間で部品を相互融通することは，金型費用の削減や量産効果を通じてコストダウンにつながる。しかしながら，他社から部品を調達するには図面を提出することが不可欠となるが，競争企業に設計・製造の手の内を明かすことになる。そのため，タイトヨタのエンジニアは，いすゞ，日産との部品の相互供給に先立った図面の交換に難色を示した。しかしながら，結局，3社はシリンダーブロックやシリンダーヘッドなどピックアップトラックのエンジン関連部品を相互供給することで合意した。

　タイでは，部品メーカーとの取引においては企業系列の垣根は一段と低くなった。日産のタイ拠点であるサイアム・ニッサン・オートモービルはトヨタ系のデンソーから電装部品の調達を始めた。逆に，アジアで生まれた新たな取引関係は，日本国内での部品取引にも影響を及ぼしている。日産系の鬼怒川ゴム工業は中国での取引実績が評価され，日本でダイハツ工業とドア周りのシール材取引に成功した。「世界最適調達」には，旧来的な意味での系列の維持などでは対応できなくなってきたのである。[16]

　部品メーカーも国産化を高める動きを示した。日本電装は，タイで生産するカーエアコンや電装品の構成部品の現地調達率を引き上げようとした。これは，トヨタやホンダのアジア・カー構想に対応するもので，現地化でコスト低減を図るものであった。現地調達率は1995年当時，カーエアコンが約50％，電装品が約30％であったが，これらを1998年ごろをメドにともに

60％前後まで引き上げようとした。すなわちニッポンデンソー・タイランドは，当時120社の協力メーカーと取引があったが，そのうちの半分は純現地メーカーであった。タイ企業も納期・品質・コストの面で成長が著しいことから，60％の現地調達率は実現可能とみなされていた。日本電装は1996年11月の稼動を目指して，フィリピンに計器類の生産拠点を設けることを決めていた。それにあわせて，タイが電装品，インドネシアがエアコン用コンプレッサー，マレーシアが電子部品と，東南アジア域内で製品ごとの分業体制を確立する方針であった。現地化の推進と量産効果で，完成車メーカーからの原価低減要求に応えていく戦略を打ち出したのである。[17]

円高も，1993年から実施段階に入ったASEAN自由貿易地域（AFTA）に改めて目を向けさせる効果を生んだ。[18]

2　生産管理の向上

1990年代半ばになると，10年くらい前から導入し始めたトヨタ生産方式も本格的に運用されるようになってきた。それまでは，生産量そのものが少なく，改善の効果も限られたものであった。部品も調達するのに精一杯で，なまじ「ジャストインタイム」を意識して在庫を減らそうとすると欠品が出るような状態であった。つまり，トヨタ生産方式を持ち込むのは時期尚早であったのである。おまけにタイを中心にアジア地域では乗用車は富裕層向けで，比較的高価格での販売が可能であった。このため，価格はコストに利潤を上乗せした額で決められていた。

しかし，本格的なモータリゼーションの到来を見越して，タイトヨタは生産現場の見直しに本腰を入れ始めた。これは生産量の増加と円高，そしてライバルメーカーとの価格競争の激化など外部環境の変化にもよる。トヨタのアジア・カーの基本は，最初に低い販売価格ありきであった。低価格車に仕上げるにはコストを積み上げて価格を決めるのではなく，価格から一定の利潤を引いた金額内に，コストを合わせなければならない。コストターゲット

がはっきりしたことで，トヨタ生産方式の導入に拍車がかかってきた。ようやく本格的なモノづくりの時代に入ったといえる。[19]

タイトヨタは，1995年から原則として見込み生産をやめ，ディーラーが注文してきた分だけの製造に切り替えている。ディーラーの発注は1カ月ごとで，まだ荒っぽさがのこっていたが，その後は2週間単位，1週間単位へと精度を上げていく予定とされた。1週間単位になれば日本並みであった。作りすぎの無駄をなくす，トヨタ生産方式の実践を推進することが課題となったのである。

また，この年の2月からは，現地部品メーカーとの間で，カンバン方式による取引も始めている。部品メーカーへの発注量や加工方法を書いた紙を四角いビニール袋で覆ったカンバンが，棚にはられるようになった。タイトヨタから30〜40キロメートル圏内に集中する日系企業との取引を中心にした試行段階であった。必要な部品が，必要なときに，必要な量だけ納品されるようにして，工程間の在庫をなくそうというジャストインタイムに近づけようとした。ほぼすべての部品を日本から調達して組み立てるだけの段階から，部品調達の現地化も進め，発注・納入の仕方を含めた生産の質的な転換を迫られるようになったのである。

日本の主力工場や米国のケンタッキー工場は年間40万台〜50万台の生産を誇っていた。これに比べて，タイトヨタが1994年で11万台，インドネシアのトヨタ・アストラ・モーターが8万台であった。そのため，船便はまとめて週1,2回で送ればすんでおり，日本並みの部品の多頻度配送を実現するには時間がかかると考えられた。

完成車の生産規模が違うため，船便に比べて輸送頻度が増えていいはずの陸続きの同一国内から部品を調達する場合でも，頻度は多くなかった。タイもインドネシアでも，工場は日系・現地メーカーからトラックで部品を受け入れる頻度は通常1日1回で，多くてもせいぜい2回までであった。そのため，カンバン方式による調達を始めているとはいえ，1日に7,8回部品メーカーのトラックがやってくる日本とはかなり様子が異なっていた。

一次から二次へと続く部品メーカーのピラミッド構造全体にトヨタ生産方式を浸透させるのは，ASEAN ではまだ皆無であった。同じ日系の一次メーカーには理解されても，現地二次メーカーとの意識の違いが部品生産の足を引っ張り，組立工場への機敏な納入体制をとりにくくしていた。

　トヨタ自動車は，こうした問題に対して現地でも，手をこまねいているだけではなく，対応を取り始めた。まず，物流・在庫コストの削減である。マレーシアのT＆Kオートパーツは，1995年からタイへのステアリングギアの輸送を船から自動車に切り替えた。船便なら1週間かかるが，自動車なら3日で済み，輸送頻度があげられる。その分，工場の在庫圧縮につながる。

　船積みするコンテナの中身も工夫して効率化を図っている。例えばT＆Kオートパーツからステアリングギアを出荷する際には，同じマレーシア国内の日系メーカーが製造するラジエーター（日本電装）やショックアブソーバー（カヤバ工業）もコンテナに詰め込んでいる。ASEAN 域内での物流の効率は向上し，コスト面でみると，相互供給を始めた1992年の時点に比べ半減していたほどである。

　部品の現地調達先の拡大も図っている。シンガポールのTMSS，組立工場の生産技術・購買部門，日本のトヨタ本社が協力して，調達先の新規開拓に乗り出している。トヨタと取引したいと打診してきた飲料ボトルメーカーのフィリピン企業に自動車の樹脂成型部品を試作させていった。また，多頻度配送のモデル企業も見つけだした。例えば，自動車用シートメーカーであるアルコの生産拠点であるカデラーARは，トヨタの組立工場にトラックを昼3便，夜2便走らせている。

　こうしたなか，1994年4月にトヨタの高岡工場から矢矧斌雄が製造全般を担当する副社長としてタイトヨタに赴任している。彼は1963年にトヨタ自動車に入社以来，一貫して生産技術畑を歩み，元町，高岡，田原といった主力工場で働いた経験をもつ。1987年秋から3年余りは，カナダの乗用車組立拠点である「トヨタ・モーター・マニュファクチュアリング・カナダ」にも副社長として赴任し，同社の1988年の立ち上げに携わった。

矢矧は，赴任したとき，工場の仕事がマンネリ化していると感じたという。会社の歴史が長いので，10年，20年の長期勤続者はざらで，のんびりムードが工場全体を覆っていた。仕事の能率を上げようと作業者が自分で考える「カイゼン」する風土は薄かった。この原因は，タイトヨタが長年KD生産を行ってきたため，工場の現地従業員が日本から調達した部品を組み立てる単純作業になれてしまっていたことにあった。

彼にとっては，トヨタ生産方式は「問題点を見つけ，その原因を追究，解決する積み重ね」であった。長年勤続している古参従業員のぬるま湯体質の一掃は難題であった。また，エンジニア不足という問題も抱えていた。タイは大学や高等専門学校への進学率が低く，理系の人材の獲得のために，石油会社など現地有力資本や日系・欧米系企業による争奪戦がなされる状況であった。確保した人材が他社にスカウトされるケースも多く，タイの中では製造技術の高いタイトヨタは引き抜かれる側でもあった。

工場の意識改革を行う上で，タイ人管理職の中から現場の指導役になる「トレーナー」を6人養成し，彼らがラインの「組長」「班長」をはじめ一般従業員に，「カイゼン」の考え方をひろげていった。組立ラインの横には，ボディーの塗装などの仕上がりを点検するコーナーもでき，カイゼン活動を見える形で進めようとした。[20]

現場改革を行うためには，現地人管理者育成も不可欠である。タイトヨタのタイ人役職者は1995年2月当時約170人で，部長級以下はすべてタイ人が占めており，すでに述べたように，日本からの出向者はコーディネーターとして手助けする形式になっている。また，1992年には初のタイ人取締役も誕生している。

1980年代後半から1990年代前半において生産量が急拡大するにつれて，従業員も急増した。その結果，現場で生産性向上に取り組むというトヨタ生産方式の浸透が希薄になりつつあるという危機感が生じてきた。そのために，トヨタ生産方式の本格的導入に力を入れ始めた。例えば，1994年5月完成車組立ラインの横には，各工程の作業時間5分36秒の内訳を，部品を取り

に歩く時間まで分かるように色分けした「山積みチャート」が立てられた。青はエンジン取り付けなど実際に付加価値を生む作業，緑は歩く時間，黄色は部品や工具などを持つ時間を示している。作業者ごとに仕事，搬送，歩行の時間を色分けしてグラフ化，生産ライン全体の中で各人の仕事量を明示することで作業の平準化につなげ，自分の作業に無駄はないか，作業員に常に考えさせるためのものである。

　1990年代半ばまでには，ピックアップトラックと乗用車をあわせて年12万台を生産するようになっていたタイトヨタであったが，作業のほとんどは人手に頼っており，日本の1960年代のクルマ作りを続けている感があった。2～3メートル四方の鉄板を2人でプレス機まで運ぶ。日本ではロボットがするボディ溶接も数人の人間が人海戦術で仕上げる。組立ラインもエンジンやタイヤ取り付けから電気部品まですべて手作業で行う。そのような状況であった。[21]

　長期的なディーラーを含む人材育成にも関心が払われた。そのためタイトヨタは，1996年6月にTMT総合教育研修センターを完成させた。総工費約20億円，面積5万7,600平方メートルで，訓練センター，自動車技術教育センター，寮（200人収容）からサッカー場まで完備したセンターは，規模も教育内容も愛知県日進の研修センターに次ぎ，海外では最大のものであった。「現地スタッフが現地の人材を教育する」との方針から，約50人の講師を含む98人の陣容のうち日本人は所長1人であった。

　訓練センターには実習用に本物とまったく同じショールームを設置し，教室内にも実物の車を置き，学科と実習が同時にできる工夫がなされている。研修期間は2～3日から2週間である。ディーラーの受付，整備，部品の担当者からセールスマン，マネジャーまでトヨタ方式を徹底的に教育する。ディーラーなどから，年間延べ約1万4,000人を受け入れる能力をもっていた。

　社内研修コースについては，タイ従業員の各階層を対象に，マネジメント，生産，マーケティングから，経理，営業，総務などに関連する実務知識まで年間研修スケジュールが組まれている。

さらに特徴的なのが，自動車技術教育センターである。これは，ディーラーの将来をになう中核的人材を育てる狙いで，全国のディーラーから送り込まれた優秀な新入社員に1年かけて技術教育を施すものであった。生徒は入寮し，コンピュータや英語，一般教養も学んだ。

　トヨタは，人材の力の差が長期的には勝敗を分けるとの考えから，こうした教育面に力を入れていた。1996年は前年好調であった韓国車の売れ行きが落ちたが，これは日系企業とはアフターサービスの差が出てきたためと，考えられた。タイはマレーシアなどと比べると教育が軽視されてきており，トヨタはタイを東南アジアの生産拠点とするうえでも人材の底上げ，技術移転を急ぐ必要があると考えたのである。職業訓練校の教員の研修も引き受けており，タイへの社会貢献等の意味合いも強いものである。[22]

　従来から，経営の現地化については多くが指摘されてきた。そのため，「現地化のプロジェクト」を組んだ。こうした流れのなかで，タイ人重役の増員やサイアム・セメント副会長であったプロモンのタイトヨタへの会長招聘などが行われた。ただ，経営の現地化はタイ側だけでは不可能であった。タイ人スタッフが仕事をするときには，日本の窓口が「日本語でしか駄目」となれば，現地側の代表としての業務が進められない。このため，日本側に依頼してタイ側との担当者同士が，英語でメールをやりとりすることにしたのである。

　もちろん，タイトヨタ内における会議・コミュニケーションは，日本人とタイ人の間では英語でおこなうようになっていた。また，販売店も，2代目の社長に代替わりされ，販売店総会も英語で十分に意思が疎通するようになっていた。さらに，社内で英語が比較的広く通じるようになったので，日本からの通信を英語ということで依頼した。このため，従来のように日本語できたものを翻訳するような業務も少なくなり，日本人スタッフの負担が軽減されると同時に，タイ人にもやる気を起こさせ，好結果を生むようになったという。とくに，メールによる日本の担当者とのダイレクトの交信は，タイ人スタッフのモラールを高めたといえる。さらに，現在ではテレビ会議もタ

イの本社とゲートウェイ工場との間のみならず，日本との間でも盛んに利用されるようになっている。

1995年には，タイトヨタでは総務部が『タイトヨタ出向員ガイド──行動マニュアル』を発行している。このはしがきには，「よき市民」になることをタイ社会に公言し，常に現地の社会との融合を目指す旨をうたっている。本文は業務での心得，日常生活での心得，運転手・メイドと接するときの心得などからなっている。日本人が最初にタイに赴任すると，すぐこの『出向員ガイド』が総務部から手渡され，人事の日本人担当者から説明を受けることになっている。[23]

この時期の意思決定過程は，日本型のボトムアップ方式がとられるようになっていた。この方式は，決裁者側からすると何でも決められるというものではなく，前提としての権限規定が存在する。権限規定には多くの要決裁事項が盛られている。大抵の重要項目は社長が決定するが，株主にかかわる事項，たとえば，定款の改定や資本金の変更などは取締役会にかけるとともに，大株主である日本の本社の承認を得なければならない。社長のほかに，執行副社長，副社長，部長，課長が独自に決裁できる項目を既定している。たとえば，各部の年間計画書や年間計画見直し，部長の配置転換などは執行副社長の権限で決裁できる。また，一般従業員の昇進や課長の配置転換は副社長の，一般従業員の転換は部長の，部品サプライヤーへの購買書の発行は課長の権限であるというように基準を定めている。

権限規定に記載されていない決裁事項は，日本と同じく稟議書により関係者の同意を得て承認から実行の過程に進む。まず，担当者が原案を作成し，その原案は順次係長，課長，次長，取締役，執行副社長を経由して社長まで届く。途中課長や部長が問題提起をすると，直ちに原案は修正されなければならない。タイトヨタでは，この稟議書を決裁書と称して通用させている。[24]

決裁書を起案する際はたいてい金銭を伴った案件であるが，日ごろの意思決定の中には金銭の伴わないものも多く存在する。その際には，決裁書とは異なる「提案書」を利用する。しかし，現在では提案書は金の支払いの有無

に関係なく使用されることが一般化している。提案内容には，組織機構改革，人事労務管理から新販売店の設立，新企業倫理やガバナンス，新モデルのラインオフ式典にいたるまで日常発生している数限りない内容が含まれている[25]。

またタイトヨタでは，意思疎通をはかり問題点を解決するために，できるだけ社内各部間の連絡，連携を密にして，お互いにどのような見解をもっているか，真意はどこにあるか，ごく基本的なことを知る制度を作り上げている。それには，円滑な意見交換，意思疎通の場としての会議体と委員会が設定されている。

例えば，全体的な会議としては，取締役会，エグゼクティブ会議，政策連絡会議，政策徹底確認会議，そして部門別部長会議がある。取締役会は，社長，執行副社長，副社長などが出席して，2カ月に1回の頻度で開催され，必要事項の報告と意見発表，意思決定などが行われる。エグゼクティブ会議は，取締役会とほぼ同じレベルの案件の発表や審議が行われるが，開催頻度は月に1回と多い。政策連絡会議は，主として管理，マーケティング，技術・生産の3部門に関わる新政策や，現政策の変更その他にかかわる会社の重要な経営に関する意見交換の場である。部門別部長会議は，3部門別に行われ，主として各部の部長による部活動状況の発表と，部と部の間の連絡と相談の場である。これらの会議を通して他の部の意向を理解し，お互いに会社目標に向けた協力と実行の姿勢が醸成される。

委員会としては，品質促進委員会，政府政策フォロー委員会，人事厚生委員会，企業倫理委員会，CS委員会，安全環境委員会，そしてアイデアコンテスト委員会がある。委員会は各部長の委嘱を受けた委員から構成させており，必要に応じて開催される。品質促進委員会では，品質担当の副社長が委員長となって，車両品質の改善についての審議が行われる。政府政策フォロー委員会は，政府官庁のビジネスにかかわる法律，省令その他のルールを確認し，会社にとっての当面の問題の有無の検討のみならず，場合によっては政府に政策誘導するための審議の場となり，時には当局に対して進言するための重要な場になり，社長自ら委員長を務め，議事を進行する。人事厚生委

員会(同副社長)は主として従業員の福利厚生について検討し，必要に応じて改善を行うなど労組との折衝において提案できる原案作りの場となっている。企業倫理委員会(同副社長)は比較的新しい委員会である。タイトヨタは独自の従業員のための行動基準を規定しているので，各従業員の振る舞いがその規定に合致しているかどうかをはじめ，規定自体についても議論をする場である。その他，顧客満足度向上のためのCS委員会(同社長)，安全環境管理のための安全環境委員会(同副社長)，改善活動を活発化させるためのアイデアコンテスト委員会(同副社長)がある[26]。

　タイトヨタでは，1996年2月にゲートウェイ工場が完成し，操業を開始した。コロナ，カローラと翌年に発売される新型車を生産し，従来のサムロン工場は，ハイラックスをはじめとする商用車の専門工場となった。

　このころになると，タイトヨタでは地域社会への貢献に一層の努力を傾け，チュラロンコン大学，キングモンクット工科大学，工業高専，職業学校に対し，「自動車工学」「トヨタ生産方式」「自動車整備技術などの講座提供や機械器具・教材の提供，高専・職業学校の教員研修」など，タイ人技術者の育成に大きな役割を果たしている。たとえば，チュラロンコン大学における講義カリキュラムには多数の自動車の生産に関する講義が設置されているが，講師はすべてタイトヨタのタイ人技術者が担当している[27]。

3　通貨危機と産業自立化

　タイをはじめ，ASEAN諸国は急速な経済発展を謳歌していた。ASEAN域内の協力に関しても，1996年には，2003年に実施される予定であったAFTAのもとで輸入関税が大幅に引き下げられるのに対応した，包括的・本格的な相互補完協定としてのAICO(ASEAN産業協力計画)がスタートした。さらにASEANは，1997年にはラオス，ミャンマーが加盟し，1999年にはカンボジアも加盟して，東南アジア全域をカバーすることとなった。

　こうした域内外の急速な構造変化に直面し，自動車メーカー各社は1992

年に合意されたASEAN Free Trade Area（アセアン自由貿易地域：AFTA）に対応した新たなスキームへの転換を迫られた。同時に，各国自動車産業は先進国やWTOから保護の撤廃と市場の開放を迫られていた。こうしたなかで，1988年に実施されたASEAN各国の部品相互補完協定であるブランド別自動車部品相互補完流通計画（BBCスキーム）のAFTAへの統合と，自動車・部品のAFTAへの編入が焦点となってきた。1995年12月の第5回首脳会議の際，BBCスキームの発展形態であるAICOスキームが提案され，1996年4月ASEAN非公式経済閣僚会議において「AICOスキームに関する基本協定」が調印され，同年11月に発効した。

この協定では，BBCスキームよりもさらにASEAN域内の工業部門の基礎の強化や域内投資の拡大が強調されるとともに，域外からの投資の促進がうたわれている。BBCスキームよりも，域内の自動車メーカーに対していっそうの特典が与えられた。そのため，外資系メーカーは集中生産と域内部品流通並びにAICOスキームの特典により，投資の重複を避け，規模の経済を実現して生産規模を拡大できた。同時に，ASEAN各国は投資の実現を含めて，自動車産業の発展とその輸出産業への発展を集団的に支援することができるようになった。[28]

しかしながら，1997年6月にタイから始まったアジア通貨危機は，ASEAN域内の自動車産業に大きなダメージを与えた。そのため，ASEANは緊急な対応を求められた。1997年には「ASEAN Vision 2020」によって長期目標を示し，1998年第12回AFTA評議会では，ASEAN先行加盟国が2008年までに予定していた適用品目の0〜5％への関税引き下げ期限を，2003年までに前倒しすることで合意している。さらにASEANは，AICOスキームの改革を表明し，現地資本比率30％としてきた認可条件を，1999年から2000年の2年間に限り撤廃することとした（この措置はその後も更新され，2009年末まで継続された）。1999年の第13回AFTA評議会では，AFTAの目標を0〜5％の関税引下げから関税「撤廃」とし，適用品目については，先行加盟国は2015年までに，新規加盟国は2018年までに撤廃することで合意

した。

　AICO スキームによる低関税は，1996年11月の受付開始以来1年以上，自動車各社の申請に対して認可が下りなかったが，アジア経済危機のもと1998年に入ってから認可が下りるようになった。1999年8月時点で30件が認可され，そのうち自動車部品関係が23件であった。トヨタは，1998年末までにタイ，マレーシア，フィリピンの3カ国間でAICO協定の認可を得て，1999年3月には新たにインドネシアとタイの2国間で認可を得ている。ディーゼルエンジン，トランスミッションなど約100点は，0～5％のAICOスキームによる低関税が適用された。2003年2月までに101件が認可されたが，そのうち90件が自動車関連であった。内訳は，トヨタが27件，ホンダが26件と過半を占め，ほかにデンソー7件，日産自動車5件，三菱自動車2件などであり，日系自動車メーカーの自動車部品の相互補完流通が中心であった。AICOの認可は着実に増加し，トヨタを中心に日系自動車メーカーのASEAN域内での生産ネットワークが形成されていった。[29]

　アジア・カー「ソルーナ」は，スムーズなスタートを切った。しかし，1996年の6月ごろまでに，タイの自動車販売の伸びは低下していた。同年の5月の新車販売台数（卸売りベース）は前年同月比0.7％減の4万5,793台で，1994年4月以来2年ぶりに減少となったのである。主力の1トン・ピックアップトラックを中心に売れ行きにかげりが見られ，各社とも生産調整に入った。1997年の4月になると，タイトヨタでは販売店からのキャンセルが続いた。その理由は，タイ中央銀行の金融引き締めのための行政指導によってファイナンスの総額規制がとられ，手元の資金が回せなくなってきたファイナンス会社が多数出て，割賦ファイナンスを受けられない顧客が出てきたためであった。

　1997年7月2日にバーツの切り下げが発表され，これによって通貨・経済危機が生じた。まずトラックの生産が落ち込み，個人消費の低迷に伴い乗用車の売れ行きも低下してきた。タイ国内でのトヨタの1997年1～9月の販売台数は約9万5,000台と，前年同期に比べ約20％減少し，約1カ月分が

適正とされる在庫はディーラー在庫も含めると約5カ月分に膨らんだ。これはバーツの下落で，自動車ローンを手がけていたノンバンクが相次ぎ営業停止処分になったためである。そのため，タイトヨタは9月から大幅な減産体制を敷いていたが，最終的には11月中旬から12月いっぱいまで，サムロン工場とゲートウェイの2工場のラインを全面停止した。1997年の生産台数は，当初計画の17万6,000台から半分近くに落ち込む見通しとなった。両工場合わせて4,000人の従業員は，雇用を維持し自宅待機とした。[30]こうしたなか，1997年8月には国際通貨基金（IMF）の指導が入り，緊縮財政と高金利政策がとられ，また同じ8月には付加価値税（VAT）が7％から10％に引き上げられた。このため総需要は急速に減少したのである。

工場におけるライン停止時を活用して，日本とタイ両国政府の協力で日本での教育のため，20人，30人と少数ずつであったが日本にタイ人従業員を送り込み工場実習やOff-JTを行った。労働者の4割を占める期間工を大量に解雇する一方で，正規従業員の雇用を一定程度確保・保障したのである。これは，後のタイトヨタにおける現場での作業の向上という点では，有意義なものになったといわれている。また，タイトヨタの基本姿勢は，明確なノーレイオフ政策をとるものであったが，正規の操業水準に満たないために自宅待機や希望退職・早期退職などの手段をとらざるをえないほど，事態は深刻であった。

しかしながら，こうした不況と雇用保障の結果，それまで離職率が高かった中間管理職や技能工などの重要従業員の定着率向上と欠勤率の低下がみられ，また不況により賃金コストと賃金相場の低下も見られた。さらに，一部メーカーやサプライヤーによる工場集約によるリストラも進み，期せずして自動車産業の構造改革が進展した。[31]

1997年の自動車の総市場は，前期比38.4％減，98年はさらに60.3％減少した。とくに1998年1月〜7月は低迷が顕著であった。98年の自動車販売台数は14万4,000台と，過去最高であった96年の約4分の1にまで縮小した。タイトヨタの市場シェアは若干上昇したが，97年14億バーツ，98年

52億バーツの赤字という結果に終わってしまった。

こうした危機に対応してとったタイ政府の政策は，バーツ安による輸出に有利な環境を活用し，自動車産業とくに部品工業の一極集中によって，タイをピックアップトラックのグローバル輸出基地にするという新しい試みを，日本の各メーカーに実施させようとするものであった。これは，かつての各国における国産化協力とASEANの地域市場だけを標的とした生産，漸進的な技術移転による緩やかな速度の品質水準の向上をめざすものではなく，この地域の日系メーカーに，輸出競争力を発揮する経営の自立化を求めるものであった。しかも，短い期間でそれを達成することが必要となったのである。この経営の自立化について，下川浩一は次のように要点を述べている。

　……それ以前にはこの地域で生産する車の開発はすべて日本の本社が行い，それと関連して重要部品，特にエンジン，駆動装置なども日本本社と日系サプライヤーが日本でVA/VE活動を展開していたのを現地化して，品質保証責任をすべて現地が負うということである。したがって，タイトヨタでは，現地エンジニアに大幅な開発設計上の権限を与え，現地サプライヤー（日系も含む）との承認図方式による取引や品質保証態勢をとるようにした[32]。

こうした危機に直面して，日系企業各社がとった対策は工場稼働率を上げるための輸出の強化であった。通貨危機が生じる前の3月ごろには，すでにタイトヨタは，2000年に年間30万台の生産のうち5万台を輸出し，タイを輸出拠点と位置づけようと考えていた。各社が輸出への意欲を強めていた背景には，国ごとに車種を作り分けて相互補完しようとする考えがあり，国内市場だけでは林立するメーカーの全生産量を受け入れきれないといった事実があった。2000年の生産台数が100万～110万台に達すると見られたタイにおいては，日米欧のメーカーが自国の空洞化を避けるために，多少価格が安くても主力乗用車の逆輸入はしないだろうという考えもあった。

つまり，タイの自動車国産化政策に協力し，タイを ASEAN の域内国際分業拠点と位置付ける従来の戦略から，より積極的にグローバルビジネスの重要拠点に育てようとする戦略への転換がみられたのである。[33]

　このときタイトヨタは，小型トラックであるハイラックスをフィリピンなど近隣諸国へ年間 2,500 台程度輸出していたにすぎなかった。かねて輸出振興を標榜していたタイ政府の方針に合わせて，タイトヨタも，経済危機への対応として，日本本社との交渉の結果，ハイラックスをオーストラリアへ輸出することにした。ソルーナはもともとアジア向けを考えていたので，ブルネイやシンガポールに輸出した。三菱自動車もオーストラリア向けなどの輸出を急増させた。さらに，バーツ安を背景として，部品メーカーのなかには，輸出によって経済危機以前よりも売上高が増えたところもあり，期せずしてタイ政府の標榜する輸出振興策が実現する結果となったのである。

　こうして，タイの通貨危機はバーツ安によって，完成車，KD 部品，コンポーネント輸出への追い風になり，輸出採算が良くなるという効果をもった。しかし同時に，機能・品質面で日本などに追いつくためには，相当の時間を要するとの根源的な問題もあった。完成車の価格・品質を決定づける大きな要素に自動車部品の存在がある。アジアで現地生産される部品は労働コストの安さというメリットはあるが，機能・品質面では日本に遠く及ばない。ある日系部品メーカーが日本拠点と ASEAN 拠点との製造・品質管理技術を数値化して比較したところ，日本を 10 とした場合，ASEAN は 3〜4 の力しかなかったという。当時のアジア製自動車は，日米欧の自動車と世界市場で競争できる段階にはいたっていなかった。

　こうして，タイ現地従業員にとっては，グローバル市場で競争することがいかに厳しいか，身をもって体験する機会となった。輸出拡大に伴い，日米欧の部品メーカーが資本参加している拠点を中心に製造品質向上対策が強化されることになり，技術水準は着実に上昇していた。部品段階のレベルアップなど，タイの自動車産業全体の競争力は年を追うごとに強化されていた。激化する域内の販売競争が製品の仕様改善を促し，結果として商品としての

競争力を高めることが見込まれた。[34]

　タイトヨタは，1998年1月に約2カ月ぶりにサムロンおよびゲートウェイの2工場の操業を再開した。生産再開とともに，1998年夏からは日本から輸出していたオセアニア地域向けのピックアップトラックの生産を手がけることも決まった。タイトヨタは日本からの仕事の移管によって操業度維持の支えを得る格好となったのである。同社は，1998年に前年比約4倍にあたる100億バーツ（1バーツ＝約2.5円）以上の輸出を計画した。1998年夏から，日本からの輸出を全面移管する形で，タイからオセアニア向けにピックアップトラックの輸出を開始した。さらに，タイ製の車が各地の市場で競争できるよう品質向上に全力を挙げ，南アフリカなどへの部品輸出も開始することになった。

　すでに，三菱自動車は経済危機の生じる1996年からピックアップトラックの生産を日本からタイへ移管し始め，1997年にはタイから約40カ国に4万台を輸出した。いすゞも1998年春からタイからパキスタンへの輸出をおこなった。また，ホンダは同年半ばにはバンコク郊外に補修用部品の基地として「アジアパーツセンター」を開設し，各地へ部品を供給する体制を整えた。[35]

　部品メーカーも，組立メーカーの生産の縮小に対応しなければならなかった。デンソー，豊田合成，東海理化電機製作所といった部品メーカーの現地法人も，トヨタのライン停止で生産調整を余儀なくされていた。タイの自動車販売が本格的回復するのはまだ数年かかると考えられたので，新たな販売先の確保が焦眉の急になり，日本や周辺国への製品輸出を模索せざるをえない状況となったのである。[36]

　トヨタ合成の現地法人であるTGポンパラの工場は，1997年の夏ごろから本格的な生産調整にはいり，1日3時間あった残業をカットし，臨時工を解雇して人員は200人から180人に減らし，10月からは操業体制を1交代の週3日に変更した。デンソー・タイランドは，バンパコン工場の稼動を2交代の週5日から1交代週3日に削減した。東海理化電機製作所と豊田紡績

が出資するタイ・シートベルトは,工場稼働率をピーク時の10％に落とした。同社は,内需の穴を対日輸出で埋めた。東海理化電機の日本工場でも生産しているスリップジョイント（シートベルト部品）の対日輸出を,月15万個に倍増することが決まった。デンソー・タイランドも1997年末から日本に向け月5,000～6,000個の発電機部品の出荷を開始している。[37]

自動車用マフラー大手の株式会社三五は,現地のマフラーメーカーなどと合弁で1996年に現地法人YSパンドとして設立したタイ工場を拠点に,アジア地域への輸出を本格化した。同社は,タイトヨタ向けにドア部品を生産する他,米部品大手のアーヴィン・インダストリーズ社のタイ現地法人にもマフラー部品のパイプなどを供給していた。この三五社のタイ現地法人は,1999年10月からフィリピンの日系プレスメーカー向けに普通鋼のドアビーム部品の出荷を開始し,12月にはアーヴィン社のインド現地法人アーヴィン・インディア（チェンナイ市）にもパイプ輸出を始めた。インド向けは,アーヴィンが現地でマフラーに加工し,トヨタのインド子会社トヨタ・キルロスカ・モーターに全量を供給するものであった。トヨタがインドで自動車生産を開始する1999年12月にタイミングを合わせて出荷を始めた。主要顧客であるトヨタ自動車のインド生産などに対応するため,三五社は余力のあるタイ工場を有効活用し,アジア地域での効率的な供給体制を構築した。同時に,1997年の通貨危機に直面して苦境に立っていた現地法人を救済するために実施していた対日輸出を3割以下に抑えることを目的としていた。[38]

経済危機への対応として,組立メーカーにとって重要な対策は,部品メーカーに対するものであった。部品メーカーはトヨタに納入するばかりでなく,他の自動車メーカーや部品メーカーとも互いに供給しあっていた。そこで,日本人商工会議所を利用し,メーカーの調達・購買担当を集めてワーキンググループをつくった。

その場での議題は2つであった。その1つは,「世界レベルで通用する品質」であった。品質改善といっても,とにかくものをつくらなければならない。現地だけではだめなので,本社に依頼することが提案された。日本の親

会社が購入する場合にしても,自分たちが使用できる品質にならないと購入できないからである。

第2は,「つぶれそうな会社があったら,素材・仕掛品を全部買うか,翌月分以降のものを買い上げる」というものであった。これは,部品の供給がなくなれば車が作れないからであった。

タイトヨタは,1997年10月には生産計画説明会で約200人の部品メーカー関係者を前に,経営が苦しいサプライヤーを支援することを発表している。社内に支援窓口を設置し,モデルチェンジに備えた設備資金,運転資金の融資,代金の先払いなどにも応じる方針であった。担当者の訪問やアンケートを通じて,取引先の経営実態調査も行った。資本関係のない現地企業には特に注意をはらった。というのは,タイでしか手に入らない部品があるからである。その供給が止まれば,車も生産できなくなる。例えば,アジア・カー「ソルーナ」の場合,代替部品を日本から調達できるのは,トランスミッションなどの機能部品だけであった。デンソー・タイランドも,使用部品のうち約1,000点はタイでしか確保できないものであった。[39]

また,日系企業は増資によって,現地法人を救済しようとした。しかし,日系企業は合弁相手やタイ政府から,「経済危機に乗じて外資が産業を乗っ取る」といった反発がないように,注意深い対応をしなければならなかった。[40]タイトヨタは,1998年7月に同社の資本金を40億バーツ(1バーツ3.3円)増資し,資本金を45億2,000万バーツとした。既存株主であったサイアム・セメントは通貨・経済危機によって苦境に陥ったため株式を引き受けることができず,同社の比率は10%から1.2%に低下した。タイ法人扱いのトヨタ・オート・ボディ・タイランドが代わりに新株を引き受け,その出資比率を8.4%から24.4%に高めた。[41]結果的には日本サイドの持ち株比率は上がることになったが,他の日系合弁企業にも同様の傾向がみられた。

もともとゲートウェイ工場の建設は,タイトヨタの自己資金によってまかなっていたので,これは後追い増資の意味でもあったが,他方では経済環境の悪化により,苦境に陥っていた販売店や部品メーカーへの支援のためでも

あった。販売店は債権の回収時期を遅らせたり，部品メーカーには前払いを行ったりして，この増資資金は関係者の駆け込み的な機能を発揮することにも使われたのである。

トヨタのほかにもホンダ，三菱自動車工業の現地法人が大幅増資で資金不足に対応しようとした。日産自動車は合弁相手との調整がつかず，約100億円の融資を実施した。トリペッチ・イスズも，20％を出資し筆頭株主になっている三菱商事が60億バーツ（約192億円）を融資して，ディーラー支援や販売促進にあてた[42]。

部品メーカーも同様の対策をとった。豊田合成は，1998年6月に豊田合成とタイの財閥ポンパラ・グループとが，それぞれ43％出資して設立していたタイの合弁会社「TGポンパラ」を倍額増資などで子会社化した。経済危機で主力のゴムやプラスチック部品の売り上げが落ち込んでいるため，増資によって事業基盤を強化するものであった。豊田合成の出資比率は従来の43％から78.5％に上昇する一方，ポンパラ・グループの出資比率は10％となった[43]。

こうした結果，日本の各組立メーカーの支援もあり，部品メーカーで倒産したところはなかったといわれている。また，品質改善の活動は，フォード，GMへの納入やタイを輸出基地とすることができるレベルアップにつながったのである。

さらに，アジアの通貨下落が招いた輸入価格の高騰は，逆に現地調達ニーズを高めることになった。アジア市場の開拓を狙って進出した企業にとって，日本などから仕入れている原材料や半製品の価格上昇は，収益を直接圧迫した。これを少しでも抑えるために現地調達を加速しなければならなかった。

豊田工機のタイ現地法人であるトヨダ・マシン・ワークスは，通貨下落を受けて，合弁相手のサイアム・セメント・グループにパワーステアリングポンプに使う鋳物部品の供給を急ぐように申し入れた。現地企業との新規取引も模索し，現行の43％の現地調達率を2000年に65％に引き上げる計画を立てた。デンソー・タイランドも，2000年の達成を目指していた現地調達

率70％の計画を1年前倒しすることをきめた。また，11月からは日本の本社から技術者の派遣を受け，日本から仕入れている樹脂部品材料を内製化する準備を始めた。[44]

　もちろん，部品メーカー自身も努力を行った。部品需要の大幅な減少に直面して，各社は国内生産分を現地生産に切り替える形で操業率を引き上げる「支援輸入」など，現地法人のてこ入れを本格化させた。同時にタイ周辺国への輸出や販路拡大に活路を見つけようとし始めた。[45]例えば，中央発條はバンコク近郊に現地法人中央タイケーブルを1996年6月に設立した。同社は，1997年8月からこの工場を稼動し，タイに進出している日系自動車メーカーを中心に，パーキングケーブルやオープニングケーブルのほか，アクセル，ブレーキ，トランスミッションといった高付加価値ケーブルの生産を開始する予定であった。

　ところが，1997年7月に発生したバーツ危機以来，タイトヨタが1997年度の生産計画を4割近く下方修正するなど，現地の自動車部品需要は激減してしまった。バンコク市内の旧工場で対応できるため，新工場は稼動できない状態であった。このため，緊急避難的な日本への逆輸入で稼動させることになった。タイの新工場は稼働率が低く生産単価は高いが，バーツ安が進んでいるため，国内製とくらべてもコストはトントンとなる。日本の愛知県三好工場で品質検査をした上，国内メーカーに出荷する。現地の自動車工場向け需要の急減で生産開始が遅れていたが，半年間でバーツは対ドルで5割も切り下げられ，輸出競争力が高まった。このバーツ安を生かして低コストで日本に輸入することを通じて工場の生産を軌道に乗せるために，1998年2月から自動車用ケーブルを日本に逆輸入している。[46]

　トキコは，タイの生産拠点の操業度を維持するために，バーツの下落を生かして逆に輸出拠点として活用し，タイで生産している緩衝器を日米に輸出し，採算の悪化を防ごうとした。当初は月間約5万本の緩衝器を生産する計画であったが，経済危機のため3万本まで落ち込んでしまった。輸出によって1998年には10万本まで高め，そのうちの1万本を日本の補修市場向けに

輸出した。同社は，1998年3月からはディスクブレーキも輸出品目に加え，1万セットを輸出し採算の悪化に歯止めをかけようとした。品質管理の問題をクリアするため，日本からタイに約10人のスタッフを派遣し，品質の劣化がないように管理体制を強化している[47]。

デンソーはスターターなどの部品の輸出を1998年1月にチリに向けて開始し，2月からはブラジルへと拡大した。スタンレー電気はヘッドランプなどの生産ラインを日本から移し，製品を日本に輸出した。同社は，自動車用電球などはドイツ向けに販売し，2000年には輸出比率を30％に引き上げようとしていた[48]。

経済危機に陥ったとはいえ，タイでの自動車産業の伸びは注目されていた。また，通貨危機を起因とするバーツ安は，海外からの投資負担の軽減，タイからの輸出をすることの優位性につながった。このため，かねてから進出をねらっていたGMやフォードには，追い風となってきた。フォードはマツダと組んで1998年6月に，GMは翌年12月に操業を開始した。このフォードやGMのタイへの進出は，部品メーカーおよび進出企業などに，いろいろな影響を及ぼした。まず第1は，GMやフォードが，仕事のなくなった日系部品メーカーから品質のよい部品を調達できたことである。これは需要が過多のときであれば，部品メーカーにその余力はなかったと思われる。第2に，人的な面である。仕事が少なくなったことや，勤務地の関係および，フォードやGMにいけばもっといい待遇やポストが与えられると，タイトヨタを去った従業員も出たことである。第3は，既存のメーカーにとって，新規参入によって競争が激化したことである。

注
1　佐藤一朗・足立文彦「日本型経営と技術移転──タイ国自動車産業の現場からの考察」名古屋大学附属国際経済動態研究センター『調査と資料』1998年3月，8-9ページ。
2　「カローラ40年の奇跡(1)ブランド，海外で評価」『日経産業新聞』2006年8月29日。

3 「アジア向け低価格乗用車,トヨタ・本田,現地生産」『日本経済新聞』1994年5月20日。
4 「トヨタ・モーター・タイランド――人材育成に力注ぐ(日本企業世界に生きる)」『日経産業新聞』1997年1月16日。
5 「加速するアジア戦略(2) 専用車開発急ぐ(トヨタは不滅か)」『日経産業新聞』1995年2月20日。「日本車各社転換期迎えたアジア戦略(上) タイ――相互融通で欧米韓迎撃」『日経産業新聞』1996年5月16日。タイの自動車購買者の特徴については以下を参照。森美奈子「購買層から展望するアジア自動車市場――我が国の経験とタイおよび中国へのインプリケーション」『環太平洋ビジネス情報RIM』Vol.3, No.11 (2003年)。
6 「トヨタのアジア専用車,タイで生産3万6000台――来年から,組み立て工場増強」『日本経済新聞』1996年4月11日。「トヨタ,タイでアジアカー生産――成長市場への参入加速」『日経産業新聞』1996年4月11日。
7 「タイで来月,『アジアカー』トヨタも発売」『日本経済新聞』1996年12月10日。「トヨタ,タイでアジア専用車,現地生産――2000年に年6万台販売へ」『日経産業新聞』1996年12月10日。
8 「低価格競争が激化,トヨタのアジア・カー147万円から」『日本経済新聞』1997年1月29日。
9 スッパワン・スリスパオラン「グローバル戦略におけるローカル・デザインの意味――トヨタ・タイランドにおけるソルナ開発を中心に」井原基・橘川武郎・久保文克編『アジアと経営――市場・技術・組織』上巻(東京大学社会科学研究所, 2002年), 79-104ページ。
10 東茂樹「タイの自動車産業――保護主義から自由化へ」『アジ研ワールド・トレンド』1995年7月, 48ページ。
11 ソルーナのタイ人による開発については,スッパワン・スリスパオラン「グローバル戦略におけるローカル・デザインの意味」に詳しい。
12 佐藤・足立「日本型経営と技術移転」10ページ。
13 同上, 16ページ。
14 東「タイの自動車産業」48ページ。
15 佐藤・足立「日本型経営と技術移転」11-12ページ。
16 「第5部 アジアを攻める(3) 企業の相互交流(変わる市場変わる経営)」『日経産業新聞』1997年3月12日。
17 「日本電装,タイで現地調達率拡大――電装品部品など6割に」『日経産業新聞』1995年4月26日。
18 「円高とアジア(3) 企業呼び込むASEAN――自立にらみ構造転換」『日本経済新聞』1993年7月23日。

19 「加速するアジア戦略(3) 取り組め『カイゼン』(トヨタは不滅か)」『日経産業新聞』1995年2月22日。
20 「特集 南下するトヨタ伝道師——広まるか『カンバン方式』」『日経ビジネス』1995年7月31日号,26-29ページ。
21 「第7部 東南アで「現地流」に活路(5)(工場 MADEINJAPAN)終」『日経産業新聞』1994年12月23日。「加速するアジア戦略(3) 取り組め『カイゼン』(トヨタは不滅か)」『日経産業新聞』1995年2月22日。
22 「トヨタ・モーター・タイランド——人材育成に注ぐ(日本企業世界に生きる)」『日経産業新聞』1997年1月16日。研修プログラムの詳細については,以下を参照。佐藤・足立「日本型経営と技術移転」14ページ,第11表および第12表。
23 今井宏『トヨタの海外経営』(同文舘,2003年)98ページ。
24 同上,104-105ページ。
25 同上,109ページ。
26 同上,123-125ページ。
27 佐藤・足立「日本型経営と技術移転」16-17ページ。
28 清水一史「ASEAN域内経済協力と生産ネットワーク—ASEAN自動車部品補完とIMVプロジェクトを中心に」Discussion Paper No. 2010-4(九州大学経済学部,2010年6月)4ページ。
29 同上,5ページ。
30 「トヨタ,タイで年内操業停止——2工場,現地販売振るわず」『日本経済新聞』1997年11月5日。「タイ生産停止を発表,トヨタ,年内2工場で」『日経産業新聞』1997年11月6日。
31 下川浩一『自動車産業危機と再生の構造』(中央公論新社,2009年),191ページ。
32 同上,188-189ページ。
33 同上,190ページ。
34 「第5部 アジアを攻める(8) 高まる輸出意欲(変わる市場変わる経営)終」『日経産業新聞』1997年3月21日。
35 「タイの日系メーカー,自動車輸出を拡大——98年,トヨタ,4倍以上に」『日本経済新聞』1998年1月13日。通貨危機に対応したトヨタと他の企業との差異については,以下を参照。折橋信哉・藤本隆宏「多国籍企業の能力とローカル危機への対応——タイにおけるトヨタ自動車と三菱自動車の事例研究」『赤門マネジメント・レビュー』第2巻4号(2003年4月)。折橋信哉「タイ自動車産業の経済危機以降の動向と今後の課題について」『赤門マネジメント・レビュー』第2巻6号(2003年6月)。

36 「中部の製造業特集――飛躍狙う中部の製造業,アジア経済混乱の余波」『日本経済新聞』1997年12月24日。
37 「アジア経済危機ゆれる進出企業(1) 仕事をください――対策は『名古屋』頼み」『日本経済新聞』1997年11月18日。
38 「三五,アジア向け輸出を加速――フィリピン・インド,タイ工場を拠点化」『日経産業新聞』1999年10月7日。
39 「アジア経済危機ゆれる進出企業(2) 現地調達拡大に壁――取引先の体力低下」『日本経済新聞 地方経済面(中部)』1997年11月19日。
40 ホンダは,タイ側株主が10年以内に増資新株を買い戻すことができるという条件をつけた。トヨタは,「日本側7,タイ側3」の出資比率をまもるため,サイアム・セメントやバンコク銀行など既存の株主が増資に応じられなくても,タイ企業扱いのトヨタ・オート・ボディ・タイランドが引き受け,比率を守った。「日本企業,タイ合弁出資比率上げ――日本の追加出資,東南アジア諸国に拡大も」『日本経済新聞』1998年6月17日。
41 「トヨタのタイ現法,財務体質強化,40億バーツを増資」『日本経済新聞』1998年5月21日。「トヨタ・タイ現法が40億バーツの増資を完了」『日経産業新聞』1998年7月6日。
42 「タイのいすゞ車販売現法向け,三菱商事が192億円融資」『日本経済新聞』1998年12月25日。
43 「豊田合成,タイ合弁を子会社化――増資で事業基盤強化」『日経産業新聞』1998年6月3日。
44 「アジア経済危機ゆれる進出企業(2) 現地調達拡大に壁――取引先の体力低下」『日本経済新聞 地方経済面(中部)』1997年11月19日。
45 「静岡県西部の四輪・二輪車部品会社,東南アジア現法,輸入増やし支援」『日本経済新聞 地方経済面(静岡)』1997年11月7日。「アジア経済危機ゆれる進出企業(1) 仕事をください」。
46 「タイ現法を相次ぎ支援――中央発條,ケーブル逆輸入,バーツ安生かす」『日経産業新聞』1997年11月4日。
47 「トキコ,タイ拠点から輸出――緩衝器,日米中心に」『日経産業新聞』1997年12月12日。「トキコ,タイから輸出拡大,ディスクブレーキ追加」『日経産業新聞』1998年2月16日。
48 「タイの日系メーカー,自動車輸出を拡大――98年,トヨタ,4倍以上に」『日本経済新聞』1998年1月13日。

第7章

輸出基地化とグローバル・スタンダードの確立

2004～2006年

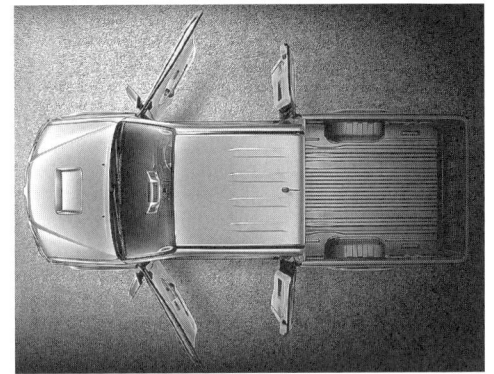

IMVの2011モデル

バンポー工場

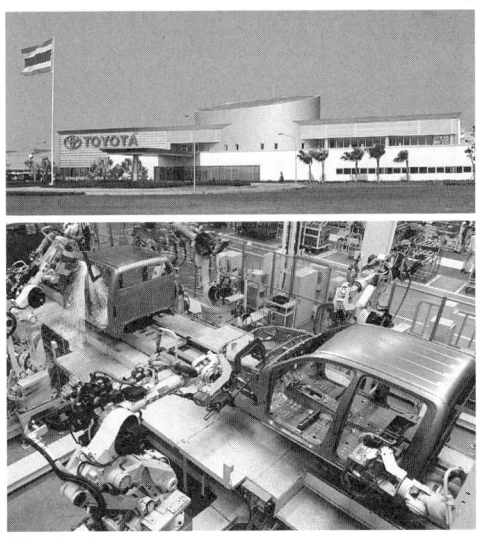

2000年ごろになると，通貨危機によって急減したタイの自動車産業の市場も次第に回復し始め，生産台数を急速に拡大し始めた。同時に，タイトヨタでは他の組立メーカーと同様に，タイを輸出基地化する動きに出た。

　この輸出基地化のためにもっとも重要であったのは，部品メーカーの育成であった。国内市場で通用するだけではなく，世界の市場で通用する部品の品質が求められた。そのため，タイトヨタは日本で系列下にある部品メーカーのいっそうのタイ進出を要請した。同時に，タイ現地部品メーカーの育成にも力を入れなければならなかった。

　部品メーカーの育成にあたっては，トヨタ・コーポレーション・クラブ（TCC）が大きな役割を果たした。TPS自主研究会やTPS道場，さらには研修教育プログラムをとおして，部品メーカーの生産性と品質の向上が図られた。

　このような，部品メーカーなど自動車産業の集積が高まったことにより，トヨタ自動車は国際戦略車「IMV」の導入に乗り出した。このIMVは従来の車と異なり，日本に親工場はなく，タイトヨタがこのプロジェクトの親工場となった。このプログラムの遂行により，タイトヨタは自立化が格段とすすむことになったのである。

7　タイの輸出基地化

　タイにおける自動車生産は，1997年には36万台の生産にとどまり，1998年には18万台へとさらに減少した。1998年におけるタイの国内自動車販売額は14万4,000台で，1996年の4分の1以下になった。[1]

　工場の稼働率を上げるため，自動車各社は国内だけでなくアジア，欧州，豪州などへの輸出を促進した。1997年のタイの自動車輸出は4万2,000台であったが，翌98年は64％増の6万9,000台となった。

　輸出の促進によって世界規模の競争に投げ込まれた現地法人は，マネジメントや製造現場の改革を進めて，コスト・品質両面での競争力を高める必要

に迫られた。通貨危機の以前のタイの自動車輸出は生産量の数％に過ぎなかったが，各社が国内販売の激減を補うための販路の拡大に取り組んだ結果，その割合は大きく上昇するようになった。これに加えて，最初から輸出を念頭においていた GM などが加わり，輸出比率は 2000 年ごろにはすでに，タイで生産される自動車の 4 割に上がっている[2]。

　タイトヨタは，1998 年 10 月 31 日，1 トン・ピックアップトラック「ハイラックス」の豪州向け輸出を開始した。国内需要が大きく減少したため，操業度が 3 割に落ちているタイの生産拠点を救済する一環として，日本から豪州に輸出していた分を順次，タイからの輸出に切り替えた。輸出目標は年間 2 万台であった。同社の 1998 年の輸出は乗用車や部品も含めて 90 億バーツ（約 300 億円）に達した。この輸出増加により，タイトヨタでは 2000 年には年間 10 万台を生産し，工場稼働率を生産能力（年約 18 万台）の半分以上にまで引き上げる計画であった。また，サイアム・トヨタ・マニュファクチャリング（STM）が，新たに 1999 年から南アフリカとインドにディーゼルエンジンを輸出することになった。南ア向けは 1999 年 2 月に，排気量 2,400 cc と 3,000 cc の 2 種類のエンジンを年間に約 1 万 6,000 台輸出し，インド向けは同年 11 月から 2,400 cc のエンジンを約 2 万台輸出することになった[3]。

　当初タイトヨタをはじめ各社が豪州に輸出先を集中していたのは，右ハンドルの市場で安全基準がタイと同じレベルのためであった。しかし，豪州では日本製の車との競争もあり，「メード・イン・タイランド」の品質がどこまで通用するかも未知数であった。タイを輸出拠点として将来も活用していくかどうかは，各社の世界戦略に直結した問題であった。当座は，タイの拠点の稼働率を上げるために，急場しのぎで日本から輸出先を割り振ってもらっているというのが実情であった。右ハンドル市場以外にも輸出先を拡大するためには，追加の設備投資が必要であった。タイの拠点が引き続き赤字経営では，投資リスクが大き過ぎると考えられたのである。

　また，タイ製の自動車が世界市場で戦うようになるなか，地元の部品メーカーがどれだけ生き残れるかが懸念された。2000 年には部品の現地調達率

規制が廃止されたため，世界基準に達しない地場メーカーは淘汰されていくことになると思われた。そのため，裾野産業の国際競争力向上が緊急課題になってきたのである。同時に，日本の部品会社にとって，タイは世界への飛躍の足がかりとなった。

　通貨危機で総生産量が減少したことによって，組立メーカーと部品メーカーとの間で脱系列の流れがいっそう加速化した。トヨタ系の豊田工機も三菱自動車に納入するほか，オートアライアンスやGMへもアプローチした。アメリカ・ビッグ2との取引，自動車メーカーの輸出シフトで部品メーカーの競争力が向上した。高尾金属工業はアユタヤにホンダ向けの工場を有していたが，オートアライアンス向けの新工場を約50億円かけて建設した。また，シンガポールのGMの部品調達拠点に販路拡大を狙い成功させている。同社は，ホンダ向けの工場では取得していない米国品質規格「QS9000」をオートアライアンス向け工場で取得している。メーカーの輸出シフトは，品質への要求水準をさらに高めたのである。

　自動車用チューブのマルヤス工業は，1998年10月に稼動し始めたタイの子会社マルヤス・インダストリーズ・タイランドへ岡崎工場の二重巻きチューブの生産ラインを一括して移管した。通貨危機を経て，タイの自動車産業は政府の思惑よりも早く輸出産業化した。1999年上期で，総生産台数の約40％が輸出に回り，240億バーツ（1バーツ＝約2.9円）の輸出額を記録した。

　2000年には，主要6社で前年比31％増の約17万4,000台を輸出する計画ができ上がった。米GMのタイ法人も2000年5月から生産・輸出を始めるなど，タイのライバル国であるマレーシアの4.6倍，インドネシアの5.8倍となり，タイが東南アジアの自動車輸出基地としての地位を確立する勢いであった。タイは，アジアにおいては日本，韓国に次ぐ地位となった。タイトヨタは豪州，ニュージーランド向けを中心に，2000年は前年比50％増の1万8,000台を輸出し，部品，エンジンを含めると総額で同約2倍の140億バーツ（1バーツ＝約2.8円）を輸出しようとした。2000年3月からは，インドネシア向けにアジア仕様乗用車「ソルーナ」の完成車部品（CKD）輸出を，

月450台の規模で開始している[6]。「ソルーナ」の輸出は初めてあったが，ASEAN地域内貿易に0〜5％の優遇関税を適用する「ASEAN産業協力計画（AICO）」制度を活用し，コスト削減を図ったものである[7]。

ASEANは，1996年11月にこの「AICOスキーム」と呼ばれる産業協力計画を始動させた。現地の出資比率30％以上など一定の条件が満たされると，0〜5％の特恵関税が適用されるというものであった。トヨタ自動車や部品大手のデンソーや日産などが，政府への適用申請を行い許可を得た。ASEANでは，タイの部品関税率が20〜30％などというように，工業製品の輸入関税が高率なケースが多く，域内貿易の阻害要因にもなっていた。AICOは2003年を目標にしている域内貿易自由化の事実上の前倒しといわれ，メーカーにとってはASEANを1つの市場ととらえて動き出す好機となった。すでに1996年で200億円以上の域内貿易を手がけるトヨタは，AICOを契機に2000年には域内貿易を900億円以上に引き上げることを計画した。生産分業・相互補完というネットワークをいかに最適にアジアに張り巡らすのかが，日系自動車メーカーにとって21世紀のアジア戦略の根幹を築くことになったのである[8]。

ASEAN加盟国の自由貿易地域（AFTA）合意によると，自動車の域内関税はまず主要5カ国で2002年中に5％以下に引き下げ，続いてマレーシアが2005年に，さらに2015年には加盟10カ国すべての域内関税をゼロにするというものであった[9]。

日系メーカーは，このAICOの恩恵を受け始めていた。トヨタは1999年度，自社のタイ工場からインドネシア工場にカローラの部品など18億円分を輸出した。この代わりに，インドネシアからエンジンなど13億円分を輸入している。AICOでは1企業内でこうした双方向の取引を行う場合，関税が5％以下に優遇される。これに対して，欧米企業はタイだけに拠点を築いて域内外に供給する一極集中モデルを展開している。そのため，本国からの部品輸入に依存するため，AICOの恩恵もなく，一律の関税引き下げを望むしかない。日本企業は，工場を網の目のように配した分散モデルで，その時

点では関税面においても優位に立ったのである。

　完成車の関税引き下げで競争が激化すれば，東南アジアでも部品産業の育成が急務となる。同地域で強みを保ってきた日本の部品メーカーも，競争原理に目覚めようとしている ASEAN 部品メーカーとの新たな関係を築く時代を迎えようとしていた。[10]

　2002 年ごろになると，東南アジアの自動車メーカーは，いっそう輸出拡大に動きだした。これは，巨大な市場を抱える中国が輸出基地としての機能を整備し始めたことに危機感を覚え始めたためである。タイの自動車販売は，2001 年に 29 万 7,000 台で中国の 8 分の 1 であった。中国市場は急拡大が予想されるため，差はさらには拡大する見込みであった。ASEAN 諸国は地域間の関税を引き下げて自由貿易圏を作り，同地域を単一市場にする構想を有しているが，それでも中国の半分程度の市場規模である。その中国で，輸出基地化が進んできたので，巨大市場を抱え，生産コストも安い中国が本気になれば，東南アジア各国の自動車生産は一気に淘汰されかねないと懸念されるようになったのである。

　1997 年の通貨危機で国内市場が崩壊した東南アジアの自動車メーカーは，為替安を武器に輸出拡大を目指したが，部品価格が高かったことに加え，品質の問題などで伸び悩んだ。通貨危機から 5 年を経た 2002 年には，日米欧に比べ 1 割以上安い部品の現地調達率の向上でコスト削減を進めようとしていた。さらに，集中生産による量産効果，品質改善のため社員教育の徹底などで，輸出競争力を強化するのに躍起の状況が生じていた。トヨタは，日野自動車に委託していた国内向けの小型トラックの生産を，2004 年にタイトヨタの工場からの調達に切り替えようとした。[11]

　2003 年 10 月の第 9 回の ASEAN 首脳会議の「第 2 ASEAN 協和宣言」は，域内経済協力をさらに進化し，ASEAN 経済共同体（AEC）を実現することを宣言している。これは，アジア経済危機を契機に，ASEAN を取り巻く経済環境が大きく変わったことによる。中国が急成長をとげて影響力が拡大し，世界貿易機関（WTO）の行き詰まりと自由貿易協定（FTA）の発展，東アジ

アにおける相互依存の増大と地域内協力の発展がみられたためである。

　こうした状況のなかで唱えられた AEC は，2020 年までに物品・サービス・投資・熟練労働力の自由な移動に特徴づけられる単一市場・生産基地を構築する構想であった。しかし，2007 年 1 月の第 12 回首脳会議において，2020 年までという期限は 5 年前倒しして 2015 年と宣言されている。

　こうした流れを受けて，AFTA の確立も加速を迫られ，当初は各国が AFTA から除外してきた自動車と自動車部品も，徐々に適用製品に組み入れられてきた。最後まで除外してきたマレーシアも 2004 年にはそれらを適用製品に組み入れ，関税を引き下げることになった。そして，2007 年には関税も 5％以下に引き下げている。「第 2 ASEAN 協和宣言」に基づき，2004 年 11 月に調印された「ASEAN 優先統合分野枠組み協定」も，自動車分野を対象として優先的に関税を引き下げることを求めた。

　さらに，AICO スキームに関しては 2004 年の 4 月 ASEAN 非公式経済相会議で，賦課する関税率をシンガポール，マレーシア，インドネシアなど 6 カ国で撤廃することに合意した。AICO スキームに基づく特恵関税適用は 2008 年 9 月時点で，150 件が認可されていた。そのうち 134 件が自動車関連であった。トヨタが 33 件，ホンダが 51 件，デンソーが 12 件，ボルボが 8 件，日産が 7 件などであり，日系の自動車組立・部品メーカーの利用が大半を占めた。[12]

　こうして，東南アジアに進出した自動車メーカーは，車種ごとの生産分業に着手し始めた。小型トラックはタイ，乗用車がフィリピン，ミニバンタイプのトラックはインドネシアと，市場のある国別に生産を集約し，そこから域内輸出するというものであった。1 国では小規模な市場も，統合すれば中国に対抗できる。1 工場で最低，年間 10 万台生産しないと利益はでないし，主力生産車種以外は，集約して生産しないと競争力はもてない。こうした考え方から，タイトヨタはタイで小型トラックを集中生産することを決定し，他の車種の集約も検討し始めた。[13]

　同時にタイへの一極集中も鮮明になってきた。これはまず，自動車部品の

集積度や道路・港湾などインフラの整備が，東南アジアのなかでタイが一番充実したものとなったからである。政情の安定性，自動車産業政策なども考えれば，投資環境としてタイが断然すぐれていた。市場の潜在性に加えて，関税引き下げが2005年にずれ込むマレーシアや政情不安と労働問題を抱えるフィリピンは投資が避けられがちであった。域内自由貿易構想は，東南アジア各国の自動車生産拠点で，集約化による生産台数の増加という効果をもたらした。しかし一方で，国家間の格差は拡大するばかりであった。もともとASEANは，自国の市場を高関税で守ってきた国々から構成されていただけに，各国間の不協和音が保護主義の復活につながりかねないと危惧された。[14]

『日本経済新聞』（2006年8月17日）は，2006年には，タイの自動車関連輸出額が初めて1兆円を超える見通しとなったと報じている。これは，積極的なFTA締結戦略などが功を奏し，トヨタ自動車やGMなどがタイを完成車・部品の供給ネットワークの主要拠点に位置づけたため，アジアでは日本，韓国，中国に続く第4の完成車・部品輸出国に成長したとしている。

タイの2006年上半期の完成車と部品の輸出額は1,670億バーツ（約5,000億円）と，前年同期より25％増加した。通年でも18％増の3,500億バーツ（約1兆500億円）に達する見込みであった。

後に詳しく見る国際戦略車「IMV」の生産を2004年に始めたタイトヨタでは，タイから世界各国への輸出を段階的に増やしていった。とくに，2005年4月に始めたオーストラリア向け，同7月からの欧州・中近東向けの輸出が伸び，完成車・部品の輸出額は15％増の530億バーツを見込んでいた。

ホンダは，新型「シビック」のインドネシア輸出を2006年2月に開始している。小型車「ジャズ」（日本名フィット）の豪州輸出も3月に始めている。トルコ向けにも部品を供給するようになり，2006年の自動車関連輸出額は前年比約4割増の見込みであった。日産自動車も，2006年後半からピックアップトラックを中心に東南アジアや豪州向け輸出を本格化している。7月に同社は，バンコク近郊の港湾近くに輸出用部品を集約する倉庫を開設し，小型車の部品をメキシコなどに供給している。タイからの予想輸出額は年間

3億ドルで，日本に次ぐ規模になると思われた。

　東南アジア最大の生産拠点を構える GM も，4,600万ドルを投じて生産能力を拡充した。ピックアップトラックを軸に，2006年には豪州やメキシコなどに向けて前年比8％増の7万8,000台を輸出する計画であった。

　東アジアの2005年の自動車関連輸出は日本が圧倒的に強く，さらに韓国が続いていた。部品輸出が拡大する中国は88億ドル，タイは73億ドルで4位につけている。タイの自動車生産台数は2005年，東南アジア域内初の100万台を達成し，輸出総額に占める自動車関連の割合も徐々に増加し，約7％を占めるまでになっている。[15]

　2007年半ばまでには，日系自動車各社がアジアから域外への完成車輸出を拡大していた。これは，現地需要対応を前提に工場進出を進めてきた各社のグローバル化が，第三国間での「外一外」の製品供給という新たな段階に入ったことを意味した。日本車のアジア生産台数は，2006年では413万台で，初めて北米の400万台を抜き最大の海外生産拠点となった。アジアからの域外輸出は一部欧米メーカーも手掛けていたが，日本車の同地域での生産台数は欧米勢を圧倒しており，日本の各社はこれを世界市場の攻略に活用しようとしていた。

　こうしたアジアからの輸出の増加の背景にはいくつかの理由がある。第1は，技術・ノウハウの移転と部品メーカーの現地進出が進んだことで品質が向上したことによる。第2は，アジア各国の域外とのFTA締結加速が輸出増の背景にある。タイは，2005年に豪州とFTAを締結し，乗用車で15％だった関税が撤廃された。ASEANやインドはEUとも交渉に入ることで合意していた。

　スズキは2008年にインドから欧州・中東への輸出を15万台規模で開始し，ホンダや日産自動車はタイからオーストラリアなどへの輸出を増やした。2008年の域外輸出は2006年比1.5倍の60万台以上と，アジアの日本車生産台数の1割超に達する見通しであった。明らかに，この地域が世界への自動車供給拠点の役割を担い始めたといえる。[16]

2 日系部品メーカーの進出とさらなる現地調達率の向上

　通貨危機以後，タイトヨタは当面は生産能力の拡大ではなく，自動車部品の現地調達率の向上などに力を入れることにした。例えば，主力車の「カローラ」の現地調達率は当時50％台であったが，これを80％に引き上げることを目標とした。このためには，部品などの発注先企業群をさらに強化していく必要があった。[17]

　2000年8月には，タイトヨタは東南アジア最大の拠点となっていたタイにおいて，現地調達率を2003年までに100％にする方針を決定した。トヨタが海外拠点で現地調達率100％を達成するのははじめてあり，タイに続き他のアジアの生産拠点でも現地調達率100％を目指すというものであった。タイトヨタでは，商用車は「ハイラックス」1モデル，乗用車は「ソルーナ」や「カローラ」など3モデルを製造していた。商用車の現地調達率（部品点数ベース）は80％，乗用車などは同55％～78％であった。一方，トヨタの欧米生産拠点の部品の現地調達率は平均70％程度にとどまっていたので，すでにタイのほうが現地調達率は高くなっていたのである。

　こうしたトヨタの動きの背景には，タイで自動車産業の裾野が広がっていることに加え，欧米メーカーがタイでの現地生産を本格化し，競争が激化していることがあった。2000年に入ると，米フォード＝マツダ連合，米ゼネラル・モーターズ（GM），独ダイムラー・クライスラーと提携した三菱自動車工業などが攻勢をかけ，1999年に35％であったトヨタのシェアは2000年1～7月には，30％を割り込んでしまった。

　2000年の初めごろまでには，タイは自動車の世界的な再編の縮図となってきたといえる。世界の列強が顔をそろえるタイ市場では，1990年代後半に一気に進んだ世界的な自動車業界の再編が色濃くにじんでいた。米フォードとマツダの合弁生産会社であるオートアライアンス・タイランド（AAT）が本格生産を開始した。スウェーデンのボルボとトラック事業で全面提携し

た三菱自動車工業も，トラック事業に関してボルボとの共同プロジェクトが動き出す予定であった。

1998年末に筆頭株主のGMと，GMグループの商用車開発を主体的に担うことで合意したいすゞも，2002年春をメドにGMの販売チャネル向けにピックアップトラックを供給し，2002年にはGMとの共同開発車の生産を開始しようとしていた。トヨタは，グループ企業との連携を強め，タイではトヨタが小型トラックを日野に，日野が中型トラックをトヨタに供給し始めた。1999年3月に日産自動車と仏ルノーの資本提携が行われたため，アジアでも両者の共同事業に発展する可能性がでてきた。2001年から，タイではルノーの世界戦略をになう小型セダン「クリオ」を生産し，フィリピンで主力乗用車「メガーヌ」，マレーシアではRV「カングー」を中心に生産が進められた。

世界的なグループ化の動きは，これまで現地進出企業同士が築いてきた協力関係を崩し始めていた。トヨタ，いすゞ，日産の3社は，1995年からタイで続けてきたエンジン部品の相互補完を2001年で打ち切った。この3社補完は，タイ市場の主力車種であるピックアップの部品国産化が目的で，ディーゼルエンジンの鋳物部品調達に関連する投資負担の軽減などに効果を発揮してきた。ただ，エンジン部品が鋳物からアルミに転換しつつあるほか，各社が自社グループの拠点の有効活用に動き始め，実効性が薄れ始めていたのである。[18]

このため，トヨタは現行33％というタイの高い自動車部品輸入関税を回避し，ASEAN域内を含む現地調達率を100％とすることで巻き返しを図ろうとしたのである。すでに，デンソーなどのグループ各社も多くの拠点を持ち，タイの裾野産業育成をリードしてきた。新日鉄やNKKが冷延鋼板の生産を開始するなど，タイで部品を調達する環境が育ってきた。[19]電機・自動車などが先行する形で，東南アジアでの現地生産が進んだ。安い人件費を背景にした組立拠点としてのアジアの活用は，部品や素材の供給という形で日本の輸出にも貢献してきたが，今や現地拠点も不況とグローバル競争でコスト

2 日系部品メーカーの進出とさらなる現地調達率の向上 163

削減の必要も厳しくなった。素材の現地化も，もはやまったなしの状況にきたのである[20]。

タイトヨタは，2000年3月にタイでの現地調達率100％を達成する「タイ・フォー・エクセレント・プロジェクト」計画を策定し，デンソーなどタイに進出している日系メーカーや現地資本など110社に説明を行った。このプロジェクトに沿って現地の部品メーカーに対し，現在日本から輸入している製品の現地生産を依頼したのである。鍛造品や鋼板などについても，日本の素材メーカーにASEAN域内への投資を要請した。またトヨタも，自社で内製している特殊製品，ボディーの型枠については追加投資を行っていくというものであった。

競争の激化に巻き込まれたタイでは，2001年2月にタイトヨタが資本金を45億2,000万バーツから75億2,000万バーツ（1バーツ＝2.8円）へ再び増資している。タイトヨタはサイアム・セメントなどタイ企業との合弁企業であるが，増資分はすべてトヨタが払い込み，出資比率は69.6％から85.3％に上昇した。この増資は，生産ラインの効率化や販売網の拡充などに振り向けられ，日系や欧米の大手との競争に備えるものであった[21]。

こうしたトヨタの動きを受けて，日系の自動車部品メーカーが多くタイに進出するようになった。日本企業は，これから国内で利益を上げるのは難しいと考え，成長力が見込めない国内ではあくまで損をしない会社を目指し，リストラで低コスト体質を確立し，海外で利益を得る体制を早期に作り上げることが必要となっていたのである。

この時期，タイに進出した日系部品メーカーの代表的なものを取り上げてみよう。住友電気工業は，2000年11月に自動車のディスクブレーキに使うパッド（摩擦材）の生産会社で関連子会社である住友電工ブレーキシステムが全額出資するSEIブレーキシステムズ（タイランド）を設立した。セキスイは，1999年9月に全額出資子会社のセキスイS-LEC（タイランド）が，自動車のフロントガラスに使う特殊樹脂シートの工場を新設し，2002年4月に稼動させた[22]。豊田紡織は2001年夏に内装システムの生産子会社を設立し

ている。また，石川島播磨重工業は，2002年2月トヨタ自動車とともに，車両用過給機（ターボチャージャー）を生産・販売する共同出資会社「IHIターボ・タイランド」を設立し，10月から生産を開始した。[23] ニフコは，すでに1988年に合弁会社によってタイに進出していたが，2002年5月に新しくニフコ・タイランドを設立した。同社は，2006年1月から自動車ファスナーなどの樹脂部品を生産している。[24] 富士通テンは，2002年8月に新工場の操業を始め，生産台数を現行の7万から2004年度に60万台に増やそうとした。これは，OEM供給の需要拡大に対応するためのものであった。[25] シロキ工業は，2002年1月にタイ現地法人を資本金400万バーツで設立した。これを9月には1億5,400万バーツに増資し，新工場を新設し，2004年8月からウインドーレギュレーターを生産し始めた。[26] 児玉化学工業は，既存の子会社タイ児玉に加えて，2002年秋に新しいエコー・オートパーツ・タイランドを設立した。[27]

他の自動車関連企業も同じような動きをとった。愛知製鋼は，2002年2月生産子会社「アイチインターナショナル・タイランド」を設立した。[28] 豊田通商は，2005年5月に，車載用電子制御組み込みソフトウエアの開発会社，「豊通エレクトロニクス・タイランド」をタイに設立したと発表している。[29]

また，1998年ごろから，長期的にはタイでの生産によってコスト競争力が確保できると判断し，工場拡張に踏み切る企業もでてきた。例えば，トヨタ自動車系の触媒・活性炭専門メーカーであるキャラクターは，1998年7月に95％を出資する子会社「キャラクター（タイランド）」で，設備を増設した。一部は1999年2月から生産を始め，同年11月から四輪車向けの触媒の生産量を現行の5万個を約2倍に，二輪車向けも60％増産することにした。[30]

豊田紡織とタイ企業の合弁会社で，自動車シート用生地を生産するSTBテキスタイルズも，受注減で一時は生産停止状態だったが，輸出に活路を見出した。同社は，1998年11月には基準の厳しい日本のトヨタ「クラウン」向けの生産を開始した。トルコで生産する「カローラ」向けの生地も受注し，

90人から60人にまで減少した従業員を再び増員するまでになった。[31]

　タイトヨタは一次サプライヤーとして日系を含め117社を擁し，二次サプライヤー以下には2,000社以上の中小企業が広がっている。タイトヨタは，バンコク郊外の工場の一角に調達促進コーナーを開設した。調達を希望する部品を展示すると同時に，国際水準での競争が始まるという意識が部品メーカーに必要ということで，現在の取引先についての品質，納期などテーマ別に点数化し順位を公開し，優劣が一目で分かるようにした。

　このように，経済危機は内向きであったタイの自動車産業に輸出に目を向けさせ，国際競争に本格参入する契機となった。だが，国内市場に安住してきたタイ資本の企業のなかには，輸出対応が遅れている企業が少なくなかった。これまでは，完成車メーカーが代金前払いなどの緊急避難的な措置でタイ資本の企業をも支えてきたが，世界的な再編のなかで国際水準に達することのできない企業は競争に敗れる可能性が出てきた。[32]

　いうまでもなく，輸出先ではタイ製の車は日本製の車と競合するようになる。まさに，タイは世界の競争の縮図となったのである。競争に勝つためには人，もの，金，情報すべての面で現地化することが必須となった。コストを削減するため，できるだけ日本人駐在員の数を減らすことが必要であり，品質の面でもタイ人たちの自発的な改善が不可欠となった。そのためには，日本人頼みをなくし，現地人に責任を与え経験をつませることが必要になってきたのである。

3 TCC内における生産・経営知識の移転

　タイトヨタでは協力会を通じて，世界競争に対応するため，品質，納期，コストに関わる改善活動に積極的に取り組むようになった。ここで，この時期のタイトヨタの協力会であるトヨタ・コーポレーション・クラブ（Toyota Corporation Club：TCC）の動きについて，詳しくみていくことにしよう。[33]

　タイトヨタおよびエンジン製造をおこなっているサイアム・トヨタ・マニ

ュファクチャリング（STM）の一次サプライヤーは，先述のように，2004年2月現在で117社存在していた。そのうち，大半は日系企業と現地企業の合弁企業であるが，地場資本企業が35社あった。もっとも，同一資本で数社を経営している企業もあるので，実質には5社くらいに絞られてしまうのではないかと思われる。これらの企業は，TCCという日本の豊協会のようなものを結成している。この協力会のメンバーになるためには，トヨタとの年間取引が500万バーツ以上なければならないなどの条件があり，会費は年間2万バーツである。そして，全体の予算の半分に相当する240万バーツをトヨタと日野の両社が拠出している。[34]

　この時TCCの会長を務めていたのは，日本発条の子会社であるNHKスプリング・タイランドの社長である大森義憲である。2人の副会長のうち，1人はタイ小糸の代表として参加しているマノヨン・グループの総帥であるマノヨンで，もう1人はタイ矢崎の若松誠である。7人いる理事のうち，現地部品メーカーからは，ヤナパンのサムファン，サミットオート・シーツ・インダストリーのスンサン，CHオート・パーツのスチャイシが就任している。

　TCCの組織運営としては，まず理事会がありこれは年2回開催される。理事会の下に，QA活動，トヨタ生産方式（TPS）といった形でのワーキングコミティーが設置されている。このワーキングコミティーのメンバーには，工場長・部長クラスが参加している。ほとんどの問題は，このワーキングコミティーで議論・決定され，理事会はこれを承認するかたちをとっている（難しい問題の場合には，会長の大森が理事会メンバーに対して根回しをしておくという）。

　とくに，トヨタがタイをピックアップトラック，ディーゼルエンジン，そしてミニバンの生産拠点としようとする戦略を展開するにつれて，それらの部品の日本外での製造のグローバルネットワークが重要になってきている。

　TCCは単なる親睦団体ではなく，技術移転，経営移転において大きな役割を果たしている。ここ2〜3年の間に，輸出が増加し競争が激しくなり，

品質・納期・コストの問題が厳しくなってきた。このため，タイトヨタも現地サプライヤーも危機感を抱いており，TCCを通してのQCDEM（品質，コスト，納期，エンジニアリング，マネジメント）の改善に取り組んでいる。

このためには，在庫の減少と生産性の向上をはかるため，タイへのTPSの積極的な移転が必要になっている。TCCにおけるTPSの導入方法には，大きくわけて2通りのものがある。1つは，「TPS自主研」と呼ばれているものであり，8年ぐらい前から導入されており，2004年当時これに参加している企業は日系合弁会社を中心に40社に上っていた。レベルに応じたグループ分けを行い，各グループ5～8社から構成される。グループ内でリーダーを設定する。リーダーはTPSに慣れた日本人のエンジニアがいる会社で，他のメンバー会社がこの会社から自主的に改善を学ぶというものである。メンバー企業が順番に生産関連のセクションを自主研の場所として，そこで改善のための実験を行うが，この成果をグループ企業に公開し，共通の研修の場所とするというものである。

当初から，自主研はNHKスプリング（タイ）がリーダーシップをとり，最初は5社くらいを仲間にスタートしたものである。この制度によって，例えば，カンバン・システムを意識的に会員企業に普及するというものである。NHKには，TPSのわかる駐在員がいたので，この人が各社に出かけて普及したり，あるいはトヨタから専門家がタイにTPSの普及のためにきたりした。

2003年の自主研の活動をみると，TPS自主研の中で，より多くのリーダーを育成し，この活動に参加した新規参加企業に対して自己改善を促進することによって，コスト改善活動を拡大することを政策の中心に掲げている。そのため，自主研参加40社が，トヨタ生産方式を中心に活動するTPS自主研が4グループ，自分たちの生産上の問題を持ち寄って解決する自己改善が6グループに分れて実施されている。TPS自主研の参加企業は第2表に，自己改善の参加企業は第3表に示されている。

また，2003年のQA事例研究活動のテーマは，「グローバルな品質を実現

第2表　TPS自主研参加企業

グループ	グループA	グループB
リーダー企業	NHK Spring (T) Co., Ltd.	Thai Koito Co., Ltd.
参加企業	Yarnapund Co., Ltd. Ys Pund Co., Ltd. Fujitsu Ten (T) Co., Ltd. Hino Motors Mfg. (T) Co. Ltd. Murakami Ampas (T) Co. Ltd. STM Toka Rika (T) Co., Ltd. Sanko Gosei Technology	Thai Asakawa Co., Ltd. Toyoda Machine Works Chuo Thai Cable Inoac Industries Siam Aisin SK Auto Interior Somboon Somic Manufacturing Tokai Estern Rubber
グループ	グループC	グループD
リーダー企業	Summit Auto Seats Industry	Denso Internatinal
参加企業	Toyoda Gosei Kallawis Auto Parts Industry Aapico Hitech Siam AT Industry STB Textiles Industry Toacs Thai Seat Belt Thai Steel Cable	Toyoda Gosei Rubber Siam Kayaba Feltol Manufacturing Inoue Rubber CH. Auto Parts Sathien Plastic & Rubber Thai Engineering Products Maruyasu Industries

するための継続的な改善」であった。活動の狙いは，生産システムのみならず自動車部品メーカーの競争力を高めることにある。合計で16社が参加した。5グループに分かれたが，そのうちの1グループはタイの現地サプライヤー，アピコ・ハイテク，バンコク・スプリング，CHオートパーツ，サミット・オートシーツ，ヤナパンの現地サプライヤーから構成されていた。電装インターナショナル（タイ）とヤナパンが組織化し，タイトヨタが調整役を務めている。

　TCCにおけるもう1つの重要な活動は，「TPS道場」である。これは，タイの地場サプライヤーからある一定の水準以上の工程を有している5社を選出し，いわば上からTPSの基礎を教え込むものである。どこかの会社にモデルラインを設定して，実際にラインを稼動させながら後工程からのプル生産方式をグループ習得させる。このプログラムには，トヨタ自動車の生産調

第3表　自主改善参加企業

グループ	グループA	グループB	グループC
リーダー企業	NHK Spring	Thai Koit.	Summit Auto Seats Industry
参加企業	Siam AT Industry STM Toyoda Gosei Rubber Yarnapund Co.	CH. Auto Parts Feltol Manufacturing Hino Motors Manufacturing Murakami Ampas Toyoda Gosei	Ampas Industries Co. Bangkok Spring Industrial Co. CH. Industry Co. Kallawis Auto Parts Industry Summit Auto Body Industry Thai Steel Cable
グループ	グループD	グループE	グループF
リーダー企業	Denso International	Thai Automotive Seating & Interior	Toyoda Machine Works
参加企業	Aapico hitech Bangkok Metropolis Motors Inoue Rubber Sathien Plastic & Fiber Thai Engineering Products Yarnapund	Inoac Industries Siam Aisin SK Auto Interior Siam Kayaba Toacs Thai Seat Belt	Chuo Thai Cable Fujitsu Ten Maruyasu Industries Somboon Somic Manufacturing Sanko Gosei Tokai Eastern Rubber Tokai Rika

査部やタイトヨタから専門家を派遣する。日本から招く専門家の費用は，タイトヨタが負担するものである。[35]

　日本のサプライヤーの場合には，日本の親会社がTPSを習得しており，親会社から人材を派遣してTPSを実施することができる。それに対して，タイ現地企業は親会社をもたないため，TPSを習得できない。そのため，タイのローカル企業の強化が必要になる。このプログラムのもとでは，現地企業を5社ほど選択して，ここに3週間程度トヨタから専門家を1人派遣してもらい指導を受けてもらうものである。1991年度の参加地場サプライヤーは，比較的大手の，サミット・オート・シーツ，ヤナパン，CHオート・パーツ，アーピコ・サチエン・プラスチック・アンド・ファイバー，フェルトル・マニュファクチャリングであった。1992年度はアムパス・インダス

トリー，バンコク・スプリング・インダストリー，CHインダストリー，サミット・オート・ボディー・インダストリー，バンコク・メトロポリス・モータースが参加している。このうち，CHインダストリーやバンコク・メトロポリスは比較的小規模なものである。

　TCCではその他，講義や教育をおこなっている。2003年のものについては，第1はトップマネジメントを対象にしたもので，サプライチェーンについて英語で講義が行われている。第2はミドルマネジメントを対象とするもので，これはタイ語で行われている。2003年は，異業種企業見学として石油会社を訪問して，ISO14001の環境問題について学習している。

　VA/VEについては，まだ改善の余地が多く残っているし，物流改善についても2年間研修を行ったにもかかわらず，各社の商売と関連しているため実施が困難なようである。

　タイトヨタは，TPSを通じて，機能および品質を維持しながら部品サプライヤーの原価低減を行おうとした。このために，タイ現地企業の工程内不良を半減することを目指した。モデルラインを設定して工程内品質管理の向上をはかる。TCCに参加している企業の工程内不良の平均値は3,000 ppm（1,000分の3）である。これを1,500 ppmに低下させる。受け入れ不良は20 ppmが目標であるが，平均すると当時は33 ppmであった。これを全社参加するコンペとして実施した。各社は自分でモデル工程を決定し，プレゼンテーションを行う。優勝者には，香港などへの航空券を賞として与えている。

　TCCとしてまたタイトヨタとしては，ISO9001および14001のレベルは，当然と考えていた。彼らの考えでは，例えばISO9001は品質の中身ではなく，手続き的なものであると理解されていた。同じ職場内で品質管理活動を自主的に行う小集団活動であるQCCへの参加は，この当時57社が行っており，タイトヨタのみでも100チームくらい存在していたようである。

　TCCは親睦会としての機能も持っており，メンバー企業の経営者や従業員の交流を図るプログラムもある。それらには，まず経営管理者を中心にしたゴルフ大会，有名なリゾート地であるホワヒンまで何百台も自動車を連ね

家族同伴で実施するラリー，そして1年おきにおこなう大運動会などがある。

現地部品メーカーのこうした品質向上活動のみならず，日系部品メーカーも製造現場からの抜本的改革を進めるようになった。デンソー・タイランドは，デンソーを定年退職した日本人熟練技術者をタイに招き，指導役になってもらう「シニア・オーバーシーズ・サポーターズ（SOS）」を創設した。1999年3月に第1回目の派遣がきまった。シニア技術者の契約は3年で，年齢は58～62歳である。滞在期間は税制の関係で1年に180日以内。シニア技術者に現場に入り込んでもらい，製造ライン管理者や労働者を手取り足とり基本から指導する。まずは，日本のシニアに現地の人材を育成してもらい，3年計画でタイにふさわしい新しい生産方式を考案してもらうという考えであった。

タイの完成車メーカーが輸出シフトすることによって，部品への品質要求が格段に高まってきた。生産量は落ちており，大量生産の日本と同じ作り方を続けていては，上昇するコストを吸収できないという環境変化があった。60歳前後の日本人技術者は，日本でモータリゼーションが起こる前の製造現場を知っており，中・少量生産というタイの工場にふさわしい製造技術を知っていた。当初は，新型モーターの不良品率削減というテーマに取り組んでおり，タイ人と一緒に改善活動をしながら，自発的に改善する習慣を定着させ，段階的にレベルアップを図る構えであった。[36]

政府の政策も，タイの自動車組立・部品メーカーを国際競争へと導いている。タイ政府は，2000年1月から当時最低54％としていた乗用車の部品国産化率を撤廃する方針を導入した。ASEAN域内の輸入関税も次第に低下し，部品メーカーは輸入品との競争にさらされる。足元で経済危機が続くタイの部品メーカーは，国際市場の中での選別淘汰の時代を迎えたのである。[37]日本とタイ政府は，タイ地場部品サプライヤーのレベルアップのための施策の一環として，タイ国自動車産業振興機構（Thai Automotive Institute：TAI）を1998年7月に設立した。この組織の目的は，第1に自動車産業の政策立案のための研究・調査，第2に検査センターとしての役割を果たすこと，第3

にタイ自動車産業界のさまざまな分野における活動をサポートし，人材の育成につとめる，第4にウェブ・サイトなどを利用して供給業者に情報を提供することである。これによって，外国企業からの単なる技術移転ではなく，現地部品企業が自ら経営ノウハウを蓄積し，自動車部品生産の現地化を促進することを目指すものであった[38]。

1998年半ばごろには，日系部品メーカーが材料と部品の現地調達率を大幅に引き上げている。東南アジア域内での調達を拡大することの背景には，一方ではアジア通貨危機を受け，日本からの部品輸入が割高になったことがあった。しかし他方では，経済危機以前に外資との合弁で設立した現地の部品・素材産業がこの時期には，相次いで操業期に入っており，現地調達率引き上げの素地が整ってきていたこともある。現地調達の促進は収縮の目立つ東南アジア経済再生のきっかけとなり，域内分業の動きも加速することが期待された。トヨタ，いすず，三菱自動車の3社は，NKK，丸紅，華人財閥サハウィリヤ・グループなどの合弁企業タイ・コールド・ロールド・スチール・シート（TCR）から，これまでほとんどが日本からの輸入であった原材料を購入することにしていたのである。

タイ地場企業も現地調達の動きに対応した。例えば，タイの有力自動車部品メーカーであるタイ・サミット・オートパーツは，1998年8月マツダ向けの自動車部品を生産している広島市に本拠をおく住野工業から，技術を供与してもらうことで合意した。タイ・サミット社の工場の一部をモデルラインとし，住野工業が技術者を派遣してレイアウトの変更や自動化を進めるものであった。生産品目は自動車用小型プレス部品や弱電機器部品などで，同年の秋から本格生産を始めている。この技術導入によって，タイ・サミットは品質や生産コストを改善し，オートアライアンスやGMのみならず，タイトヨタや三菱自動車などにも売り込むものであった[39]。

シャフトやネジなどの切削加工部品を手がける三栄精工は，タイの工場ではOA機器向け部品を生産していたが，自動車メーカーがタイでの現地生産を増やして部品の需要が拡大していることから，ディーゼル・エンジン用プ

ラグなどの自動車部品分野に参入するため，2006年に3,000万円ほどかけて切削加工機を100台から110台に増設し，生産能力を1割拡大した。この決定の背景には，自動車部品は一度受注すると，携帯電話向けなどに比べて長期間の安定した売り上げが見込めるメリットがあるということもあった[40]。

　カヤバ工業は，2004年6月に，タイに技術サービスの新会社「ケーワイビー・テクニカル・センター・タイランド」を設立することを発表している。資本金は1,000万バーツ（約2,700万円）であった。東南アジアで自動車生産が増加するなか，日本の四輪車，二輪車メーカーが現地の開発機能を強化していることに対応するものであった。カヤバの新会社は国内開発部門との連携を密にし，東南アジア全体の技術サービス業務を担当した[41]。

　この頃になると，二次，三次の部品メーカーの技術の底上げも課題となった。これらについては，改善の余地は大きかった。極端な例では，歩留まりが50％程度のメーカーもあった。これを100％にすれば，購入価格は半分に下がることになる。そこで，ASEAN各国の政府とも協力し，同時に裾野産業の技術的底上げを後押しする必要があったのである[42]。

　「日本製」と「現地製」の二者択一であった海外工場の自動車部品調達先候補に，急速に「その他外国製」が加わるようになった。そのため，自動車部品は，国際商品の性格を急速に強めた。多くの企業が次第に世界最適調達を方針として打ち出し，タイ製部品の人気は急速に高まった。タイ製部品の競争力を支えるのは，部品メーカーの分厚い集積である。日本自動車部品工業会の会員企業では，2004年11月時点で174社がタイに進出し，日系組立メーカーの現地調達率を9割近くまで高める原動力となった。1997年のアジア通貨危機以後，輸出基地化に成功したタイと他国との差は広がってしまった。実際，1996年秋以降にアセアン4カ国に進出した日系部品メーカー約110社のうち，6割がタイ1国に集中していたのである[43]。ただし，水平分業は各国の自動車産業が均等に成長することには必ずしもつながらない。もともと部品相互補完協定の発足時には，各国の均等な成長を想定していたのではあるが。

ただ，各社とも赤字経営からはなかなか抜け出せなかった。その理由は国内販売で利益が出ないことであった。2000年初めごろになっても，1997年，98年の不況の際の値引き販売競争の影響が払拭されていなかったためである。いまだに各社の販促チラシには，「契約者には金貨謹呈」といった実質的な値引きが唱われていた。ピックアップや小型乗用車の販売では，売り上げから売上原価などの変動費を差し引いた限界利益は数万バーツ，日本円にして10万円にも満たない。人件費などの固定費を引くとほとんどすべての車種が赤字になってしまう。

　しかも，完成車輸出には追い風のバーツ安も現地における部品調達には逆風になった。現地化は進んだが30％以上の部品が日本などからの輸入品であった。このため，各社は販売コストの大幅な削減に乗り出した。タイトヨタは，国内90社，240拠点のディーラーとの間にトヨタ・ビジネス・レボリューション（TBR）というオンラインシステムを構築した。毎日の受注データをモデル別に把握して，生産に直結させ，製販関係を効率化した。これによって，ディーラーの在庫状況も把握できるため，ディーラー間で車をやり取りして流通在庫を削減することもできるようになった。かつては，3カ月分もあった生産・流通在庫を削減できた。[44]

　タイでは，現地生産を中心に日系企業が自動車市場の約90％のシェアを握るが，タイの潜在的成長性を評価した欧米メーカーが進出を加速していた。米ゼネラル・モーターズ，独BMWが2000年中に工場を稼動させるのに続き，独フォルクスワーゲンも地元企業に委託する形で現地生産に乗り出そうとしていた。販売面では，マツダが地元企業との合弁会社への出資を増やし，株式の93％を取得した。独ダイムラー・クライスラーは100％出資の販売会社を1998年10月に設立していた。[45]

　2000年初めまでには，タイの自動車産業は輸出をテコにした生産回復で立ち直りつつあり，2000年には最盛期の80％まで回復するとみられた。車両メーカーの生産回復で，資金繰りに苦しんでいた部品メーカーの経営も上向き始めた。業績が好転し，日系自動車メーカー8社が共同で進めてきた現

3　TCC内における生産・経営知識の移転　　175

地資本の部品メーカーに対する資金援助も打ち切られた。すなわち1998年には部品メーカー60社に総額30億バーツを援助したが，99年末までに返済はほぼ完了した。取引の多いメーカー15社に運転資金を援助していたタイトヨタも，1社を除いて完済された。[46]

もともと日系自動車メーカーの現地工場は，大半がタイ国内の市場をにらんで設立した拠点であった。輸出シフトで回復軌道を描き始めたが，この方針転換が新たな競争を生んでいる。かつてはタイ国内での競合にとどまっていたのが，グローバル市場での競争を余儀なくされるからである。そのため，タイトヨタは，製品の品質基準をタイ国内向け基準から，主要輸出先であるオーストラリア基準に切り替えた。タイ基準のままでは，耐久性などで先進国への輸出競争力がないからである。切り替えに伴いタイトヨタでは，部品メーカーに対し「期待値活動」と呼ぶ5項目の要求を出した。品質，価格，納期，開発力，経営力について，タイトヨタが設定した条件をクリアすることを義務付けたのである。

品質面では納入品100万個に対して300個以内だった不良品の発生許容量を，同100個以内にするなどハードルを高めた。基準を満たせなかった部品メーカーは，年2回開く総会の席でイエローカードを渡す。イエローカードが2枚になるとタイトヨタから強制的な経営指導が入る。[47]

4 国際戦略車「IMV」の開発

タイトヨタでは，2000年4月から増産に向け工具の採用を再開するなど，動きも活発になってきた。[48]さらに，2002年の後半には，タイの自動車国内市場も活発化してきた。大手6社も，合計稼働率を2001年の56％から70％へと高めた。東南アジア域内の関税の引き下げをにらみ，輸出も含めた生産拡大に対応するため，トヨタは設備を増強する方針を立てた。トヨタは，主力のピックアップトラックを生産するサムロン工場を2交代制にした。2002年は，13万台から14万台へと，前年比4割増加の見込みであった。さ

らに，トヨタは輸出用ピックアップの生産を日本から移すため，生産能力を年30万台弱に拡大することを決定した。[49] また，2003年3月からはゲートウェイ工場も初の2交代制に移行した。ここでは，高岡工場をモデルとしてラインに「カムリ」「カローラ」「ソルーナ・ヴィオス」のセダン3車種が流れることになった。この移行を機に，持ち場ごとに不良率の低さを競わせる品質キャンペーンを開始し，今後の競争に備え品質と効率の向上を徹底させた。

なかでも，課題の1つが部品在庫の圧縮である。タイトヨタは日本と同様に，1台のトラックが複数メーカーの部品を混載して頻繁に搬入する「ミルクラン方式」を導入するなど在庫を持たない体制を目指している。だが実際は，日本から輸入した数週間分の部品在庫を抱えていた。船便の効率的な活用などで在庫を圧縮し，広い部品置き場を削ろうとの試みがなされた。国内市場の急速な回復と，日本やアジア各国への輸出も本格化しており，タイ拠点に求められる役割が次第に高度になるなか，生産改革の取り組みが続いた。[50]

2002年になると，トヨタ自動車は新しいコンセプトのアジア・カーを導入し始めた。これが，企画段階の「IMV」であった。2000年にタイトヨタでIMVについて説明を受けた下川浩一は，次のようにその時の印象を述べている。「そのときはIMVは企画段階であったが，えりすぐりの16名のタイ人スタッフがIMVコントロールルームに配置され，バーチャルカンパニーを設立し，カウントダウンボードでプロジェクトの進捗状況が一目でわかるようになっていた。[51]」

タイトヨタは1997年に，アジアの台頭する中産階級に自家用車をというコンセプトで「ソルーナ」を販売した。しかし，1997年の通貨危機が発生し，販売は急降下し，これまでの実績は期待はずれであった。すでにみたようにソルーナは，当時の「ターセル」の車台を流用したが，エンジンや足回りなどを新規開発したためコストが膨らんだ。販売も伸びず，収支はせいぜいトントンであったとみられている。この反省にのっとり，新しいアジア・カーの開発が進められた。これは世界戦略車「ヴィッツ」の派生車とすることになった。さらにほぼ同時期に現地生産を開始することになった中国と一

体化すれば，数量は増えてコスト競争力の向上を期待できる。そのため，外観は2002年10月に中国・天津で生産開始した「ヴィオス」とほとんど同じであった。従来，東南アジアとは異なる特殊な市場と位置づけていた中国を，アジア市場の柱の1つとして改めて位置づけることで，停滞していたアジア・カー戦略を再生しようとしたのである。

さらに，2004年にはトヨタ自動車のアジア戦略が新しい段階に入った。トヨタ自動車は，タイとインドネシアを皮切りに，アセアンで生産する国際戦略車 IMV（Innovative International Multi-purpose Vehicle＝革新的国際多目的車）の生産を開始し，2004年8月に同車の発表を行い，11月にはレムチャバン港から船積み第1号をフィリピンに向けて輸出した。[52] この IMV はタイにおいて「ハイラックスヴィーゴ」というピックアップトラックを第一弾として始まった。当初は，タイ，インドネシア，南アフリカ，アルゼンチンの4カ国を生産拠点に位置付け，新開発のピックアップトラックと多目的車（MPV）の世界最適地生産と供給体制を構築しようとするものであった。のちになると，生産拠点は，インド，マレーシア，ベネズエラ，ベトナム，台湾，パキスタンが加わり合計11カ国になった（第4表は，生産開始時点でのIMVシリーズのおもな生産拠点と生産車種，生産規模，輸出先を示したものと，2008年8月段階での現状と実績を示したものである）。東南アジア，南米，アフリカ，中東など80カ国以上で販売する戦略車である。共通車台でピックアップトラック3車型，ミニバン，スポーツ用多目的車（SUV）の5車種を新開発し，地域の市場ニーズに合わせた最適供給を行う。このほか，主要部品についても，タイでコモンレール式燃料噴射装置付き低公害ディーゼルエンジン，インドネシアでガソリンエンジン，フィリピンとインドでマニュアルトランスミッションをそれぞれ生産し，各車両生産国に供給している。

タイに続き2004年9月からはインドネシアで，2005年にはアルゼンチンと南アフリカで生産を開始した。2007年には，2005年当時の約4割増の生産台数の55万台に拡充する一方，輸出比率も5割に高めるとされた。[53]

こうした目的のために，タイトヨタは，ハイラックスをフルモデルチェン

第4表　IMVシリーズの実績　　　　　　　　（単位：万台，かっこ内は前年比％）

国	拠点		生産車種	生産開始	生産実績 2007年	生産実績 2008年1〜8月	輸出実績 (2007年)
タイ	TMT	サムロン	ハイラックス	04年 8月	36.4 (111)	26.0 (117)	18.7 (131)
			フォーチュナー	05年 1月			
		バンポー	ハイラックス	07年 1月			
インドネシア	TMMIN		イノーバ	04年 9月	6.6 (143)	5.8 (142)	2.3 (330)
			フォーチュナー	06年10月			
フィリピン	TMP		イノーバ	05年 1月	1.0 (100)	0.8 (119)	
インド	TKM		イノーバ	05年 2月	4.6 (123)	3.5 (113)	
アルゼンチン	TASA		ハイラックス	05年 2月	6.9 (108)	4.2 (95)	5.0 (105)
			フォーチュナー	05年 9月			
マレーシア	ASSB		ハイラックス	05年 3月	1.8 (77)	1.4 (121)	
			イノーバ	05年 5月			
			フォーチュナー	05年 8月			
南アフリカ	TSAM		ハイラックス	05年 4月	10.2 (124)	7.2 (101)	5.3 (107)
			フォーチュナー	06年 2月			
ベネズエラ	TDV		ハイラックス	05年 7月	0.9 (98)	0.5 (97)	0.3 (71)
			フォーチュナー	06年 3月			
ベトナム	TMV		イノーバ	06年 1月	1.2 (119)	1.1 (158)	
台湾	國瑞汽車		イノーバ	07年 6月	0.6 (−)	0.1 (70)	
パキスタン	IMC		ハイラックス	07年10月	0.06 (−)	0.2 (−)	
合計					70.3 (115)	50.8 (115)	

注：ハイラックスはピックアップトラック，フォーチュナーはSUV，イノーバはミニバン。
出所：下川浩一『自動車産業危機と再生の構造』（中央公論新社，2009年）196-197ページ。

ジしたIMVの生産を行おうとした。これは，いままでグループ企業である日野の羽村工場で生産していたものを，すべてタイに移管し，日野はハイラックスの生産を中止する。2002年当時，ハイラックスはタイで10万台生産し，そのうちの2万台をオーストラリアに輸出していた。IMV計画では，2004年半ばまでに生産台数を年間20万台とし，その半分の10万台を中近東を中心に90カ国へ輸出する。また，最新式の直射ディーゼルエンジンの生産をIMV計画と並行して15万台から24万台に増産する。同時に，タイトヨタ，サイアム・トヨタ，その他のサプライヤーによって製造されているピックアップトラックや多目的車のOEM部品は，9カ国のトヨタの製造会社に輸出されることになった。[54]

すでに90％を超えていた現地調達率を2004年中に，100％にもっていこ

うとした。サイアム・トヨタのエンジン部品については，構成部品は日本およびアセアンから輸入するし，材料はタイではできないので，実際には現地調達率は半分以下になってしまう。そのため，フルモデルチェンジ IMV の現地調達率は部品点数で 90 パーセント，付加価値で半分となる。今回のモデルでは現地調達率 100% 達成することは難しく，次のモデルでその実現を目指そうとした。

　この大型プロジェクトでは，トヨタはタイ工場を東南アジアや南米向け輸出の中核工場に位置づけていた。つまり，基本設計の枠組みやコンセプト作りは日本の本社で行うが，タイを一大生産拠点とし，グローバル自立化の先進モデルとしたのである。[55] IMV を生産する東南アジア各国や南アフリカ共和国などに，タイからディーゼルエンジンをはじめとする主要部品を供給する。世界戦略を再構築するうえで，自動車産業の基盤の蓄積が進んできたタイを，主要部品の供給拠点として積極的に活用する動きが，加速する見通しであった。[56]

　こうしてトヨタ自動車は，2005 年にはタイで約 41 万台を生産し，そのうち約 10 万台を輸出し，完成車・部品を含めたタイからの輸出総額は 520 億バーツ（約 1,400 億円）に達した。そして，2006 年までには生産能力を 50 万台に倍増させ，うち IMV を 28 万台生産し，14 万台を海外 80 カ国に輸出するとした。これにより米国のケンタッキー工場と並ぶ最大規模の海外工場となるのは確実で，輸出国数・輸出比率とも前例がないものであった。また，グループ会社のトヨタ車体はハイブリッド車「プリウス」の生産を検討し始めた。同社で生産していた小型トラックは IMV プロジェクトに伴う再編で日野自動車に移管した。浮いた生産余力をプリウスに当てることが可能になったからである。さらに，トヨタ自動車は 2007 年には新工場をバンコク郊外に設置する計画を立てた。2007 年には生産能力を 55 万台強に拡大し，半分に当たる 25 万～30 万台を輸出に振り向けるとした。[57]

　タイトヨタは，2004 年 8 月からサムロン工場で「ハイラックスヴィーゴ」を，2005 年 1 月からタイ・オート・ワークスで「フォーチュナー」を生産

開始し，2007年1月には新たにIMVの専用工場であるバンポー工場を稼働させて，生産と輸出を拡大してきた。2007年のタイにおけるIMVの生産台数は36万4,000台となり，世界生産台数の過半を占めた。そのうちの約18万7,000台を世界99カ国へ輸出した。2008年には102カ国へ24万台を輸出している。内訳は，オーストラリアへ4万7,000台，サウジアラビアへ4万1,000台，オマーンへ2万1,000台となっている。[58]

トヨタ自動車が，タイにおける自動車産業の蓄積と自立を促したもう1つの要因は，中国の台頭であった。2004年6月に発表した「新自動車政策」で，中国政府は輸出促進を明言したため，従来型のASEAN拠点が競争力を保てなくなる可能性がでてきた。中国，ASEANのアジア2極体制，さらに言えば日本を含めたアジア3極体制をどのように維持するか，トヨタがIMVで描き始めた青写真は，生産車種の棲み分けを進めた上で，それぞれに自立した競争力を持たせる「分業・自立」の行き方でもあった。[59]

こうしたトヨタの動きは，日系自動車各社のタイにおける戦略に大きな影響を与えた。いすゞは，トヨタは少なくとも3割のコスト削減を目指していたから，その上を達成しなければ競争に負けると考え，一段の生産改革に乗り出した。ホンダ・オートモービル・タイランドも2004年春のエンジン一貫生産の開始に続き，2006年からは金型も日米欧などに輸出し，タイをグローバル戦略の拠点に位置づけた。

トヨタおよびそのサプライヤーは，タイをピックアップトラック，ディーゼルエンジン，ミニバンの世界的な生産拠点とするために7億ドルの投資を行なうとしていた。このため，日本国外でのピックアップトラック，多目的車そして主要車種の部品生産の世界的なネットワークがトヨタのグローバル戦略にとってきわめて重要になっている。

タイトヨタのIMVと関連した最近の動きのなかで注目すべきは，技術開発センター（TTCAP）の設置であろう。TTCAPは，27億バーツ（約73億円）を投じてバンコク近郊に2003年10月に設立され，2004年後半から稼動を始めた（開所式は2005年5月に行っている）。TTCAPは，主としてアジア市場

向けにトラックや乗用車の新しいモデルを将来開発するために，メルボルンの同様のセンターと並んで設置されたものである。これは，「多様化する需要によりよく対応できるように製品を供給する市場にできるだけ近いところで生産を現地化する」というトヨタの政策を反映したものである。

　当初，同センターは120人くらいの技術者を擁してスタートしたが，これを日本人エンジニア30〜40人，現地240人ぐらいと，300人まで雇用を拡大する計画であった。[60] 現地採用した約240人の研究開発要員は，IMVの設計・仕様変更など市場ニーズに即した開発を行う。人員は，2008年までには日本人が63人，タイ人エンジニアが468人になっている。2012年までに，これをそれぞれ77人，640人まで増加させる予定である。また，このセンターでは，個別企業の能力をアップさせるために，サプライヤーからレジデントとしてエンジニアを受け入れ，図面を引く段階から教育を行う。現在ではタイ人を中心にインドネシア人やオーストラリア人を含む約600名の社員を擁し，IMVのドアの設計やバイオ燃料対応などの開発などを行っている。またここでは，日本で開発した車台や基本モデルをもとに，アジア地域の嗜好を反映したボディや専用仕様を開発している。

　日本で開発・生産した既存車種を低コストで生産し現地市場で販売するという旧来の構図はすでにない。トヨタにとって，IMVは日本で生産・販売しない初めての車である。つまり，IMVのマザー工場はタイトヨタである。2006年で50万台超と「カムリ」並みの生産規模となるIMVの競争力は，100％現地の開発力にかかっている。タイ拠点の開設によって，日本，北米，欧州，アジア，豪州の5地域にデザインや設計を手がける研究開発拠点が出そろったことになる。[61] また，2008年にはこのテクニカルセンターのスタッフが，CNGカローラやダブルデッキの観音開きのピックアップトラック「スマートキャブ」を開発している。

　トヨタが目指す世界最適生産の一翼を担うまでにASEAN拠点を成長させた最大要因は，現地調達率の大幅な向上である。トヨタのASEANでの現地調達率はIMV以前では60％であった。2000年ごろからグループの主要部

品メーカーにタイ進出を促し，ASEAN全域で現地メーカーを発掘した結果，現地調達率は2004年に96％まで向上した。ピックアップトラックで最大のライバル，いすゞ自動車の95％に一気に並んだ。さらに，現地調達率の引き上げのため地場メーカーの育成も計画している。最終目標は，欧米でも類のない100％完全現地調達である。

　同様の動きは，他の日系組立メーカーにも見られた。日産は域内部品の調達・保管および研究開発拠点として，「日産サウスイーストアジア」を2003年に設立し，研究開発については2005年12月にBOIから認可されている。いすゞは，後に「いすゞテクニカルセンター・アジア」となる組織を，部品調達センターおよび研究開発拠点として，早くも1991年にタイに作っており，2000年に現在の名称に変更している。ホンダは地域統括拠点を作りアセアン国間の車種，部品の相互補完を高め，欧州などの域外拠点への駆動系部品の供給拠点を作っている。同時に，2005年12月には「ホンダR&Dアジアパシフィック」を設立し，2009年11月には開所式を実施している。三菱自動車は，ピックアップの次期モデル開発のため，80億バーツを投じてデザインや部品調達の機能を日本から移管しようとした。

　IMVの実現のためには，部品メーカーの協力が不可欠であった。IMVの生産開始にあたってトヨタ自動車がグループの部品各社に要求したのは，3割のコスト削減と「先進国並みの品質」であった。これに部品メーカーは対応しなければならなかった。[62]

　まず，品質面について見てみよう。デンソー・タイランド（DNTH）は2003年に160億円を投じて，タイでの自動車部品生産を大幅に増強した。カーエアコンのラインを増設するほか，2004年に，ディーゼルエンジン用燃料噴射装置「コモンレール」や噴射ポンプなどの一貫生産体制を整えた新工場を本格稼動させた。2005年には年40万台を生産し，アジアの中核拠点に育成している。2005年度のDNTHを含むタイ現地法人の売上高を700億円程度と，2002年の2倍に拡大する計画をもっていた。デンソーは，[63]この基幹部品のコモンレールシステムに不可欠な冷鍛造部品の内製化に踏み切っ

4　国際戦略車「IMV」の開発　　183

た。日本では外部メーカーから購入しているが，100％現地調達を前提とするIMVでは，品質を満たす現地企業がないからである。一方では，10億円を投じた加工センターは，品質とコストを両立させるため，タイから欧米工場に冷鍛造部品を輸出してスケールメリットを追求した。[64]

　次に，コスト面を見よう。トヨタは，コスト削減のため域内での部品調達を重視し，それにあわせて部品メーカーは生産を拡大したり，集約化を図ったりした。例えばデンソーは，日本を含むアジア地域で自動車部品の生産再編に乗り出した。東南アジア各国の工場の生産品目を絞り込み，少品種大量生産型に切り替えるというものであった。一方で，次世代ディーゼルエンジン用部品の生産は日本に集約する。こうして，デンソーはトヨタグループの一員として，2004年夏に始動するトヨタのIMV構想とディーゼル車の普及拡大に対応するとともに，この再編によって生産効率を高めコスト削減を図るつもりであった。その結果，スパークプラグや自動車エアコン用コンプレッサーの生産をデンソー・インドネシアに，熱交換機はデンソー・タイランドにそれぞれ集約した。これまではいずれも東南アジア各国で生産し，自動車メーカーに供給していた。マレーシアの拠点は電子部品の生産に特化した。[65]

　さらにデンソーは，品質の向上のために，タイの現地子会社6社8工場の品質管理部門を切り離して別会社とした。これは，足並みをそろえて品質を向上させるためであった。トヨタ自動車の協力を得て，トヨタ生産方式も各工場で導入した。[66]

　この再編に伴って，同時にデンソーはアセアンの各生産拠点で生産管理システムを刷新した。部品の受注，工場内での生産から顧客への納入までの情報を一元管理できる体制を，タイ，インドネシア，マレーシア，フィリピンの主要拠点で整備した。そして，トヨタのIMVの始動に対応し，自動車部品の品質水準を引き上げようとした。生産面では，受注を受けた部品がどの工程で生産しているかなど，生産の進捗状況をリアルタイムで把握できるようにした。これには生産効率を高めるほか，不具合が発生した際に迅速に改善策を講じる狙いがあった。従来は，各拠点でシステムの精度にばらつきが

あった。新システムを導入することで，日本と同等の品質水準の確保を狙い，台湾，インドの拠点でもシステムを刷新する計画である。デンソーは大量の部品を短期間で生産する必要があった。というのは，IMV は 2005 年までに 10 ヵ国で 50 万台強を生産する予定であったからである[67]。

シロキ工業は，2003 年 8 月に自動車用窓開閉装置（ウィンドーレギュレーター）の生産ラインをもつ自前の工場をタイに完成させ，プレス加工から組立までの一貫生産体制を整えた。さらに，同社は 2004 年 1 月から約 1 億円を投じてプレス加工および組立ラインをそれぞれ 1 本ずつ増設している。2004 年夏をメドに，月産能力をそれまでより 5 割多い 15 万個にする計画であった[68]。

トヨタ車体とタイの特装車メーカー大手のタイルーンユニオンカーパブリックは，新車改造や冷凍車などの特装車製造を手がける合弁会社「タイオートコンバージョン」を設立した。トヨタが 2004 年夏から製造する IMV を年間 1 万台程度改造する他，ダイハツ工業がインドネシアで生産している小型車も月 1,500 台程度，さらに日本製ワゴン車「ハイエース」の改造も手がける[69]。

ヨロズは，2006 年 3 月期までに 30 億円程度を投じ，生産子会社ヨロズ・タイランドのサスペンション（懸架装置）などの生産能力を 1.5 倍に引き上げようとし，2005 年末に新設備を稼動させている[70]。

サンリット工業は，2005 年夏に資本金 2 億円の完全子会社「サンリット・タイランド」を設立した。自動車部品としてはエアコンやブレーキのアルミ製周辺部品について，日本で作った半製品を現地で最終製品に加工した[71]。東海ゴムも，現法のトーカイイースタンラバータイランドが約 7 億円を投じて 2005 年夏から第二工場を新設し，防振ゴムやコネクター，エンジンカバーなどを増産した[72]。

トヨタの IMV プロジェクトは，二次・三次メーカーを含めた部品各社の ASEAN 地域への集団移転を加速化し，その数は 2004 年には 100 社を超えた。デンソー系ではディーゼルポンプやエアコン関連の精密部品メーカーな

ど5社，エアバッグなどを生産する豊田合成系でも樹脂成型メーカーなど二次系列10社が新たに進出した。

　もちろん，こうした系列企業は改善も積極的に導入した。たとえば，サイアム・アイシンのIMV専用ラインはシンプルな形態をとっていた。使用するマシニングセンターは，すべて同じ工作機械メーカーの同じ機種を採用し，段取り替えを極限まで減らした。トラブル時に補修しやすいライン作りの結果であるという。

　しかもトヨタは，IMVの仕様変更やモデルチェンジをにらんで，部品メーカーにIMV部品の現地開発という新たな課題を課した。日本の拠点や日本の研究開発要員を介さずに現地の拠点同士で共同開発すれば，開発期間が短縮でき一段のコスト削減が期待できるからである。このため，デンソーはIMV用のエアコン，メーター類などの開発機能の移管を検討し始めた。豊田合成はアセアン統括会社である豊田合成アジア（バンコク）に2004年秋，約30人の陣容で開発部門を新設している。

　さらに豊田合成は，タイで取引している現地部品メーカー約80社を対象にTPSの指導に乗り出した。独自手法にこだわる欧州とは異なり，タイでは吸収が早く，コスト，品質，開発力の同時並行化が進んだ。系列企業や現地企業を巻き込んだ新たなリスクへの挑戦が，トヨタグループのアジアでの強さをもう一段引き上げようとしていたのである。[73]

　新ミレニアムを迎えるころになると，安いだけでは車は売れなくなってきた。1997年前半までの市場拡大は，仕様を抑えて低価格にした乗用車やピックアップトラックの「アジア・カー」が牽引役であった。しかし，現地で自動車の最新情報が広がるにつれて，安いだけの車は人気を得られなくなった。例えば，ソルーナもパワーウインドーやアンチロック・ブレーキ・システム（ABS）を装備するなど，2段階もレベルはアップした。ピックアップでも同様で，いったんタイトヨタがピックアップとして生産したものを，100％出資の架装メーカーであるトヨタ・オート・ワークスが引き取って，荷台部分にキャビンを据付け，日本で売られているワゴンと同様の外観と室

内空間を実現した。アジア・カーも,「アジア品質・アジア価格」から「世界品質・アジア価格」への進化が求められるようになった。従来輸出用に生産されていた,商用車と乗用車の中間に位置づけられていたダブルキャブという4ドアの車もタイ市場に導入された。これは,フォード・マツダ連合がタイ政府に圧力をかけ,奢侈税率を乗用車並みの41％から12％に引き下げさせたことによる。他社も,これに追随した。

さらに,トヨタは2004年からタイでピックアップトラックの生産量を約3倍に増やし,年7万台から20万台体制に拡大した。つまり,タイを「アジアや欧州への輸出拠点」とすることになった。これは,ASEANが2003年から域内関税を5％以下に引き下げるアセアン自由貿易地域(AFTA)を本格始動し,人口5億人,域内総生産6,000億ドル(約72兆円)の市場が生まれつつあった状況と軌を一にしていた。ホンダや米GM,独BMWなど,日米欧の自動車メーカーが集まり,部品調達が容易なタイから域内外に製品を供給するようになったのである。

こうしてトヨタの国際戦略車IMVの本格的な生産と輸出が始まった。2010年7月には,累計生産台数が100万台を突破したと発表し,タイのチャイウット工業相を招いて記念式典を開いている。この式典で,タイトヨタの棚田京一社長は「このプロジェクトで,TMTは世界の製造拠点へと大きく飛躍できた」と述べている。

5　経営の現地化

タイトヨタは経営の現地化も促進し,現地の経営問題を独自に解決しようとした。ニンナートがタイ人として初めて専務から副社長に昇格した。さらに3人のタイ人が取締役に就任した。地元サイアム・セメントから迎えている役員1人を含め,取締役14人中5人がタイ人で占められた。これは,タイ人従業員に社内で出世できることを認識させ,タイ最大の自動車メーカーの幹部として自覚を持ってもらうことが狙いであった。

経営者として経験をつませるため，ニンナート副社長をまず，米ペンシルバニア大学ウォートン校でトヨタが実施した幹部養成研修会「エグゼクティブ・ディベロップメント・プログラム（EDP）」に送り込んだ。日本，米国，豪州，ベルギーなど 9 カ国からトヨタの経営幹部 18 人が 2 週間，缶詰になってトヨタ精神や最新の経営動向を勉強した。

　タイでは，自分の専門分野を歩んでいくケースが比較的多いが，タイトヨタでは，ニンナートをはじめとして幹部にはいろいろな分野を経験させている。ニンナート自身も製造畑から販売の総責任者になった経験をもち，製販両分野を理解できる経営者となった。[78]

　なお，2000 年の初めには，タイトヨタはタイで最大の製造業であるサイアム・セメントの上級副社長を務めたプラモン・スティウォンを会長に招いた。トヨタが株式の過半数を握る海外の車両製造拠点で，資本に関係なく日本人以外を名目上のトップにすえるのは初めてであった。タイは，トヨタにとってアジア最大の製造拠点で，タイに根付く企業として経営現地化を推進するための方策であった。

　プラモンは，サイアム・セメントで自動車や電機関連事業を手がけ，同社が 10％ ほど出資するタイトヨタに 7 年間勤めた。定年によって，1999 年 12 月にサイアム社の上級副社長を退任，2000 年 1 月 1 日付けでタイトヨタの代表権をもたない会長に就任したのである。[79]

　またトヨタは，海外の人材を世界的に登用するグローバル人事の取組みを 1999 年から本格化させた。その流れの一環として，タイトヨタにトヨタ・モーター・セールス USA を副社長で退職したばかりの上級マーケティング・アドバイザーのジョン・マット，マーケティング・アドバイザーのジョージ・アービングが派遣された。タイでの販売が伸び悩んでいた 2000 年に，マットにタイ行きの話がもちこまれた。異文化に興味のあったマットは承諾し，かつての部下であったアービングの同行を要望した。

　2001 年春に 2 人は着任し，タイトヨタで多くの販売改革を実施していった。たとえば，販売金融会社の資金調達を銀行からの借入からタイトヨタか

らの融資に切り替え，顧客へのローン金利や頭金額の引き下げを実施した。中古車価格維持，高級ブランド・レクサス強化のための専門組織なども立ち上げた。トヨタのもつ消費者志向の伝統に国際性，戦略性を取り入れたのである。こうした販売面の努力の結果，タイトヨタのシェアは2002年には前年比3.7ポイント上昇し，31.8％となった[80]。

また，2003年には，新しい販売システムであるe-CRB（evolutionary Customer Relationship Building）が導入されている。これは，車の商談から販売，アフターサービスにいたる全てのプロセスにおいて，販売店の業務を標準化し，情報通信技術によって統合的に管理するものである。もともと，1996年に日本で始まったこころみであったが，導入に消極的な販売店が多く，全店に導入するまでにはいたっていなかった。この仕組みをソフトウエアに落とし込み，タイで導入したのである[81]。

タイトヨタや部品サプライヤーは，タイ独自の経営・生産管理の問題を解決しつつある。サムロン工場は，ラインの規模では日本国内の工場に匹敵するものになった。しかしながら，広さ3,000平方メートルの部品集積場に，ハンドルやシフトレバー，クラッチペダルなどの部品群が，何十区画にも分かれ整然と並んでいる。隣接する完成車組立ラインへ1個1個と台車で運ばれる。必要なものを，必要なときに，必要なだけ供給する「ジャスト・イン・タイム方式」が浸透したトヨタの生産現場で，在庫は悪である。しかしながら，サムロン工場では最初から在庫を前提とした現地流の方式がとられている。

日本では工程内で問題が発生するとラインを止めて解決し，問題箇所を次の工程まで持ち越さないのがトヨタ生産方式の真髄である。国内でもライン停止は日常茶飯であるが，日本にはそれに即応して部品供給も止める柔軟さがある。ところが，タイでは急激な生産変動に部品メーカー側が柔軟に対応できない。組立ラインが止まると，約2,000点もの部品がつみあがってしまう。生産が再開されても，どの部品がどこにどれだけあるのかわからないということが生じる。

こうしたジレンマの解消のため，2004年夏にIMVの生産に合わせて部品集積場が設置された。集積場は，生産変動の緩衝材となるだけではない。区画整理すれば，どの部品がどれだけ必要かが一目でわかる。中間在庫を許容することで，結果的に在庫水準が以前より2割程度減ったという。

　この方式を発案したのは，在庫削減の旗振り役のはずのトヨタ本体の生産部門であった。タイだけでなく，インドネシアや中国，南アフリカ共和国など，タイに続く新興国工場を見据えた結論であった。現地のモノづくりの実力に合わせ，トヨタ生産方式をマイナーチェンジする。その雛形として，IMV最大の生産拠点サムロン工場に白羽の矢が立った経緯がある。[82]

　新しい発展段階に適した人材育成は，他の日系企業についても重要であった。いすゞとデンソーはタイに相次いで「ものづくり学校」の開設に乗り出した。デンソーは2005年3月に「デンソータイランド・トレーニングアカデミー」をサムロン工場内に開設した。いすゞは多能工の養成を目的として研修施設を設置した。生産ラインの改善提案ができる基幹要員を育て，日本に依存せずに自立的に競争力を向上させていくことができる工場に転換させる。研修生は6カ月間生産ラインを離れ，板金や研磨，切削などもモノづくりの基礎から生産ラインの保全・補修技術までを学ぶものである。6カ月単位で十数人を順次育成し，生産現場の従業員が率先して改善提案ができるようにした。

　さらにデンソーは，電装品やモーター類を生産するバンパコン工場に研修施設を建設した。タイ国内8工場の生産要員を対象に，研磨や旋盤など基盤技術を修得してもらう。従来は各工場が手がけていたが，集約することによって全体的な底上げをはかる。主力顧客であるトヨタ自動車が国際戦略車IMVを日本国内で生産しないため，日本に頼らず主要部品の設計変更やコスト削減に取り組む力を養う必要があったのである。[83]

　人材確保は日本企業各社の大きな悩みである。そのため，タイにおいては人材育成に関して日本では考えられない各社間の協力が実現している。トヨタとホンダ，日産自動車は2005年秋から，技術者の共同育成プログラムを

始めている.トヨタが生産システム全般,ホンダが金型設計や検査技術といった具合に分担してカリキュラムを作成し,研修を実施する.これによって,部品メーカーを中心としたタイ人技術者を育成する.タイ政府も研修関連予算の計上を検討し,人材育成を後押ししようとした.[84]

注
1 「ASEAN自動車市場,底入れの兆し──10月販売台数,縮小歯止め」『日本経済新聞』1998年12月.
2 「タイ,自動車生産,急速に回復,最盛期の9割 今年50万台に,輸出が伸びる」『日本経済新聞』2001年1月15日.
3 「トヨタ,タイから豪州へ輸出開始」『日本経済新聞』1998年10月22日.「トヨタのタイ現法,豪州への輸出開始」『日経産業新聞』1998年11月4日.
4 「ASEAN企業復活の条件(1)タイ──自動車輸出に活路,部品の競争力向上が急務」『日経産業新聞』19999年4月27日.
5 「タイ東部臨海部に自動車城下町──部品各社,脱系列で飛躍狙う(Topics)」『日本経済新聞』1999年8月30日.「マルヤス工業,タイでGMに納入──ブレーキ用チューブなど」『日本経済新聞 地方経済面(中部)』1999年9月2日.
6 「タイから自動車輸出拡大──トヨタ・日産,豪・NZ向けに,マツダ,今年は4割増」『日本経済新聞』2000年2月7日.
7 「トヨタのタイ子会社,完成車部品を輸出,インドネシア向け」『日経産業新聞』2000年3月21日.
8 「第5部アジアを攻める(1)広がる部品相互補完(変わる市場変わる経営)」『日経産業新聞』1997年3月9日.
9 「アセアン自動車市場試練の日本勢(1)強気のGM・フォード──域外輸出でつなぎ」『日経産業新聞』2001年9月26日.
10 「アセアン自動車市場試練の日本勢(4)近づくAFTA発効──部品産業の育成(終)」『日経産業新聞』2001年20月1日.
11 「中国に立ち向かう東南アジア自動車産業(上)安い部品・集中生産武器に」『日経産業新聞』2002年10月21日.
12 清水一史「ASEAN域内経済協力と生産ネットワーク──ASEAN自動車部品補完とIMVプロジェクトを中心に」Discussion Paper No. 2010-4(九州大学経済学部,2010年6月)6ページ.
13 タイの輸出基地化とASEAN域内の補完・分業に関しては,以下を参照.森

美奈子「グローバル志向を強める我が国自動車メーカーの東アジア戦略」『環太平洋ビジネス情報 RIM』Vol. 4, No. 13（2004 年）。
14 「中国に立ち向かう東南アジア自動車産業(下) 自由貿易，生産集約を加速」『日経産業新聞』2002 年 10 月 23 日。
15 「自動車関連輸出，タイ，今年 1 兆円超へ――FTA 締結戦略が奏功」『日本経済新聞』2006 年 8 月 17 日。
16 「日本車各社，完成車，アジアから輸出拡大――現地生産の 1 割に，FTA 追い風」『日本経済新聞』2007 年 6 月 22 日。
17 「タイの工業団地，日本の部品企業に秋波――中堅誘致へゾーン整備」『日経産業新聞』2000 年 2 月 18 日。
18 「再浮上へ動く ASEAN タイの自動車産業は今 (3) 再編で代わる生産補完」『日経産業新聞』2000 年 1 月 14 日。
19 「トヨタの部品取引，タイで現地調達 100％――部品産業，タイに集積」『日本経済新聞』2000 年 8 月 18 日。
20 「素材輸出，アジア向け変調――市況より構造変化響く，現地生産拡大（検証）」『日経産業新聞』2001 年 3 月 14 日。
21 「トヨタ，タイ現地法人増資」『日本経済新聞』2001 年 2 月 22 日。
22 「積水化学，タイに新工場，自動車用樹脂シート――2002 年に稼動」『日本経済新聞』2001 年 4 月。
23 「石播とトヨタ，タイに加給機の共同出資会社」『日本経済新聞』2002 年 2 月 21 日。「石播・トヨタ，タイ合弁工場稼動――2004 年度，過給機年産 30 万台」『日経産業新聞』2002 年 10 月 30 日。
24 「ニフコ，タイに樹脂部品工場――トヨタの現地増産に対応」『日経産業新聞』2005 年 5 月 13 日。「ニフコ，タイで増産――自動車内装品，第 2 拠点」『日経産業新聞』2002 年 4 月 17 日。
25 「富士通テン，カーオーディオ，タイで増産（情報プラス）」『日経産業新聞』2002 年 7 月 1 日。
26 「シロキ工業，タイで自動車部品生産――2004 年をメドに現地工場向け」『日経産業新聞』2002 年 9 月 5 日。「シロキ工業，タイ新工場が完成，自動開閉装置――一貫ラインを整備，月産 10 万個」『日本経済新聞』2003 年 8 月 8 日。
27 「児玉化学工業――リストラ進み黒字転換，海外に活路，体制確立急ぐ（会社分析）」『日経金融新聞』2003 年 8 月 20 日。
28 「愛知製鋼，インドネシアに子会社，部品生産分業，アジアで体制整備」『日本経済新聞 地方経済面（中部）』2003 年 11 月 28 日。
29 「豊田通商，技術者不足で，車載用ソフトでタイに開発会社」『日経産業新

聞』2005 年 5 月 24 日。
30 「キャラクター，タイに触媒加工工場——生産能力11倍に拡大」『日経産業新聞』1998 年 7 月 16 日。
31 「アジア企業再生へ苦闘(4) タイ，自動車輸出に期待——国際競争参入の契機（終）」『日本経済新聞』1999 年 2 月 7 日。
32 Shawn W. Crispin, "Out of the Driver's Seat," *Far Eastern Economic Review*, August 17, 2000.
33 この時期の TCC の活動については，当時 TCC の会長であった NHK Spring (Thailand) の大森義憲社長への同社での聞き取り調査（2003 年 9 月 28 日 10：00-12：00）による。
34 TCC については，タイトヨタの森田購買部長への同社での聞き取り調査（2004 年 17 日，11：00-12：15）による。また，TCC のメンバーについては，NHK Spring (Thailand) の大森義憲社長への同社での聞き取り調査（2003 年 9 月 19 日，10：00-12：00）による。
35 タイトヨタの協力会の活動については，以下を参照。川辺信雄「タイ地場自動車部品サプライヤーにおける経営移転——TCC メンバー企業の事例を中心に」国際東アジア研究センター，ASEAN-Auto Project No. 04-6 Working Paper Series Vol. 2004-21 (September 2004)，15-19 ページ。藤本豊治「タイ国自動車産業の技術力向上——TAI 本格的活動始まる」『バンコク日本人商工会議所所報』463 号（2000 年 10 月），および同「タイ国自動車産業の技術力向上に向けて——TAI の活動この一年半を振り返って」『バンコク日本人商工会議所所報』481 号（2002 年 5 月）。
36 「タイ日系企業，現地化へ改革，通貨危機後に加速——デンソー，トヨタ自動車」『日経産業新聞』1999 年 12 月 14 日。
37 「アジア企業再生へ苦闘(4) タイ，自動車輸出に期待——国際競争参入の契機（終）」『日本経済新聞』1999 年 2 月 7 日。
38 TAI については，以下を参照。川辺「タイ地場自動車部品サプライヤーにおける経営移転」15-17 ページ。
39 「住野工業，プレス部品，タイ社に技術供与——合弁設立も検討」『日経産業新聞』1998 年 8 月 6 日。
40 「三栄精工，タイの工場拡張——生産能力1割増強，自動車部品に参入」『日本経済新聞 地方経済面（山梨）』2005 年 9 月 10 日。
41 「カヤバ，タイに技術センター，顧客企業の開発支援」『日経産業新聞』2004 年 5 月 31 日。
42 「トヨタ海外純製車，発進——デンソータイランド社長に聞く，高品質・低コスト両立」『日経産業新聞』2004 年 8 月 26 日。

43 「ASEAN 自動車産業の行方(3) 世界最適調達先に (タイの実力日本の戦略)」『日経産業新聞』2005 年 9 月 22 日。
44 「再浮上へ動く ASEAN タイの自動車産業は今(2) 販売,『利益なき繁忙』に」『日経産業新聞』2000 年 1 月 13 日。
45 「4 月, タイ自動車販売 27％ 増——市場回復が本格化」『日本経済新聞』1999 年 5 月 18 日。
46 「再浮上へ動く ASEAN タイの自動車産業は今(1) 輸出主導, 最悪期は脱す」『日経産業新聞』2000 年 1 月 11 日。
47 同上。
48 「韓国と東南アジア, 自動車市場が回復——昨年の販売, 96 年の 6 割強に」『日本経済新聞』2000 年 3 月 31 日。
49 「自動車各社, タイで稼働率急上昇——6 社で 70％, 現地市場好調受け」『日本経済新聞』2002 年 9 月 26 日。
50 「タイ拠点をアジアの核に——ホンダ, 生産力増強, トヨタ, 2 交代制へ」『日経産業新聞』2003 年 4 月 21 日。IMV を中心にしたタイトヨタの取組みについては, 以下も参照。折橋伸哉『海外拠点の創発的事業展開——トヨタのオーストラリア・タイ・トルコの事例研究』(白桃書房, 2008 年) 第 5 章。
51 下川『自動車産業の危機と再生の構造』194 ページ。
52 「トヨタ, タイから『IMV』輸出開始」『日経産業新聞』2004 年 11 月 12 日。
53 「三菱自, タイで新型ピックアップ発売——トヨタ・マツダ・いすゞ, タイ生産能力拡大」『日経産業新聞』2005 年 8 月 26 日。「トヨタのタイ子会社,『IMV』関連輸出 1400 億円に」『日本経済新聞』2005 年 9 月。下川『自動車産業の危機と再生の構造』195 ページ。
54 "Toyota to Invest $700 million in Thai Global Production Base," *Auto Com* (the Detroit Free Press), September 20, 2002, および "Toyota To Join Other Truck Makers In Thailand," *The Auto Channel*, September 19, 2002.
55 下川『自動車産業の危機と再生の構造』196 ページ。
56 「ホンダ, 金型, タイを供給拠点に——生産集中, コスト削減」『日本経済新聞』2004 年 8 月 29 日。
57 「発信 IMV トヨタ新アジア戦略 (上)『脱日本』の橋頭保——100％ 現地調達めざす」『日本経済新聞』2004 年 9 月 1 日。
58 清水一史「ASEAN 域内経済協力生産ネットワーク」8-9 ページ。
59 「発進 IMV トヨタ新アジア戦略 (上)『脱日本』の橋頭堡——100％ 現地調達めざす」『日本経済新聞』2004 年 9 月 1 日。
60 Vithoon Amorn, "Toyota 〈7203. T〉 Unveils Thai R&D Centre," WARD-

SAUTO.com, June 12, 2003.「ASEAN 自動車産業の行方(1) ピックアップの"聖地"(タイの実力日本の戦略)」『日本経済新聞』2005 年 9 月 20 日。
61 「トヨタ,研究開発拠点,タイで開所式」『日経産業新聞』2005 年 5 月 12 日。
62 「発進 IMV トヨタ新アジア戦略(下) 100 社超が集団移転」『日本経済新聞』2004 年 9 月 2 日。
63 「デンソー,タイの部品生産増強,2005 年度メド,売り上げ倍増」『日経産業新聞』2003 年 9 月 18 日。
64 前掲「発進 IMV トヨタ新アジア戦略(下)」。
65 「自動車部品,デンソー,アジア再編——各国の役割分担明確に,品種絞り大量生産」『日本経済新聞』2004 年 7 月 17 日。
66 「トヨタ海外純製車,発進——デンソータイランド社長に聞く,高品質・低コスト両立」『日経産業新聞』2004 年 8 月 26 日。
67 「デンソー,ASEAN 域内の拠点,生産情報を一元管理——トヨタ新戦略対応」『日本経済新聞』2004 年 8 月 30 日。
68 「自動車用窓開閉装置,シロキ,タイ生産拡大,トヨタ増産に対応」『日経産業新聞』2003 年 12 月 1 日。「シロキ工業,来夏メド,自動車部品生産,タイで 5 割増へ」『日本経済新聞』2003 年 12 月 6 日。
69 「トヨタ車体など,特装車製造,タイで合弁」『日本経済新聞』2004 年 1 月 30 日。「トヨタ車体,タイに特装車合弁」『日経産業新聞』2004 年 1 月 30 日。
70 「ヨロズ,来期までに,『足回り部品』生産,タイで 1.5 倍に」『日経産業新聞』2004 年 5 月 25 日。
71 「サンリット工業,タイに工場進出——夏メドに現法,5 億円投資,自動車部品量産」『日本経済新聞(地方経済面,東北 B)』2005 年 3 月 29 日。
72 「東海ゴム,タイで防振ゴム増産——自動車,来春に第 2 工場」『日経産業新聞』2005 年 4 月 14 日。
73 前掲「発進 IMV トヨタ新アジア戦略(下)」。
74 「再浮上へ動く ASEAN タイの自動車産業は今(4) 「世界品質」への脱皮急ぐ(終)」『日経産業新聞』2000 年 1 月 17 日。
75 「ビッグ 3・日本連合,アジアでトヨタ包囲網——業界再編が引き金に」『日経産業新聞』2000 年 4 月 11 日。
76 「トヨタ『IMV』,世界戦略車生産,タイで 100 万台」『日経産業新聞』2010 年 7 月 2 日。
77 タイトヨタの人材形成については以下が詳しい。Natenapha Wailerdsak, *Managerial Careers in Thailand and Japan*(Silkworm Books, 2005).
78 「タイ日系企業,現地化へ改革,通貨危機後に加速——デンソー,トヨタ自動車」『日経産業新聞』1999 年 12 月 14 日。

79 「トヨタの製造拠点,会長にSCC前副社長」『日経産業新聞』2000年1月14日。
80 「タイトヨタ本社にみる,成功するグローバル人事——『ともに向上』の姿勢大事」『日経産業新聞』2003年1月21日。
81 「トヨタ,最先端の新ネットワークシステム『e-CRB』を導入——世界に先駆け,タイに導入」トヨタ自動車,ニュースリリース,2004年3月23日。
82 「ASEAN自動車産業の行方(2) 部品集積場使い生産(タイの実力日本の戦略)」『日経産業新聞』2005年9年21日。
83 「いすゞとデンソー,タイに『ものづくり学校』——ライン改善,現地主導に」『日本経済新聞』2004年8月27日。
84 前掲「ASEAN自動車産業の行方(2)」。

第8章
環境問題と「エコカー」の開発

2007年〜

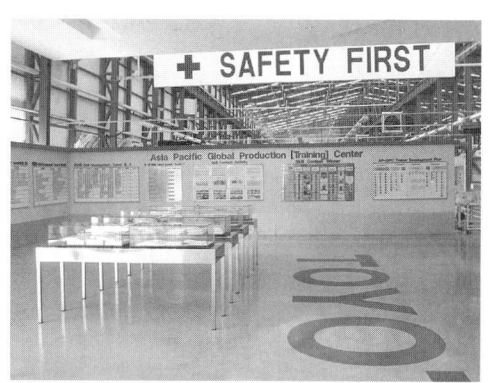

AP GPC
ハイブリッド車

Camry

Prius

2000年代の半ばまでには，東南アジアでは外資の投資先として，ベトナムとタイが存在感を増してきた。割安で優秀な労働力を抱え，ASEAN域内はもとより巨大市場である中国やインドへの輸出拠点として地歩を固めつつある。中国への生産の一極集中を避ける「チャイナ・プラスワン」を探る機運も，タイ，ベトナムの魅力を増幅している。中国とインドと並ぶ有望投資先として列記する"VTICs"（ベトナム，タイ，インド，中国）なる造語も聞かれ始めた。とりわけタイは，自動車産業において，生産活動だけではなく，アジア全域を見通す戦略立案拠点になりつつあった。[1]

　また2006年の後半になると，ガソリン価格の高止まりの影響によって経済・産業への打撃がじわじわと広がってきた。タイでは，燃料価格高騰を緩和するため政府が補助金を支給し，市場実勢以下に燃料価格を抑えていたが，負担増に耐えかね，すでに2004年10月から燃料価格を自由化していた。2006年7月には初めて1リットルあたり30バーツ（約90円）の大台を突破した。それでも，国営石油PTTやバンチャーク石油などの大手小売業者は自主的に販売価格を低めに抑えていたのである。

　ガソリン高騰で大きな影響を受けたのは自動車業界であった。2005年まで7年連続で2桁成長を続けてきたが，2006年は一転してブレーキがかかり，1月から7月の新車販売は前年同期比3％減の38万5,400台にとどまった。[2] さらに，2006年1月末からタクシン前政権が迷走し，同年9月にはクーデターが発生するなど年間を通じて政局が混迷した。その結果2006年のタイの新車販売は，1998年以来初めて前年実績を3％下回る68万2,100台となった。なかでも販売不振が目立ったのが，タイの自動車市場の7割を占める商用車であった。需要一巡や地方での洪水被害などもあり，商用車の販売台数は前年比4.8％減の49万600台で，そのうち主力車種の1トン・ピックアップトラックは同4.2％減の44万9,800台であった。

　これに対して完成車輸出は，2006年には2005年比22.3％増の53万8,966台であった。生産台数は，2006年には前年比5.6％増の118万8,044台と2年連続で100万台を超えたが，年初予想の12％成長を下回った。[3]

1　グローバル戦略と IMV の拡大

　トヨタ自動車は総需要が伸び悩む日本国内ではなく，海外市場を成長の原動力にするシナリオを描いている。2007 年 8 月に同社は，2009 年の世界販売目標（子会社のダイハツ工業と日野自動車を含む）を 1,040 万台前後とする方針を固め，経営説明会で発表した。だた，これを実現するためには，最大市場の北米や新興国や欧州での販売増が欠かせない。北米では，2009 年に主力セダン「カムリ」やハイブリッド車「プリウス」など燃費性能に優れた車種を拡販している。中国，インド，ロシア，欧州などでは工場の新増設による生産能力の増強に動きだしており，現地ニーズにあった車種の投入や販売体制の強化に取り組んでいた。

　特に，中国やインド，東南アジア市場での高成長を見込んでいる。需要開拓の尖兵と位置づけるのは，2004 年投入した新興国向け戦略車 IMV シリーズであった。インドネシア，タイ，インド，ブラジルなどでの拡販を目指しており，2007 年春にはタイ第三工場を稼動させるなど世界各地で生産能力を増強している。

　また，販売価格を 70 万円程度に抑えた「エントリー・ファミリー・カー（EFC）」と呼ばれる戦略小型車も開発中で，早ければ 2010 年にもインドなどで発売する考えであった。しかしながら，結局は 2011 年の 6 月になって，インド市場向けに開発し，トヨタ・キルロスカ・モーター（TMK）が生産したハッチバック型乗用車「エティオス・リーバ」（排気量 1,200 cc）がやっと発売された。最低価格は 39 万 9,000 ルピー（約 72 万円）とインドでのトヨタ車で最も安いものとなった。IMV は排気量 2,000 cc 超のミニバンなどが中心だが，この戦略小型車は 1,000 cc 級が主力になり，トヨタの中で最も安い価格帯の車となる。

　一方，欧州ではトヨタが強みを持つハイブリッド車の拡販に加え，人気の高いディーゼルエンジン車のラインアップの拡充が課題となると思われた。[4]

2008年1月，タイトヨタは，輸入販売している排気量3,000 cc以上の「レクサス」ブランド車の価格を，30万～64万バーツ（約110万～227万円）値下げした。これは，2007年11月に発効した，日タイ経済連携協定（EPA）で3,000 cc超の乗用車の関税が引き下げられたことを受けた措置である。これにより，最高級車種「レクサスLS460」の価格は1,155万バーツから64万バーツ下がって，1,091万バーツ（約4,040万円）となった。[5]

　2007年のタイ国内新車販売台数は2006年比7.5％減の63万1,251台となり，2年連続で減少した。2006年9月のクーデター後から顕著になった消費低迷やガソリン価格の高騰が響いた。2007年の車種別販売台数は乗用車が11％減の17万118台，タイ市場で主流のピックアップトラックを含む商用車が同6％減の46万1,133台であった。メーカー別シェアは，トヨタが44.7％で首位，ついでいすゞ自動車の23.9％，ホンダの9.3％であった。

　2008年には，消費回復や20％のアルコール混合ガソリン対応車の税率が5％下がることなど需要増が期待でき，前年比11％増の70万台になると予想された。乗用車は同28％増の21万7,000台，商用車は同5％増の48万3,000台を見込んでいた。

　いすゞ自動車は，2006年8月，タイのピックアップトラック開発拠点を拡充すると発表した。5,000万バーツ（約1億5,000万円）を投じ，専門棟を建設し，バンコク近郊で分散している拠点を1カ所に集約する。日本からの機能の一部を移転させ，研究開発の現地化を一段と推進するものであった。同社は，ピックアップトラックの分野で，基礎研究を除く6割の開発をタイで担う体制を3年で築くとした。

　同社のタイでの開発体制は，それまでは試作，実験，評価の各部門が3カ所に分かれていた。これをバンコク近郊のピックアップトラック生産工場の敷地内に建設する新棟に，12月に移転した。[6] あわせてバンパー，ヘッドライト，シートなどの設計・開発も日本から移管し，その後は，170人の人員も増強し，デザインなどの機能を日本からタイに移したのである。

　いすゞは，日本のほか，欧州や中国など4地域に5カ所の研究開発拠点を

構えていた。売上げの3割を支えるタイ拠点の開発体制は，日本に次ぐ規模であった。2005年，東南アジアで初めて自動車の年産台数が100万台を越えたタイでは，ホンダなども相次いで開発機能を拡充した。[7]

トヨタ自動車は，2006年7月，アジアの製造拠点を統括する新会社「トヨタ・モーター・アジア・パシフィック・タイランド（TMAP Thailand）」をサムットプラカーン県で稼働させている。資本金は1,000万バーツ（約3,000万円）でトヨタが全額出資，トヨタの佐々木良一常務役員が社長に就任した。佐々木はタイの生産子会社であるTMAPタイ，そしてシンガポールにあるアジアのマーケティング・販売支援会社の3社の社長を兼務することになった。TMAPタイの従業員は，2007年初めまでに約800名に増加している。

この会社の設立の目的は，IMVプロジェクトを完遂したタイの人材が，アジア各国工場で生産を支援するというものであった。TMAPシンガポールがマーケティング・販売オペレーションを担当し，アジア地域の販売事業体を支援するのに対し，この新会社は，生産，調達，物流，品質保証など，アジア地域の製造事業体を支援するものである。東南アジアの各拠点が個別に手掛ける部品調達や生産技術の導入などを集約して把握し，ここから，各拠点を支援する形式に改めたのである。トヨタは，2010年に中国を含むアジアの販売台数を2005年の約2倍の210万台まで拡大する計画を立てた。自動車関連産業が集積しているタイを生産の司令塔として効率的な事業展開を目指すとしたのである。すでに，北米と欧州に製造統括会社を設置しており，これでアジアを加えた3極体制が整うことになった。

まず，タイの製造子会社から調達や生産技術などの部門を移管し，数百人規模から業務を始めた。新会社はタイの他，マレーシアやインドネシアなどASEANの製造拠点を中心に統括し，タイやインドなど7カ国・地域の車体組立工場6カ所を含む11カ所の生産拠点を支援する。トヨタは東南アジアに車体組立工場を6カ所有していたが部品の調達窓口を一本化し，原価低減と現地調達率の向上を図ろうとしたのである。また，新会社は拠点への生産技術の導入をも手掛ける。

タイは，トヨタがアジアにもつ製造拠点の中で事業規模が最大であり，既に 2004 年には IMV の生産を開始し，2005 年には全部で 41 万台を生産し，2010 年 12 月までに累積 100 万台を生産している。2003 年に開設したアジア向けの開発拠点とした技術開発センター（TTCAP）と並んで，部品などを含めた自動車関連産業が集まるタイを生産の中核拠点と位置付けることになった。[8]

　トヨタ自動車は，2005 年 8 月，サムットプラカーン県にある現地法人 Toyota Motor Asia Pacific（TMAP）内に「アジア・パシフィック生産推進センター（Asia Pacific Global Production（Training）Center：AP-GPC）」を設立した。それは，約 4,000 平方メートルのトレーニングエリアに，元町工場内にあるグローバル生産推進センター（GPC）から認証を受けた 24 人のトレーナーが常駐し，これに生産の支援とノウハウの共有や人材交流・育成のためのハブ機能を持たせるものであった。ここでは，実際の生産ラインを模した施設を使い，プレス，塗装，組み立て，品質管理など 8 つの生産工程の技能研修を実施する。同トレーニングセンターは，TMAP の製造支援グループが管轄する形で，現場マネジメント開発，製造支援・管理，基本スキル訓練の 3 部門から構成されている。

　トヨタはタイのほか，すでに米国，英国にも生産推進センターを有している。品質管理に対する目が一段と厳しくなるなか，トヨタ生産方式に基づく技能を第一線の従業員に確実に身に付けさせる狙いがあった。[9]

　トヨタ本社では，海外生産の急拡大に対応するため，2003 年に元町工場に GPC を設立していた。塗装やエンジン加工など 20 の研修分野について，熟練技術者の技術を「ベスト技能ビジュアルマニュアル（VM）」として体系化していた。GPC では，現在までに海外で技術支援を手掛ける出向者や管理監督者などの約 9 万人が研修を受けている。

　2006 年 8 月，トヨタ自動車は，タイの技能研修施設 AP-GPC が，フィリピン，台湾，インドネシア，ベトナム，インド，マレーシアのアジア各国・地域の生産拠点の従業員を受け入れると発表している。従来はタイ拠点以外

の従業員は日本で技能研修を受けていた。この新たな政策は，アジア生産の急拡大を受け，最新の生産技術を各生産拠点にすばやく展開できるよう支援体制を整備することが狙いであった。

　AP-GPC は新たにタイ拠点以外の従業員向けにトレーニングコースを開設し，受け入れの準備が整い次第，技能研修を始めるとした。タイのタイトヨタおよびサイアム・トヨタをはじめ，オーストラリアのオーストラリアトヨタ，インドのトヨタ・キルロスカおよびトヨタ・キルロスカ自動車部品，インドネシアのインドネシアトヨタ，マレーシアのアセンブリー・サービス，パキスタンのインダス自動車，フィリピンのフィリピントヨタおよびフィリピントヨタ自動車部品，台湾の国瑞汽車，ベトナムのベトナムトヨタと合計 9 カ国 12 社を対象としている。[10]

　生産訓練の内容は，(1) ロール訓練，(2) 管理スキル訓練，(3) 生産スキル訓練の分野に分かれ，それぞれについて，①チームメンバー，②チームリーダー，③グループリーダー，④アシスタントマネジャー，そして⑤マネジャーのレベルについて訓練が行われる。内容は，グローバルなものが 10 コンテンツ，ローカルなものが 6 コンテンツとなっている。

　2006 年 11 月，トヨタ自動車は全額出資会社の上記トヨタモーター・アジアパシフィック（TMAP）の機能を開発子会社のトヨタ・テクニカルセンター・アジアパシフィック・タイランドに移管し，TMAP は清算すると発表した。これにより生産支援と開発を一元化し，業務を効率化するというものであった。実際の統合は 2007 年 4 月に行われ，「トヨタ・モーター・アジア・パシフィック・エンジニアリング・アンド・マニュファクチャリング（TMAP-EM）」となった。[11]

　2007 年 3 月，タイで 3 番目の車両工場となり，すでに 1 月に稼動していたバンポー工場（チャチェンサオ県）の開所式を開催している。同工場は，投資額約 150 億バーツ（500 億円弱）で，輸出拠点と位置づけ，海外戦略車 IMV シリーズのピックアップトラック「ハイラックス」を中心に初年度 10 万台の生産を目指すものであった。

また，増産している「IMV」へのMT（手動変速機）の供給をするため，マニラ郊外にある現地法人フィリピントヨタ自動車部品（Toyota Autoparts Philippines：TAP）の敷地に56億ペソ（約135億円）を投じて，工場を建設すると発表している。

　TAPはエンジン排気量が2リットルの戦略車に搭載する「G型」MTを生産し，9割超を輸出していた。しかしながら，最近は排気量がより大きなエンジン向け「R型」MTの需要が拡大していた。そのため，「R型」を生産しているタイやインドではフル操業が続いていた。新工場棟で生産するMTはインドネシア，タイ，マレーシアなどに輸出する。新工場棟の鍬入れ式にはアロヨ大統領も出席した。この工場は，2008年8月に本格的に稼動し始めた。[12]

　2007年ごろまでには，わずか5カ月でタイの工場と生産車種を一部入れ替え，好況に沸く中東産油国他のASEAN諸国向けの生産拠点としての性格も付け加えるようになった。このことは，輸入代替型の現地生産拠点を，グローバルなサプライチェーンの中に位置づけなおしたといえる。[13]

　自動車産業が拡大成長するには，「ものづくり」を理解する人材の育成が重要である。2007年8月，日本とタイの経済界が協力し，タイでものづくりの担い手となる人材の育成を目指す4年生私立大学「泰日工業大学」が開校した。日本とタイが互いの製造業を発展させる基盤を強化し，継続的に人材が輩出しうるようにしていこうという試みであった。海外進出した日本のものづくりが，質の高い外国人労働力なしには進まない新段階に達したことを示すものである。

　同校では，バンコク市東部の敷地約1万5,000平方メートルに，5階建てと7階建ての教室2棟が建設された。自動車製造についてはコンピュータシステムによる開発設計から金型などの部品の製造にいたるまで，ほぼ全工程が学べる教材や機械が並ぶ。授業は6月に始まり，約350人が工学部，情報学部，経営管理学部で学ぶ。工学部には，タイでは珍しい生産工学科と，同国私大で初めての自動車工学科を設置している。また，工業管理，人材開発

管理の2学科からなる経営管理学部など，日本の製造業が海外展開する際に人材育成が最も難しい分野の教育に力を入れている。経営学の大学院も備え，2010年には学生数は3,400人に増やされた。また，英語とともに日本語も仕事で使えるレベルに達するように教え，即戦力の供給を狙っている。

タイは1990年代半ばの円高以降，日系企業の進出が加速し，製造業の裾野が厚みを増した。しかしながら，理工系大学を卒業した人材は不足気味で，日系企業の悩みの種である。タイは学歴重視の階層型社会で，高卒者の多い現場で大卒者の管理職候補が学歴の低い同僚と交流しないなどの悪弊が製造業の進化を妨げているとも言われる。そのため，日タイの経済界は現場の強みを経営システムへ組み込む日本の手法を，タイ製造業の裾野まで浸透させたいという狙いがあった。同時に，タイが安価な労働力を武器にした単純な生産拠点から脱皮し，その体内にものづくりの本質を組み込んで，高い付加価値を生む東南アジアの製造開発拠点へと進化することが期待された。

泰日工業大学の設立構想は，当時の日本の通産省（現・経済産業省）や日タイ経済協力協会が支援して，1960年代以降の日本留学経験者が1973年11月にタイ・日経済技術振興協会（TPA）を設立したことにさかのぼる。同協会は，当初から大学設立を目標に掲げていたもので，同協会が5億バーツ（17億円）を拠出している。

1997年のアジア通貨危機で地価が下がり，政府が「教育のためなら」と土地を安く放出したこともあり，実現が見え出した。TPAは地元企業への技術指導や語学研修などの事業収益から設立資金を確保し，約15億円全額を自己調達した。

日本企業も資金以外の面で積極的な協力を行った。自動車工学用の機材は日本精工や牧野フライス製作所などが提供し，パソコンや机はタイ住友銀行や住友商事など邦銀や商社が供与した。奨学金も，バンコク日本人商工会議所が会員企業から年間800万バーツ（約3,000万円）を集めて設置している[14]。

日本側でも，タイをはじめアジアからの留学生の人材育成を高めていった。名古屋工業大学は，2007年10月からトヨタ自動車，アイシン精機など中部

を中心として自動車関連企業 31 社と連携している。日本の自動車会社への就職を希望する留学生を，将来の海外生産拠点の幹部候補として育成する事業を開始した。留学生は，中国の精華大学やタイのチュラロンコン大学などアジアの大学から毎年 10 人程度を受け入れている。

　留学生は大学院修士課程で技術戦略，品質管理，設備投資の評価などを企業担当者らと生産現場での実習を交えて習得する。ビジネスに必要な日本語の習得も含め 2 年半の実習を終えた後，名工大が就職先も紹介する。[15]

2 部品サプライヤーの増加

　タイトヨタが IMV の製造で世界における中心的な役割を果たしたり，アジアでの人材育成の拠点になったりするにつれて，その活動を支えるために日系部品メーカーのさらなるタイへの進出がみられた。その結果，タイにおける自動車部品産業の集積が一層高まることになった。以下，2006 年から 2008 年にかけての動きを見よう。

　豊田通商は，2006 年 8 月，トヨタ自動車グループの工場から発生する金属くずを回収・販売する新会社「グリーンメタルズ・タイランド」を資本金 1 億 5,500 万バーツ（約 4 億 7,000 万円）で設立した。豊田通商が 90％を出資し，社長には同社出身の町田康暢が就任した。豊田通商は，国内や米国など 13 カ所で同様の事業を手がけており，タイが 14 カ所目であった。

　この会社は，タイで操業するトヨタグループの自動車生産拠点から鉄やアルミの端材を回収し，スクラップに加工して鋳物メーカーなどに販売する。グループ内で金属くずのリサイクルに当たることで，分別をきめ細かく徹底し，品質を確保して無駄なく使用できるようにする。[16]

　セーレンは，2009 年 3 月期にカーシート材など自動車用内装材の世界生産を，2006 年 3 月比 3 割増の年間 850 万台分の水準に引き上げることを，2006 年 8 月に発表した。海外生産を拡大している日本車メーカーに対し，主要地域での内装材の供給能力を高め，この結果，タイの生産拠点にも 3 年

間で 10 億円強を投資するとしている。[17]

　素材大手も，タイでの生産を拡大している。2006 年 9 月住友金属工業は，タイに基幹部品のクランクシャフト工場を 2009 年以降に新設する方針を発表している。これは，単独出資か住友商事との共同出資で新会社を設立するというもので，年間 100 万本規模で生産する案を軸に今後詰めるという。投資額は 30 億～40 億円になる見通しであり，タイ以外の ASEAN 各国への供給拠点としても活用する予定であるとした。[18] しかしながら，2011 年に入ってもクランクシャフトの工場は建設されていない。

　トヨタ合成もタイで IMV 用シートベルトなどセーフティー部品の生産拠点を拡充している。[19]

　エンジンの動力を伝える伝動ベルトを生産している三ツ星ベルトも，トヨタ自動車など日系自動車メーカーが生産を拡大している北米やタイにおいて事業拡大をねらい，2007 年，08 年を目標にタイで設備の増強を図ろうとしていた。[20]

　タイでは，日本国内の系列を超えた取引が発展している。2007 年 1 月，ホンダの連結子会社である八千代工業は，トヨタ自動車から初めて受注を獲得した。これは，タイの生産子会社サイアムヤチヨが，トヨタがタイで生産する「ヤリス」（日本名ヴィッツ）の一部に，樹脂性燃料タンクを供給するというものである。燃料タンクの素材は，自動車の軽量化につながるメリットがあることから，鉄から樹脂に置き換わる傾向にある。そのため，樹脂性燃料タンクに強い八千代工業はホンダの現地拠点に樹脂性燃料タンクを供給しているが，海外拠点に近いところを中心に，ホンダ以外への拡販を進める考えである。トヨタ向けの数量は明らかにされていないが，生産量を 2006 年実績である 17 万個の 2.6 倍に当たる 45 万個に引き上げた。[21]

　トヨタ自動車の子会社トヨタ・テクノクラフトは，2007 年 1 月にタイにカスタマイズ（改造）用部品の企画・開発会社「TRDASIA」を設立し，4 月に営業を始めている。資本金は 1,200 万バーツ（約 3,600 万円）で，トヨタ・テクノクラフトが 80％，豊田通商が 20％ を出資した。懸架装置（サスペン

ション）などをスポーツ仕様にカスタマイズするための部品を開発し，同国を含むアジアで販売する。2010年3月期をメドに売上高10億円を目指すとした。新会社の社員は当初6人の予定で，現地のニーズを反映した部品を企画・開発，生産は外部に委託する。商品はタイなどアジア各地で販売するほか，一部は日本への輸出も計画している。[22]

　富士機工は，タイに現地メーカーなどと合弁で工場を建設すると，2007年2月に発表している。この合弁会社は，「サミット・フジキコウ・クラタ・マニュファクチャリング」で，資本金は1億200万バーツ（約4億円），出資比率は富士機工が51％，サミット・グループが45％，三菱自動車に部品を供給している倉田産業が4％であった。新工場の敷地面積は3万5,500平方メートル，延床面積は7,200平方メートルで，設備投資額は14億円を見込んでいた。生産するのはハンドルを切るためのステアリングの重要な構成品の1つであるシャフトで，2008年に年間90万台分を生産するとした。電動パワーステアリングのジェイテクトを通じてトヨタ自動車向けに，油圧式のステアリング用のコラムを三菱自動車向けに供給する。トヨタがタイでの生産拡大を打ち出すなど，日系メーカー各社のアジア生産力の拡大に対応するものである。[23]

　住金物産は，2007年2月に，タイなど海外子会社のコイルセンター（鋼材加工拠点）を通じて自動車向けを中心に販売を拡大し，2008年に対06年比32％増の34万7,000トンへ引き上げる計画を発表している。タイでは，顧客が求める形に打ち抜くブランクという設備を設置する。[24]

　2007年3月アイシン精機の子会社であるアイシン化工は，変速機などに用いる摩擦材や化成品の製品開発拠点を再編すると発表している。そのなかで，MT（手動変速機）用摩擦材の生産をほぼ全量タイに移管するなど，生産面で海外展開を進める。一方で，本社工場は技術開発拠点としての役割を強める。[25]

　DOWAホールディングスは，2007年2月にタイに自動車部品や金型などへの熱処理を受託加工する現地法人を，熱処理事業子会社のDOWAサーモ

ステックが，ラヨン県に設立したと発表した。4億円を投じて工場を建設し，12月から創業を始めるというものであった。日系大手メーカーの進出しているタイでは，部品の現地調達率も高まるものと見て，受託加工を開始するものであった。同社は，熱処理設備のメンテナンスや製造のほか，12月からは金型への表面処理やメンテナンスを行い，2011年度の売上高4億円を目標としていた。[26]

　タイで市場6割を占める小糸製作所も活発な動きをしている。トヨタの世界戦略車である「IMV」向けの大半を受注しているタイ・コイトは，2007年4月，タイの開発体制を強化すると発表している。日本から派遣する技術者を増員するほか，現地で採用した開発スタッフの育成を図る。特に，金型の開発に注力し，2010年までに東南アジアでの自動車用ランプの金型供給基地に育てるとした。

　当時，小糸製作所は日本から11人を派遣していたが，これを徐々に増やし2010年までには5割増の15～16人に引き上げるとし，現地採用の開発スタッフも増やし，4～6年かけて育成し，将来は現地で採用した技術者主体の体制にするという計画を立てた。

　この計画の狙いは，設計段階から，現地に進出している完成車メーカーと同時進行で開発できる体制を整えることであった。特に，金型の開発・設計能力を強化し，タイで使う金型は原則として内製化する。生産した金型は日本へも輸出するほか，増産を続ける中国の生産拠点にも供給すると計画したのである。[27]

　小糸製作所は，2007年4月にはタイにおいて4番目の工場となる自動車用ヘッドランプの新工場を建設するために，同国東部に9万6,000平方メートルの土地を所有したことを発表している。2008年度中の稼動を目指し，同年内に建設を始め，まず，3分の1程度の敷地に工場を建設するとした。新工場の生産能力はヘッドランプ，リアランプそれぞれ50万台分で，小糸のタイの生産能力はそれぞれ5割増えることになった。これはトヨタ自動車やいすゞ自動車などの需要増に対応するものである。2008年度以降，需要

に応じて建屋を拡張し，最大150万台分のヘッドランプとリアランプを生産することを計画した。[28]

2007年10月，アイシンは住友電工からタイの工場を始めとする生産設備などを買い取っている。両社は2001年に共同出資会社を設立してブレーキの開発や販売を統合しているが，生産は個別に手掛けていた。生産をアイシンに集約して効率化をはかろうとしたといえる。トヨタは複数の部品会社を競わせてコスト低減につなげてきたが，規模の拡大で重複分野を抱えることの無駄が目立ち，2000年ごろから見直しに着手していた。エンジン部品やブレーキ分野でこれまでの関係を発展させ，競争力を一段と高める意向である。[29]

2007年7月，トヨタ紡織はシートやドア部品などの自動車内装部品を生産するタイの関連会社，「タイ・オートモーティブ・シーティング・アンド・インテリア（TASI）」を完全子会社化した。TASIは，トヨタ紡織の母体の一社である旧タカニチとニッパツが，共同でタイの生産拠点として1997年に設立したものである。トヨタ紡織のアジア事業統括会社が，ニッパツとニッパツのタイ法人から発行済み株式の50％を取得した。出資比率の見直しにあわせて，社名を「トヨタ紡織ゲートウェイ（タイランド）」に変更した。

同社はトヨタが現地生産する「カローラ」など向けに部品を供給しており，2006年12月期の売上高は約120億円であった。この子会社化はアジアにおける開発・生産体制を強化するものであった。[30]

ピストンリングを生産するリケンもタイでの生産を増やそうとしている。同社は，2010年までに総額20億円を投資して新たな工場等を建設し，生産能力を現行より約3割多い月産800万本に引き上げるとした。リケンが49％出資するサイアムリケンが既存工場の隣接地に新工場棟を建設し，スチール製のピストンリングを生産するための研磨機や表面処理機などの設備を導入した。タイでの自動車各社の生産増強に対応するのみならず，生産能力を高めることによって，他地域に輸出できるようにすることで，2007年7

月の新潟県中越沖自身で被災した柏崎事業所の負担を軽減する狙いもあった[31]。

ティラドは，2008年春に自動車用ラジエーターの生産をタイで始めている。国内で手掛けていたホンダなど日本の自動車メーカーのタイ工場に供給している製品の生産を移管する。5億円を投じてタイの子会社に生産設備を導入する。能力は当初月間3,000個程度で，輸送コストを削減し，為替リスクを低減する。

同社は，これまでタイでは空調用と二輪車用熱交換器を中心に生産していたが，2009年初めに，排出ガスを燃焼室に循環して燃焼温度を下げるためのEGRクーラーの生産を始め，トヨタ自動車の現地工場などに供給するために，四輪車向けの部品生産を本格化させている。タイを二輪・四輪用ラジエーターなどの熱交換器，EGRクーラーなどフルラインナップを生産する拠点に育て，東南アジア地域の中核にする考えである[32]。

部品ではないが，自動車関連で重要なものに，新車の輸送がある。トヨタ輸送は，タイ物流会社に出資をして，日本で培った新車輸送のノウハウを供与している。その背後には，新車に傷を付けずに納期も守る日本式の物流ニーズが高まっていることがある[33]。

2008年3月，自動車足まわり部品のヨロズは，タイと中国の工場を拡張すると発表している。同社はタイと中国をアジア事業拡大の中核と位置付けている。2011年までに，タイの生産子会社，ヨロズ・タイランド（YTC）を1万平方メートル拡張して約3万平方メートルへ，中国の広州万宝井汽車部件（YBM）の工場を約1万平方メートル拡張して約2万3,000平方メートルとする。

主力取引先の日産自動車のほか，トヨタ自動車，ホンダなどからの受注が急伸している。これら日系メーカーに対して安定的な供給体制を築くほか，日系以外の欧米メーカーからの受注増も見込んでいるという[34]。

2008年4月，児玉化学工業は自動車向け樹脂を生産するタイ工場を約10億円かけて拡張すると発表した。2008年度内をめどに新工場棟を設置し，生産能力を2倍に高め，トヨタ自動車やホンダなど周辺に進出する日本の完

成車メーカーからの受注に対応する。同社はバンコク近郊の生産会社，エコー・オートパーツ（EAT）の工場増床か，同拠点近隣の建物買収かで検討していた。

EATは自動車ドアの内張に使うトリム板など樹脂製の内装用部品を生産している。複数部品を組み立てたモジュール（複合部品）として完成車メーカーに販売する考えである。児玉化学はこれまで完成車メーカーなどから，決められた仕様の部品の量産を受託することが多かった。EATでは部品の設計・開発や金型の製造段階から完成車メーカーと取引が進んでおり，規模の拡大で一段と収益性を高める狙いである。最終的には，2010年の12月に，約3億バーツ（約8億1,000万円）を投資してEATが新工場を建設することを決定した。工場の操業開始は2011年9月の予定である。[35]

アイシン精機子会社のMTメーカーであるアイシン・エーアイは，2008年5月，エンジンの動力を前後輪に分配する四輪駆動車用部品のトランスファーをタイで生産すると発表している。MTを生産するタイの現地法人「アイシン・エーアイ（タイランド）」工場の隣接地に約70億円を投資して新工場を建て，2009年秋から稼動した。新工場の敷地面積は3万7,000平方メートルで，生産能力は既存工場がMT約30万基なのに対し，新工場はフル稼動時にトランスファーとMTをあわせて50万基分となった。従業員は当面，250人が配置された。

同社はトヨタが現地で生産する世界戦略車IMVの主力ピックアップトラック「ハイラックスヴィーゴ」向けトランスファーを受注したため，生産を決めたという。トヨタはタイ生産のハイラックスヴィーゴ用のトランスファーを国内調達から一部現地調達に切り替えることにより，コスト競争力を高めようとしたのである。[36]

3 環境対策車の開発

タイがピックアップ大国となったのは，政策誘導があったからであるとい

われている。すでにみたように，タイでピックアップトラックの生産が始まったのは1970年代である。トヨタなど日本車メーカーがノックダウンで持ち込んだ。安くて丈夫な車に目をつけたタイ政府は，日本の消費税に当たる物品税率を乗用車の30％に対して，5％以下に設定してこれを優遇した。国民の生活に役立ち，国際競争力も持つ車種が条件であった。そこで，ニッチ的なピックアップを狙ったという。

しかしながら，年平均5％という経済成長をするタイでは，所得増加に伴い，この時期には乗用車への潜在需要は高まっていた。バンコク市内に限ってみれば，ピックアップの販売比率は3割で，タイ市場全体実績の半分程度である。タイ政府もこうした需要変化を見逃してはおらず，2004年には小型車育成策「エコカー構想」を打ち出した。タイ工業省の素案では，エコカーは全長3.6メートル以下，全幅1.63メートル以下であった。日本の軽自動車に近い規格で物品税は10％，価格はピックアップを下回る35万バーツ（約95万円）であり，タイの乗用車市場で入門車と位置づけられる内容となっている。

全般的には，日系自動車メーカーはこのエコカー構想を支持するが，車体規格まで指定する政府に対して，自由裁量の余地が狭まるので反発した。また，ホンダは軽自動車メーカーであるので賛成，ピックアップ一辺倒のいすゞは明確に反対，トヨタは軽自動車をもたないので不利となり反対気味であった。実際，トヨタは2006年にも小型車「ヤリス（日本名ヴィッツ）」の投入を検討し始めた。各社の利害の対立から，タイ政府は2005年8月エコカー計画を凍結した。

こうしたエコカーの小型車構想の背景には，1996年のホンダ「シティ」，1997年のトヨタ「ソルーナ」が，発売直後の通貨危機で需要が急落して，不発に終わったことがある。他方ではピックアップの生産基地化という成功があり，「タイ発世界戦略車」という新しいアジア・カー構想につながったと思われる。中国やインドの追い上げをかわしつつピックアップ一辺倒を脱し，自動車業界での存在感を高めるためには，小型車戦略の成功が欠かせな

いものであった。[37]

　2006年4月，世界で初めてのトラック燃費規制が日本国内で始まり，排ガス規制も激しさを増している。顧客企業は燃費・環境を基準にトラックメーカーの選別を強め，優れた環境技術が国際再編の焦点になってきた。「クリーントラック」の開発・販売競争が熱をおびてきたのである。

　同年7月，いすゞ自動車がバンコク郊外で開いた1トン・ピックアップトラック「ディーゼルマックス」の発表会で，最強のエンジンが搭載されたことが説明された。最新の燃料噴射装置を採用し，旧モデルを大きく上回る低燃費・高出力を実現したのである。タイのピックアップ市場で，いすゞはトヨタ自動車と首位争いを繰り広げている。タイ発の輸出先は80カ国に上り，累計販売台数は150万台を突破した。

　日米欧のトラックの燃費・環境規制をみてみよう。日本では，車両総重量3.5トンを超える重量車でディーゼルエンジンを搭載するトラック，バスが対象である。トラックの燃費・環境規制では，2015年度実施を目標に，2002年度燃費実績値に対し平均で12.2％の燃費向上を図った。さらに，それに続いてポスト新長期規制（2009年以降）では，窒素酸化物（NO_X）排出量を0.7グラム以下，粒子状物質（PM）を0.01グラム以下にする。なお，現行規制はNO_Xが2グラム，PMが0.27グラム以下である。

　米国の場合には，EPA（環境保護庁）による基準に加え，多くの州が独自の基準を有している。2010年を目標にしたEPA10規制では，NO_X排出量を0.2グラム以下，PMを0.01グラム以下にするとして，2007年から段階的に導入している。現行規制はNO_Xが2.4グラム以下，PM 0.1グラム以下である。欧州では，EURO 5（2008年目標）では，NO_X排出量を2グラム以下に抑えている。それ以前の規制はNO_X 3.5グラム以下，PMは現行・次期とも0.02グラム以下である。

　こうしたなか，タイのコシット暫定副首相兼工業相は2006年11月，タクシン前政権が推進した外資積極誘致策を踏襲する方針を確認し，策定した低燃費小型車の生産を優遇する「エコカー」構想を新たに進展させた。それを

受けて，組立メーカー各社は，独自のエコカーの開発に取り組むことになった。

　コシット副首相は，エコカーで焦点となっていた物品税率について税体系は変更しないと言明している。前政権はエコカー向けに物品税の引き下げを検討したが，ピックアップトラックのメーカーが市場秩序を乱すと反対していたのである。

　また，今回のエコカー政策では車体規格などもなくし，メーカーの自由度を高める。機械輸入や法人税減免などで最大限の恩典を与えるので，協力を得られる可能性を強調した。このとき，すでにタイではトヨタ自動車やホンダが低燃費小型車を生産し，マツダも小型車工場新設を決めるなど小型車の生産拠点化の動きが出始めていた。エコカー構想はこうした流れを後押しするものでもあった。[38]

　もともとエコカー政策は，タクシン元首相が2004年に打ち出した投資誘致策だが，タイは「東洋のデトロイト」をめざしており，暫定政権下でもエコカー事業は推進されることになった。同時に，タイ政府はエコカー事業を「新たな輸出振興策の柱」と位置付けていた。

　このエコカー政策はすでにみたように，エコカーの規格が軽自動車を想定していたことから，軽自動車の生産実績をもつホンダとそうではないトヨタなど，日系各社の思惑もあり，進展しなかった。

　そこで，ふたたび本来のエコカーの製造拠点にむけての取り組みが始まったのである。エコカー政策の目的は基本的には，以下の3つがあった。第1は，「アジアのデトロイト」計画の実現で，2010年には180万台の生産を達成し，世界の主要な自動車生産国になることであった。第2は，世界のピックアップの世界的な生産拠点となったので，それに続き第2のワールドニッチ車の生産拠点化を目指すことであった。そして，第3は，原油輸入量の削減，燃料非効率車両からの買い替えを促し，貿易収支を改善することであった。

　2007年6月の閣議において，タイ政府はエコカー規格を明確化し，賦与

すべき恩典取得条件を決定した。この条件の中で重要なことは，まず車長・車幅・価格については規定をしなかったことである。その他の条件については，以下のとおりである。

(1) 燃費は 5 リッター当たり 100 km 以上（20 km/l）。
(2) 二酸化炭素排出量は，1 キロ当たり 120 グラム以下。
(3) 排気量は，ガソリン車が 1,300 cc 以下，ディーゼル車は 1,400 cc 以下。
(4) 生産台数は，5 年目で 10 万台。
(5) 排ガス基準は EURO4。
(6) シリンダーヘッド，シリンダーブロック，クランクシャフトの製造は絶対条件。
(7) 少なくともコネクティングロッド，カムシャフトのいずれかを製造。

これらの条件を充たすと，BOI（タイ投資委員会）から法人税 8 年間の免除を受けることができた。また，総投資額 50 億バーツ以上，申請期限は 2007 年 11 月末と定められた。同時に財務省は，それまで 2,000 cc 以下の自動車に対して課されていた 30％ の物品税を 17％ に減額することを発表した。

こうした条件を受けて，日系自動車メーカーはエコカープロジェクトを申請し，承認を受けた。まず，ホンダが 2007 年 10 月，日産オートモービルとスズキが同年 12 月，タイトヨタが 2008 年 4 月に承認を受けている。そして，2010 年 4 月，日産は申請の予定通りマーチの次世代モデル全量をエコカーとして生産を開始し，タイ製のマーチが日本にも輸出され注目を浴びた。

タイトヨタが申請した計画内容によれば，66 億 4,200 万バーツを投資して，ゲートウェイ工場で 2012 年に生産を開始することになっていた。年産規模は 10 万台，輸出比率は 50％ であった。これに対して，ニンナート副会長が 2008 年 11 月に見直しを示唆したという。

さらに，2009 年 6 月にはタイ政府は，タイをハイブリッドや代替燃料自動車など環境負荷の低い技術を使った自動車生産国へ脱皮するために，環境技術対応車製造拠点に向けて新しいエコカー政策を導入した。エコカーに対する政府の恩典と条件を BOI が 2009 年 6 月に決定している。それによれば，

エコカープロジェクトの条件としては，①最低投資額を100億バーツ（土地・運転資金除く），②車種は，タイ国内で未生産の車種，③生産台数は操業開始から5年目で10万台，そして④生産ラインは新設，というものであった。こうした条件に合うプロジェクトに対して，BOIは，ⓐ法人税を最長7年免除（法人税免除は基本5年，投資額150億バーツ超でプラス1年，2010年までの申請でプラス1年），ⓑゾーンに関係なく機械輸入関税を免除，ⓒ物品税を30％から17％へ減税，であった。

また，2010年4月の閣議で，タイ政府はエタノール車に対する物品税減税を一律3％減税，2009年に期限切れになっている完成車輸入減税（80％から60％へ）の継続，遡及して1年間延長。そして，2008年閣議決定のタイで生産できないE85（エタノール85％，ガソリン15％の混合燃料）用部品の輸入税の免税継続を決めている。

タイ国内市場は，新車販売の7割以上がピックアップトラックで，他国に比べ，いびつな市場構成となっている。さらに，国内でピックアップの物品税率を3％と低く設定し，一方，乗用車を30％以上と高めに設定したために，偏りが出た。しかし，いまや世界の潮流は低燃費の小型乗用車となりつつある。原油価格の高騰で一段とその傾向が強まった。燃費性能で劣るトラック中心では輸出にかげりが出かねない。エコカー事業は，タイが自動車輸出拠点として成長を続けるための戦略的な取組みである。[39]

同政策の実施をみながら，日系各社はタイでの低燃費車の開発と生産の両面で投資を拡大した。日本の自動車メーカーが環境負荷の小さい低燃費車「エコカー」の開発・生産に向けて，タイ国内の拠点を拡充するようになった。ホンダは5年以内にエコカーを中心に生産能力を約8割増やすとともに，タイでの設計開発を強化する。トヨタ自動車は低燃費の世界戦略車開発のため，技術者を最大で現在の2倍に増やす。タイ政府のエコカー推進政策を受け，各社は低燃費車急増が見込まれる新興国向け商品の開発・輸出拠点として体制を拡充する。

ホンダはアユタヤ県にある四輪車工場で，現行年間13万台の生産能力を

2011年までには22万台前後に増やす検討を始めた。さらに，バンコク市内にある自動車研究所に24億バーツ（約83億円）を投じ，商品開発やデザインを研究する新棟を2008年初めに開設し，テストコースも併設する。

　トヨタは2007年4月に設立したアジア大洋州地域を担当する開発拠点を通じて，低燃費車の開発を加速する。約320人いるタイ人の技術者を5年以内に最大で600人にまで増やし，現在日本で実施している低燃費の世界戦略車の開発業務の大部分を2012年までにタイへ移管する方針である。また現在年間55万台あるタイでの生産能力をエコカーの増加に伴って増やす。

　スズキもタイ生産会社でエコカー生産を計画し，2009年出荷に向け準備する。自動車部品メーカーの集積と輸出インフラの充実でタイに勝る立地はほかにないと，進出を決めた。フラタイ財務相がエコカー推進事業に関して意見交換したところ，日系メーカーでは日産自動車，三菱自動車もエコカー政策に対応した事業の推進に同意した。独BMWや韓国の起亜自動車，米系メーカーは慎重な態度を取っており，タイでの低燃費車開発は日系メーカーを中心に進むことが予想された。[40]

　2007年12月，トヨタ自動車と三菱自動車がタイ政府に，燃費性能に優れた「エコカー」の生産計画を申請した。認可を待って現地での生産能力を拡大し，2010年以降，年間10万台規模で生産を始める。投資額はそれぞれ200億円前後と見込まれる。

　2008年になるとタイ政府の推進する「エコカー」事業が，本格始動した。独フォルクスワーゲン（VW）がタイに最初の生産拠点を設ける。日系メーカーを含め7社の投資計画額は，合計660億バーツ（約2,400億円）に上った。タイの自動車産業はこれまでトラックに偏っていたが，乗用車にも幅が広がり輸出拠点としての厚みも増しそうな気配であった。

　VWはタイに東南アジア初の工場を建設し，タイ近隣諸国への輸出拠点として活用する。タイのエコカーの燃費性能である1リットル当たり20キロメートル以上という基準が欧州基準のため，欧州使用車が投入できると判断したようであり，エコカー計画中の7社中で最大の6億ユーロ（約275億バ

ーツ，約960億円）を投じ，2010年から生産する計画とされた。

　タイのBOIは，このVWの案件をサマック新首相の新政権誕生後に承認する予定であった。VWは，マレーシアの国産車メーカー，プロトンとの提携で東南アジア市場に本格参入を検討してきたが，2007年11月に交渉が決裂した。そのため，タイを拠点にすることにしたものである。しかしながら，BOIから計画の詳細が求められ，結局，この計画は2009年6月に撤回された。

　タタ自動車も，BOIに計画を申請済みで，2008年1月に「デリー自動車エキスポ」で公開した10万ルピー（約28万円）の超安価車「ナノ」を，エコカーとして生産する計画と言われた。世界最安の低価格車は販売予定のインド国内だけなく「アジアや南米，アフリカの各市場で受け入れる余地があるとタタ側は考えていた。同社は，最大900万ルピー（約75億バーツ，約265億円）を投じ，バンコク近郊に新工場を建設する計画であった。タタはすでにみたように，2008年から輸出用の1トン・ピックアップトラックを地元企業に委託する形で，タイ中部トンブリ県で生産を始めていた。[41]しかし，タタのプロジェクトも，2010年3月末の期限までにBOIへの詳細報告ができず，投資奨励を停止され，中止の状態になっている。

　日産自動車は，2008年3月に，2010年をめどにインドと同時にタイでも，仏ルノーと共同開発する「キューブ」よりも一回り小さい，排気量1,000cc級の100万円以下の新興国向け世界戦略車を生産すると発表した。トヨタ自動車などに比べて出遅れていたアジア市場の開拓を急ぎ，新興国の需要増や燃費規制の強化を背景に，小型車を軸にグローバル戦略を再構築しようとしている。

　2008年5月になると，日産自動車は中期経営計画「日産GT2012」を発表し，そのなかで新興国での販売を2007年に2.3倍の約180万台に引き上げる方針を打ち出した。超低価格車や専用の小型車を開発し，成長市場を開拓するという。2010年以降に，新興国向けの入門車として「マーチ」より車体が小さい小型車を3車種開発し，タイやインドなど新興国5カ国で生産を

始める。[42]

　この日産の小型車は，タイ政府のエコカー政策に対応する。タイの生産子会社「サイアム日産」内に約200億円を投じて専用工場を建設し，生産台数の半数以上を周辺アジア諸国に輸出する。[43]これが，2010年春のマーチの日本への輸出に結びついたのである。

　2008年4月，タイのBOIは，2009年から普及促進を目指すエコカーの生産計画を提出していたトヨタ自動車，三菱自動車，インドのタタ自動車の投資案件を承認したと発表し，3社は2010年以降の生産を目指した。

　こうしたタイ政府のエコカー政策のもと，タイトヨタはタイに環境と調和のとれた究極のエコカー社会を実現することをうたっている。同社は，これを3つの方向で実現しようとしている。第1は，CNG（圧縮天然ガス），B5（軽油に5％のバイオディーゼル燃料を混合したもの），E20（バイオエタノール混合燃料）といった代替エネルギーの利用である。第2は，ディーゼルエンジンの改善によるものである。すなわち，ディーゼルD1（バイオディーゼル燃料），ディーゼルコモンレール（気筒，つまり噴射弁に共通の配管が使われ，高圧噴射による燃料効率の良い先端技術を持つ）である。第3は，ガソリンエンジンでVVT-i（可変バルブタイミング・リフト機構），そしてハイブリッド（HV）の導入である。

　具体的な計画としては，2008年にすべての乗用車モデルにE20を導入している。2009年には，タクシー用にカローラリモCNGとカローラCNG（マニュアルトランスミッション）を，そして2010年にはカローラCNG（オートマチック）を導入することになっている。また，ハイブリッドについては，2009年8月からカムリのハイブリッドの生産・販売を開始している。これは，タイにおいては最初のハイブリッドモデルの導入であり，アジアパシフィック地域においては初めてのタイ製ハイブリッド車となる。このハイブリッドモデルは，通常のカムリに比べて，燃費が30％向上し，トルクが20％改善され，CO_2の排出が30％減少し，価格面においても特典が与えられ5％以上得となるものであった。[44]

さらに，2010年11月には，日本，中国に続いて3カ国目となるタイで，カムリに続いて，ハイブリッド車「プリウス」の生産・販売を開始している。プリウスの生産のために，新たに，カローラ，ヤリス，ウィッシュ，そしてカムリを生産しているゲートウェイ工場に3億5,000万円を投資した。年間，1万2,000台の生産を目指す。プリウスのための電池，モーターをなどの基幹部品やエンジンは日本から供給する。タイ政府はハイブリッド車生産の誘致のため，電池などの一部部品について通常5％の輸入関税を免除し，通常では30％の物品税も10％になるという優遇措置が与えられる。販売価格の詳細は未公表であるが，こうした恩典を活用し130万バーツ以下（約316～337万円）で販売するとしている。

　ASEANでは，AFTAの輸入関税撤廃の目標年は，主要6カ国については2015年であったが，これを前倒しし，2010年1月から完成車の輸入関税がゼロになった。ただし，同制度を活用するには，部品の現地調達率を40％超に引き上げる必要がある。タイで生産するプリウスの現地調達率はそれよりかなり低くなるようで，当面はタイ国内だけで販売する方針である。[45]

4　アジア生産再編の動き

　2007年6月から，トヨタ自動車はアジアでの生産体制を見直し始めた。台湾から東南アジア向けの輸出を開始，インドネシアでもアフリカなどへの輸出を拡大する。[46]マレーシアなど東南アジアでは拠点間での生産車種の集約を進める。中国を除くトヨタの2006年度のアジア生産は，ガソリン価格上昇の影響などで前年度比1割減の80万台強に落ち込んでおり，体制の見直しで現地工場の稼働率や効率を高める必要が生まれてきたためである。

　台湾子会社の国瑞汽車が，小型セダン「カローラ」の東南アジア向け供給を始める見通しとなった。従来は現地向け供給のみだった台湾では，需要低迷を受け乗用車の主力工場で2006年秋に従業員の勤務体系を変更した。生産台数を月4,000～7,000台に減らしていたが，輸出開始にあわせて8,000～1

万台の水準に戻す予定であった。

インドネシアでは小型ミニバン「アバンザ」などの輸出を拡大し，アフリカ，中近東，中南米などを中心に 2007 年の輸出台数を前年の 2.3 倍の 4 万台程度に増やす。豪州でも中型セダン「カムリ」の中近東向け供給を拡大している。輸出の拡大による各国の工場の稼働率を維持し，向上させる狙いがあった。

車種の見直しではマレーシアとフィリピンでカムリの生産を止め，両国市場向けにはタイから供給する体制に切り替える。更にフィリピンでは，2007 年度中にはカローラの生産を中止し，代わりに国内販売台数が多い小型セダン「ヴィオス」や「イノーバ」の生産を 2008 年度から始めた（2010 年度の生産台数は両車種合わせて 2 万 8,000 台となっている）。車種ごとに特定工場に生産を集約していくことで，東南アジア地域での生産効率を高めていく。2006 年のアジア地域での営業利益が大きく減少したことを受けて，地域間の相互補完を強化して効率を改善し，利益回復を目指す。[47]

新興国市場向け戦略車 IMV では，マザー工場になったタイの技術者が南アフリカや南米の工場に長期出張して支援した。[48]

さらに，自動車業界は小型車競争の時代に突入してきたといえる。スズキと日産自動車がタイで小型車専用の新工場計画を打ち出したことで，アジアを主戦場にした小型車競争が激しくなる。各社はインドでも域外輸出をにらんで小型車生産を拡大しているほか，ホンダは中国からの小型車輸出を拡大しつつある。どの国でどのような車を生産して輸出するかなど，アジア拠点間の棲み分けが課題として浮上してきたといえる。

もともとホンダを除いて，日本メーカーはタイをピックアップトラックの生産基地と位置づけ，生産・輸出を拡大してきた。エコカー構想に慎重姿勢を崩さない欧米メーカーに対し，日本メーカーが積極的なのは，タイを中心にしたアジア地域での優位性を維持する狙いがある。

各社は燃費規制強化を背景に小型車需要が高まる欧州などに輸出する考えだが，将来はインド，中国，タイの拠点間で小型車輸出をめぐって競合が起

こる可能性がある。生産車種や輸出先など勘案したうえで，アジア域内での最適生産体制を構築する必要がでてくる。[49]

　日本の乗用車8社が2008年1月に発表した2007年の生産・輸出・販売実績によると，8社合計の海外生産台数は前年比11.6％増の1,155万4,000台と，暦年ではじめて国内生産台数を超えた。海外生産台数の1,000万台超は2年連続であった。国内生産台数は0.8％増の1,105万9,000台であった。こうして2009年には，乗用車の海外生産は国内生産の1.3倍に増加した。

　海外生産の増加は，北米でトヨタ自動車やホンダの新工場が立ち上がったことなどから，海外生産が増えたことによる。中国ではトヨタ，ホンダのほか日産自動車も生産を拡大した。スズキはインドやハンガリーで伸ばした。スズキは初めて，世界生産に占める海外生産に占める海外生産の比率が5割を超えた。

　今後の各社はタイやロシアなどで生産体制の拡充を進めており，海外生産が国内生産を上回る構図が続きそうである。[50]

　2006年12月には，インド財閥系で商用車国内首位のタタ自動車がタイのピックアップトラック市場に参入することを発表した。タタは独自に開発したピックアップトラックを2007年から現地の独立メーカーである「トンブリ・オートモーティブ・アセンブリー・プラント」と合弁で生産することに合意した。投資額は12億ルピー（約32億円）の見込みで，出資比率はタタ自動車が70％，トンブリ側が30％で，トンブリ社の既存工場を活用し，ピックアップトラックの生産・販売を1年以内に始めるとしている。新会社は，3年以内に年間3万台の販売を目指す。

　タタ自動車は，同社のトラックが国際的な品質と安全性を備えると市場開拓に自信をみせており，タイ市場での販売だけでなく，同国からの輸出も検討するという。同社は東南アジアやアフリカ，欧州などを重要開拓拠点と位置付けていた。乗用車やトラックの販売を手掛けている南アフリカでも，サッカーW杯が開催される2010年を念頭に現地生産することを検討していた。結局，2011年11月に南アフリカに年間生産能力3,650台の組立工場を開設

している。当初はセミノックダウン（SKD）で大型商用車を生産する。[51]

　2007年秋からは，韓国の現代自動車が3車種の委託生産により，タイ市場に再進出した。また，サミット・モーターは中国企業，住友商事と2008年2月に車両生産を行う[52]と発表しているが，2011年に入ってもそれは実現していないようである。

　また，日欧米の後を追う形で，韓国，ASEAN，そして中国といった新興自動車企業の進出もみられるようになりつつある。ASEAN韓国FTA（AKFTA）は，タイを除き2007年6月に発効していた。タイは，韓国側がタイの主要輸出品目であるコメを関税削減・撤廃の対象外にしたことに不満を表し，参加を見合わせていた。しかしながら，2010年1月にタイはこれに参加した。

　しかし，完成車は高度センシティブ品目，特にその多くは除外品目に指定されており，AKFTAを活用して低関税で韓国車をタイに輸入することはできない。一方，タイが締結しているFTAの活用も難しい。現代自動車は，韓国国内に加えて，北米，中国，インド，チェコに工場を有している。ASEAN中国FTAやASEANインドFTAでも，完成車や自動車部品は高度センシティブ品目，もしくは除外品目となっており減免税の対象から外されている。また，現代自動車はベトナム，マレーシア，インドネシアに生産拠点を有しているものの，これはKD生産に過ぎない。そのため，2010年1月から自動車輸入関税が撤廃されたASEAN自由貿易地域（AFTA）の同品目における原産地規則（付加価値ベースで累積原産地比率40％）を充たすことが出来ないために，日本車に比べ割高になっている。このため，現代自動車は世界第8位に位置づけられているが，タイ市場ではその存在感はいまだ発揮できずにいる。

　マレーシアのプロトンは，タイ市場における歴史は浅い。プロトンは，2007年11月のモーターショーに初めて出展し，2008年になって販売を開始している。2009年には2,939台を販売，自動車全体で11位，乗用車部門で8位であった。

マレーシアはタイとの間でAFTAにおける完成自動車の扱いをめぐって対立したため，長年，タイでAFTA関税減免を享受できず，市場参入ができなかった。ASEAN先行加盟国は，2002年までにすべての関税削減対象（IL）品目のAFTA関税を0～5％に削減することが求められていた。しかしながら，マレーシアは国民車メーカーが主流である国内自動車産業の保護・育成を目的に留保を要請した。

　完成車を一時除外品目（TEL）からIL移行し，ASEAN域内からの輸入車に課していた関税率40～190％を引き下げることを決定したのは，2004年12月になってからのことである。このようにして，マレーシアは2005年1月には相互譲許により相手国にAFTA関税を20％に，翌06年3月には5％以下に引き下げたものの，タイは「マレーシアの輸入許可書（AP）制度は実質的な輸入制限」だとして，マレーシア車の輸入に対し，AFTA税率賦与を拒否した。しかし，結局タイ政府は，2007年6月になってマレーシア製乗用車に対し，AFTA関税5％の適用を認めている。

　これを受けてマレーシアは，タイ国内で流通・サービス網の整備を開始し，タイではプラナコン・オートセールスと販売代理店契約を締結し，全国に30以上の店舗を有している。プロトンは小型車に的を絞り，傘下の英国ロータス社を前面に出し，「ロータスによるプロトン・テクノロジー」をキャッチフレーズに，小型ハッチバック車などに攻勢をかけている。2010年1月からは，AFTAの完全実施により完成自動車でも無税で輸入することができ，プロトンはタイ市場に攻勢をかけている。これは，マレーシア製とタイ製自動車とが，輸送費だけの価格差で対等に競争することを意味する。

　さらに，中国自動車企業の参入がみられる。とくに，「チェリー」ブランドをもつ奇瑞の動きが活発である。奇瑞は2009年にはタイ市場で商用車を38台販売したにすぎなかったが，2010年にタイ市場に本格参入した。同社は，排気量1.1リッターの「チェリーQQ」，2.0リッターのスポーツ用多目的車（SUV）「瑞虎」（TGGO），ツーリングワゴンタイプの「クロス」（CROSS）を投入しようとしている。さらに2010年5月には，排気量1,300

ccで欧州排ガス規制ユーロ4に適応した5ドアハッチバック社「チェリーA1」を投入している。

　奇瑞はロシア，ウクライナ，イラン，エジプト，ウルグアイに加え，東南アジアのインドネシア，マレーシアに組立工場を有している。2008年11月には，タイ・ヤンヨン社とKD生産で合意，これまで生産体制の整備を進めてきたが，いよいよ「瑞虎」の組立を行うと報道されている。同社は，インドネシアではチェリーQQを，マレーシアでは2008年9月からアラド・ホールディングスとSUVクロス・イースターを組立生産している。しかしながら，タイで実際に生産がおこなわれているかどうかは，明確にはなっていないという。

注
1　「タイ，ベトナム，有力投資先に台頭——中印含め『VTICs』」『日本経済新聞』2006年9月24日。
2　「ガソリン価格高止まり，タイ経済，打撃じわり——新車販売不振，給油所は廃業」『日経産業新聞』2006年9月15日。
3　「タイ，昨年新車販売前年割れ，主力のピックアップ不振——輸出・生産は堅調」『日経産業新聞』2007年1月12日。
4　「トヨタ『1000万台販売』宣言へ，09年の世界目標」『日本経済新聞』2007年8月22日。「インド向け新型車発売，トヨタ，72万円から」『日本経済新聞』2011年6月28日。
5　「トヨタ・モーター・タイランド，『レクサス』を値下げ」『日本経済新聞』2008年1月17日。
6　「トヨタ車体が愛知・刈谷に，技術研修センター新設，マニュアルに動画」『日本経済新聞』2006年11月29日。
7　「ピックアップトラック，いすゞ，タイ拠点拡充——研究開発の現地化加速」『日経産業新聞』2006年8月10日。
8　「トヨタ，アジア生産統括会社，タイに設立——部品調達を一本化」『日本経済新聞』2006年7月3日。「トヨタ，アジアでの規模拡大受け，タイに生産支援会社」『日経産業新聞』2006年7月4日。
9　「トヨタのタイ技能研修施設，アジア従業員受け入れ」『日経産業新聞』2006年8月17日。
10　同上。AP-GPC社内資料。

11 「トヨタ自動車,タイの2子会社を統合」『日本経済新聞』2006年10月21日。
12 「トヨタ,MT生産能力,フィリピンで倍増,135億円投じ工場棟」『日経産業新聞』2007年3月16日。
13 「アジア投資先の新旧対照——ベトナムに変化の追い風(中外時報)」『日本経済新聞』2007年4月1日。
14 「日本協力の『泰日工業大』開校,『ものづくり』タイに架け橋,製造業支える人材育成」『日経産業新聞』2007年8月16日。
15 「第2部・モノづくり中部未来へ飛躍特集——産学連携,育て即戦力」『日本経済新聞』2007年10月30日。
16 「豊田通商,金属くずリサイクル,タイに新会社——トヨタ拠点で回収」『日経産業新聞』2006年8月22日。
17 「セーレン,自動車用内装材,世界生産3割引き上げ——3年で110億円投資」『日経産業新聞』2006年8月24日。
18 「素材大手,自動車部材,アジア生産拡大——高級品需要に対応」『日本経済新聞』2006年9月1日。
19 「トヨタ系主要8社,今期,設備投資8%増——海外は16%プラスに」『日経産業新聞』2006年11月1日。
20 「三ツ星ベルト,伝動ベルト3割増産——設備増強,2年で60億円」『日経産業新聞』2006年11月24日。
21 「ホンダ系八千代工業,トヨタから初受注——燃料タンク,タイで供給」『日経産業新聞』2007年1月22日。
22 「改造用部品,タイに開発会社,トヨタ子会社が新設」『日経産業新聞』2007年1月26日。
23 「富士機工,タイに合弁工場,ステアリング部品量産,拠点網構築,米国にも輸出」『日本経済新聞 地方経済面(静岡)』2007年2月9日。
24 「住金物産,海外の鋼板需要開拓——車部品向け中心,2年で3割増」『日経産業新聞』2007年2月15日。
25 「アイシン化工,開発拠点を再編,変速機向け,本社工場に実験棟」『日本経済新聞 地方経済面(中部)』2007年3月13日。
26 「DOWA,タイに現地法人——車部品,熱処理を受託加工」『日経産業新聞』2007年4月3日。「日本の非鉄精錬会社,アジアで素材加工強化——DOWA,日鉱金属」『日経産業新聞』2007年9月3日。
27 「小糸製作所,タイの開発人員増強——現地採用を拡大,金型供給拠点に」『日経産業新聞』2007年4月4日。
28 「小糸製作所,専用ヘッドランプ,タイに新工場建設——東部に用地購入」

『日経産業新聞』2007 年 4 月 25 日。
29 「トヨタが部品再編——デンソー，愛三と共同開発強化，アイシン，住友電工の設備取得」『日本経済新聞』2007 年 5 月 12 日。
30 「トヨタ紡織，タイの関連会社，完全子会社に」『日経産業新聞』2007 年 7 月 3 日。
31 「ピストンリング，タイで生産能力 3 割増強，リケンが新工場，20 億円を投資」『日経産業新聞』2007 年 8 月 28 日。
32 「ティラド，タイでラジエーター生産，四輪用，日本メーカー向け——輸送コストを削減」『日経産業新聞』2007 年 10 月 9 日。
33 「新車陸上輸送，トヨタ輸送，インド進出——来年メド，現地物流と新社」『日経産業新聞』2007 年 10 月 3 日。
34 「足回り部品のヨロズ，タイ・中国工場を拡張——2011 年めど，売上高 1.5 倍に」『日経産業新聞』2008 年 3 月 26 日。
35 「児玉化学，タイで樹脂部品増産，能力倍増——日系企業受注に対応」『日経産業新聞』2008 年 4 月 8 日。「児玉化学，事業部の新工場，タイに来年 9 月」『日経産業新聞』2010 年 12 月 22 日。
36 「アイシン・エーアイ，タイに新工場建設，四輪車用部品を生産」『日経産業新聞』2008 年 5 月 22 日。「アイシン系，四輪車部品，タイで生産——70 億円投資新工場」『日本経済新聞　地方経済面（中部）』2008 年 5 月 22 日。
37 「ASEAN 自動車産業の行方（4Z）"アジアカー"夢再び（タイの実力日本の戦略）終」『日経産業新聞』2005 年 9 月 27 日。
38 「タイ暫定副首相，低燃費小型車に優遇策——日本から投資増期待」『日本経済新聞』20006 年 11 月 29 日。
39 「タイ，エコカー生産に税優遇——政府，小型乗用車に軸足，トラック偏重脱却目指す」『日本経済新聞』2008 年 2 月 4 日。2010 年，累積輸出台数 100 万台を突破したタイトヨタでは，高度な技術のハイブリッド車プリウスの生産を開始するなどして，乗用車の輸出を拡大しようとしている。"Toyota Start Prius Production in Thailand" and "Toyota Unit Has Global Ambitions," *Bangkok Post*, August 8, 2010. "Two Japanese Rivals Marking Milestones," *Bangkok Post*, June 19, 2010.
40 「タイを『エコカー』拠点に，09 年秋から減税，優遇政策に対応——ホンダ，トヨタ」『日本経済新聞』2007 年 6 月 6 日。
41 「タイ，エコカー生産に税優遇，独 VW や印タタも参入——日本勢を追う」『日本経済新聞』2008 年 2 月 4 日。
42 「日産，『短期志向』経営は修正——『26 万円』の小型車を投入，電気自動車量産」『日本経済新聞』2008 年 5 月 14 日。

43 「日産,タイで小型車生産——1000 cc級,アジア市場開拓」『日本経済新聞』2008年3月26日。

44 Materials compiled by Toyota Motor Asia Pacific and Toyota Motor Thailand Co., Ltd, "To Visit to Prime Minister Abhisit," July 1, 2009.「ハイブリッド車,タイで初生産,来月から」『日本経済新聞』2009年7月28日。「タイで『カムリ』HV車,トヨタ,来月から生産・販売」『日経産業新聞』2009年7月28日。カムリHVに続いて,タイトヨタでは2010年11月にハイブリッド車「プリウス」の生産・販売を開始している。「プリウス,タイで生産・販売,トヨタ,年8400～1万2000台」『日経産業新聞』2010年10月22日。「タイでプリウス生産,トヨタ,年内にも,東南アジアへの輸出拠点に」『日本経済新聞』2010年8月7日。

45 「タイでプリウス生産発表,トヨタ,来月に開始,現地向け販売」『日本経済新聞』2010年10月22日。「プリウス,タイで生産・販売,トヨタ,年8400～1万200台」『日経産業新聞』2010年10月22日。「『プリウス』タイ工場で生産開始,トヨタ,3.5億円を投資」『日本経済新聞 地方経済面(中部)』2010年11月30日。「『プリウス』タイ生産開始,トヨタ,年1万2000台めざす」『日経産業新聞』2010年11月30日。

46 「エコカー,タイ生産,トヨタ・三菱自も申請——2010年メド年10万台」『日本経済新聞』2007年12月14日。

47 「トヨタ,アジア生産再編,台湾から輸出,稼働率向上——東南アで車種集約」『日本経済新聞』2007年5月3日。

48 「1000万台の先に(3) 30万人にカイゼン研修(トヨタが超える)」『日本経済新聞』2007年11月2日。

49 「小型車競争,アジア激化,スズキ・日産,タイで低燃費車,拠点すみわけ課題」『日本経済新聞』2007年12月8日。

50 「乗用車8社,初めて国内生産超える,07年海外生産,2年連続1千万台超」『日経産業新聞』2008年1月29日。「生産35兆円海外へ流出,製造業,アジアなどにシフト(エコノフォーカス)」『日本経済新聞』2010年5月31日。

51 「ピックアップトラック,印タタ自,タイ参入——生産・販売,現地で合弁」『日経産業新聞』2006年12月21日。「タタ・モーターズ,南アで商用車工場を開所」http://auto-affairs.com/?p=1762。

52 「トラクター,クボタ,タイで生産——部品6割を現地調達,タイの自動車関連集積強み」『日本経済新聞』2007年8月20日。

第9章

発見事実と今後への課題

おわりに

現在の経営人

TTCAP

近年，多国籍企業の親会社と現地子会社の関係は大きく変わり始めている。多国籍企業の現地子会社が，長期の経営活動によって経営資源や経営ノウハウを蓄積し，それを利用することによって親会社に依存することから脱却しつつある。子会社が多国籍企業の全体の戦略のなかで，中心的な役割を果たすようになってきているのである。例えば，子会社から親会社への，子会社で開発された知識やノウハウの提供，子会社間での新たな資源の移転がみられるようになってきている。それどころか，子会社が親会社をしのぐような現象すら現れつつある。

　本書では，このような多国籍企業の親会社と子会社との関係にみられる大きな変化を，タイトヨタの事例を通して明らかにしてきた。同社は，タイの自動車市場において40％の市場シェアを占有するまでになっているが，さらに重要なことは，トヨタ自動車の国際戦略車IMVプロジェクトの世界的な拠点になったことである。このプロジェクトは，日本に親工場をもたず，開発設計の段階から生産，販売，輸出にいたるまでのバリューチェーンの各機能を，現地子会社であるタイトヨタが責任をもって遂行する。このことは紛れもなく，トヨタ自動車本社のグローバル戦略のなかで，タイトヨタが自立化し，独自の役割を果たすまでになったことを示すものである。

　このように，本書ではタイトヨタがなぜ，どのようにして現在の経営システムを構築し，自立化を成し遂げ強力な地位を確保できたのかを分析している。つまり，タイトヨタが1950年代にタイに進出して以降，経営環境の変化によって，どのような問題に直面し，それらをどのように解決してきたのかを明らかにしてきたのである。

　分析の枠組みとしては，タイトヨタの内部分析と同時に，自動車産業における他のプレイヤーとの相互作用と，そこから生み出される産業集積と子会社の役割を明らかにしてきた。つまり，経営史の研究枠組みを基礎として，タイトヨタというミクロとマクロ的な経済とを結び付けるメゾ・レベルのアプローチを採用している。

　最後にこの章では，本書の研究の内容をまとめ，その成果と意義について

考察することにしよう。最初にタイトヨタ内部の経営戦略の変化と組織と人材づくりを顧みる。それに続いて，タイトヨタに影響を与えたり与えられたりした政府，販売店，部品メーカー，そして大学などを含めた一般社会といった，自動車産業におけるプレイヤーとの関係とその変化についてまとめる。最後に本書の研究の意義と今後の研究課題について考察する。

1 タイトヨタの経営戦略と組織および人づくり

まず，タイトヨタの経営戦略の変化についてみていこう。

最初の段階は，トヨタ自動車販売がタイに初めて進出した1957年から，1962年にタイトヨタを設立するまでの時期である。

1950年代の日本にとって，輸出商品の開発と外貨の獲得はきわめて重要であった。日本政府の政策的なバックアップのもとに，自動車業界は一団となって，輸出の方策を練ったのである。

もちろん，こうした外貨獲得といったナショナリズム的な背景もあったが，組立メーカーにとってはより実利的な面もあった。それは，国内市場がまだ狭小であったため，輸出を拡大することによって生産台数を増やし，生産・販売における規模の経済性を実現することが必要であったということである。

こうした背景から，トヨタ自動車販売は輸出可能な地域や国を調査し，東南アジア進出への橋頭保として，日本のトラックの戦前の市場であったタイを選択した。その結果，1956年1月にバンコクに海外駐在員事務所を開いている。1957年には営業所を開設，これを支店に昇格させて，市場開拓に力を入れ始めたのである。

タイトヨタの戦略の第2段階は，1962年にタイトヨタを設立し，トヨタ自動車が日本で培ってきた生産・経営のノウハウを移転する時期であった。1960年代に入るとタイ政府の輸入代替重工業育成政策の導入，CKDに対する関税引き下げ，そして1969年に始まる部品国産化政策への対応が求められるようになった。商品輸出による財の提供のみにとどまらず，知識，技術，

システムなどの移転により，経済発展を援助していくことが肝要となった。つまり，輸出先国や投資国の利益を十分考慮しつつ，輸出や現地生産政策を推進することの重要性を認識しなければならなくなったのである。

具体的には，1971年の完成車の輸入禁止，1984年に提案された1988年までの乗用車62％，ピックアップトラックの35％の現地調達率という規制に対応しなければならなかったのである。

1990年代に入ると，世界の自由化傾向の影響を受け，小型車の輸入が解禁され，タイ政府の政策に大きな変化が見られるようになった。1992年には，トヨタ自動車は新たなグローバル戦略を導入し，発展が期待される新興工業国向けの海外生産専用の乗用車，つまり「アジア・カー」の開発を決定している。タイがその対象国に選ばれた。その理由は，モータリゼーションが進み始めたタイで，タイトヨタがトップシェアを占めていたからである。

ここからタイトヨタの経営戦略と，トヨタ自動車のグローバル戦略におけるタイトヨタの位置付けが大きく変わってきたといえる。つまり，タイトヨタは本社の支援をうけながらも，アジア・カーを「タイ人による，タイ人のための車づくり」として取り組むことになったのである。同時に，成長するタイ市場のなかで，米国や韓国自動車メーカーの追い上げで相対的にシェアを減少しつつあり，これに対応することも必要になった。

アジア・カーの開発のためには，現地調達率を60％に高め，タイ人技術者の手による設計・開発や生産が行われるようになることが必要であった。この段階の状況は，タイ政府が規定する国産化の段階的高度化に準じて進んできた従来のような技術移転とは異なっていた。トヨタ自動車のグローバル戦略の一翼を担うようになり，タイトヨタ独自の自発的かつ一段と高度な技術移転が行われるようになったといえる。

同時にタイトヨタは輸出戦略を積極的に進め，1992年から1トン・ピックアップトラックをラオス，パキスタンに輸出し始めた。さらに，本格的な輸出構想が1993年2月に具体化され発表された。これはゲートウェイに新工場を建設するとともに，既存工場を拡張して生産量を1997年までに，全

体で現行の2倍の20万台に引き上げるというものであり，そのうちの5万台規模の輸出が見込まれていた。

　タイトヨタの独自性と自立化への動きは，アジア通貨危機以後さらに強まっていった。トヨタ自動車は，タイを海外生産拠点とする積極的な国際分業戦略に舵を切ることになった。これによって，自動車産業における親会社と現地子会社との間の技術移転は，さらなる現地子会社の「自発的」かつ「一段と高度な」技術移転として行われるようになったのである。

　国内市場が急激に縮小したため，タイで生産した車を輸出することが求められた。輸出強化のためには，機能面・品質面におけるグローバル水準の達成が求められた。日本からのピックアップトラックの輸出を移管されたタイトヨタでは，各地の市場で競争できるように品質向上に全力を挙げ，部品輸出なども開始することになった。

　革新的国際多目的車（IMV）を導入するというタイトヨタの経営戦略は，タイトヨタの自立を急速に進めた。2004年8月にトヨタ自動車はこの新しい車をIMVとして発表し，11月にはタイトヨタで生産した船積み1号をフィリピンに向けて輸出している。2008年8月までには，生産拠点は11カ国になり，80カ国以上で販売するまでになっている。

　この大型プロジェクトでは，トヨタ自動車はタイトヨタを東南アジアや南米向けの中核工場に位置付けている。つまり，基本設計の枠組みやコンセプト作りは日本の本社で行うが，タイを一大生産拠点としたグローバル自立化の先進モデルとしたのである。2007年1月には，IMV専用工場であるバンポー工場を稼働させて生産と輸出を拡大してきた。

　トヨタにとっては，IMVは日本では生産・販売されない初めての車であり，IMVのマザー工場はタイトヨタとなっている。

　タイトヨタの経営戦略におけるさらなる変化は，「エコカー」の開発とともに生じている。2004年には，タクシン政権が小型車育成策「エコカー構想」を打ち出した。この背景には，1970年代のアジア・カー構想は失敗したが，その後1トン・ピックアップトラックの生産基地化の成功が，タイ発

世界戦略というIMV構想につながったことがある。中国やインドの追い上げをかわしつつ，ピックアップトラック一辺倒を脱し，自動車業界での存在感を高めるためには，小型車戦略の成功が欠かせないものであった。

エコカーについては，一時進展がストップしていたが，2007年6月の閣議において，タイ政府はエコカー規格を明確化し，付与すべき特典取得条件を決定し，本格的に取り組むことになった。タイトヨタもエコカー・プロジェクトを申請し，2008年4月に承認を受けている。さらに，タイ政府は2009年6月には，ハイブリッドや代替燃料自動車など環境負荷の低い技術を使った自動車生産国へ脱皮するために，環境技術対応車の製造拠点に向けて新しいエコカー政策を導入した。

トヨタは，こうした政策への対応のため，アジア大洋州地域を担当する開発拠点を通じて，低燃費車の開発を加速化する方針である。現在，日本で実施している低燃費の世界戦略車の開発業務の大部分を，2012年までにタイへ移管する方針を採った。また，現在年間55万台あるタイでの生産能力を，エコカーの増加に伴って増やすという。

2000年代に入ると，ASEAN 4カ国の自動車市場は急速に成長し，ASEAN自由貿易地域（AFTA）も視野に入ってきた。トヨタ自動車としては，アセアン域内戦略をグローバル戦略の角度から見直す必要に迫られるようになった。そのため，トヨタ自動車は単にタイ一国ではなく東南アジア一帯を統合するための組織を構築し始め，そのなかでタイトヨタが次第に大きな役割を果たすようになってきたのである。

トヨタ自動車は2001年4月に，東南アジアを中心に現地ディーラーの販売活動などを支援する「トヨタ・モーター・アジア・パシフィック（TMAP）」をシンガポールに設立している。トヨタ本社のアジア部にあった機能の一部をここに委譲し，東南アジアで販売するトヨタ車の価格決定に携わったり，販促活動の企画などを担当したりするようになった。さらに，TMAPは，シンガポールにおいて「トヨタ・サービスパーツ・コンソリデーション・センター・シンガポール」を新設し，アジア周辺国・地域での部

品物流の効率化を図った。

　IMV プロジェクトを推進するため，2003 年にはトヨタ自動車はバンコク近郊に，「トヨタ・テクニカルセンター・アジア・パシフィック・タイランド（TTCAP）」を建設している。ここで，600 人以上の現地人エンジニアを採用し，IMV の設計・仕様変更など市場ニーズに即した開発を行うようになった。

　2006 年 7 月，トヨタ自動車はアジアの製造拠点を統括する新会社「トヨタ・モーター・アジア・パシフィック・タイランド（TMAP Thailand）」を設立し稼働させている。この会社の設立目的は IMV プロジェクトを完遂したタイの人材が，アジア各国の工場で生産を支援することであった。TMAP シンガポールがマーケティング・販売オペレーションを担当し，アジア地域の販売事業体を支援する。これに対し，この新会社は ASEAN の製造拠点を中心に生産，調達，物流，品質保証など，部品などを含めた関連産業が集積したタイを開発・生産の中核拠点と位置づけることになった。この会社は，ASEAN の製造拠点を中心に，インドも含む 7 カ国・地域の車体組立工場 6 カ所を含む全 11 カ所の生産拠点を支援する。すなわち部品調達の窓口を一本化し，原価低減と現地調達率の向上をはかり，同時に各拠点への生産技術の導入を図るとされた。

　2007 年 7 月には，TMAP の機能は開発子会社の TTCAP に統合され，トヨタ・モーター・アジア・パシフィック・エンジニアリング・アンド・マニュファクチャリング（TMAP-EM）となった。生産支援と開発が一元化し，業務の効率化が図られた。

　2005 年 8 月，TMAP 内に「アジア・パシフィック生産推進センター」が設立されている。ここには 24 人のトレーナーが常駐し，生産の支援を行い，ノウハウの供与や人材交流・育成を行うためのハブ機能が期待され，現場マネジメント開発，製造支援・管理，基本スキル訓練という 3 部門から構成されている。2006 年 8 月からは，ここに台湾やインドも含めアジア 9 カ国 12 社を対象に従業員を受け入れると発表している。アジアの従業員を日本では

なくタイで受け入れ，アジア生産の急拡大を受けて最新の生産技術を各生産拠点に素早く展開できるよう支援体制を整備することがこのセンター設立の狙いであった。

こうした経営戦略の変化にともなって，タイトヨタはそれを実現するために新たな組織を構築し，それを動かす人材を育成しなければならなかった。技術移転，つまり現地従業員への教育・研修・訓練を怠れば，それは品質不良，生産性低下，生産コストの上昇となって企業に跳ね返り，業界内の競争にも遅れをとる結果となるので，日系自動車メーカーは，生産関連のみならず，販売からアフターサービスに至るまで，現地従業員への技術移転には最大の努力を傾けてきたのである。

タイトヨタでは，1963年から大卒を採用するようになっている。そしてこの頃から，経営の「現地化」に注意が払われ始めている。いうまでもなく，トヨタ自動車の技術を現地タイ人が習得しなければ，現地で自動車を作ることはできない。これは，部品やサービスについても同様であった。こうして，現地における人材の養成が行われ，現地従業員のマネジャーへの登用に踏み出したのである。

タイトヨタは，1969年12月に，海外初めての総合センターを設立している。その目的は，生産の拡大に合わせて，配給体制の拡充・集中化，サービス機能の向上，教育の重視を課題として明確にし，そしてその具体化を図ることであった。さらに，国産化が50％を超えるようになると，投資の償却問題，ディーラー管理，購買管理，生産技術管理，生産工程管理などの分野のシステム化が急務となった。

1980年代の前半では，生産現場ではまだトヨタ生産方式（TPS）の導入が進んでいなかった。これをトヨタ自動車の第二生産技術部やタイ日野の援助を受けて改善するようになった。また，高橋毅の工場長就任に伴う，工場における小集団活動の展開による改善の導入などによって，次第に工程での品質の作りこみが実現していったのである。

タイにおける自動車市場の急速な成長に対応するため，1990年1月には

サムロンの第三工場を完成し，新型ハイラックスの製造を立ち上げた。しかし，数量目標を急いで実現しようとしたため，品質面が悪化した。そこでタイトヨタでは生産台数を増やすだけでなく，品質を良くすることを優先するようになった。1992年には「イヤー・オブ・クオリティ活動」に取り組んだ。この結果，2年のうちには品質は改善され，海外工場のなかでトップレベルになっている。

　1980年代後半になると，タイ政府は外資系自動車メーカーに，現地タイ人の積極的な幹部登用を働きかけるようになっている。タイトヨタは1987年，創立25周年を迎えたことを機に，タイナイゼーション（Thainization）を掲げて，この政策に協力する姿勢を打ち出している。ここで，組織的に重要な改革が行われた。それは，①日本人をラインからはずしアドバイザーとしたこと，②役員への現地人登用，③全体的な規模の縮小と日本人の数の削減，そして，④職務ローテーションの導入であった。

　この結果，タイトヨタは部課長については，100％タイ人からなる組織へと変革された。また，タイ人の経営参加も図られるようになった。経営活動の一貫性をたもつため，5ヵ年計画や年間計画書も策定されるようになった。1992年には，勤続21年4ヵ月のニンナートが取締役に選ばれている。このごろから，昇進制度も確立されている。さらに，ニンナートはその後副社長，副会長に就任している。また，2000年初めには，サイアム・セメントの上級副社長を務めたプラモンを会長に招いている。

　タイナイゼーションは，各種の教育研修によって進められた。1996年には，長期的なディーラーも含む人材育成を目的に，TMT総合教育研修センターが完成している。これは，規模も教育内容も愛知県日進市の研修センターに次ぐ，海外では最大のものであった。「現地スタッフが現地の人材を教育する」との方針から，日本人は所長1人であった。ディーラーの人材研修のためにショールームを設置したり，自動車技術教育センターを設置したりした。また，社内研修コースも各階層を対象に，マネジメント，生産，販売から，経理，営業，総務などに関する実務知識まで年間研修スケジュールが

組まれている。

　またトヨタ自動車は，1999年には海外の人材を世界的に登用するグローバル人事の取り組みを本格化させた。その流れで，2000年1月，トヨタ・モーター・セールスUSAの副社長であったジョン・マットおよびマーケティング・アドバイザーのジョージ・アービングが，2001年春にタイトヨタに派遣されている。

　タイにおいては，タイトヨタは人材育成について，本来は競争企業である他の組立メーカーとの協調的な経営活動も展開している。人材確保は日本企業各社の大きな悩みである。そのため，トヨタ，ホンダ，日産が2005年秋から，技術者の共同育成プログラムを始めている。トヨタが生産システム全般，ホンダが金型設計や検査技術といった具合にプログラムを設置している。タイ政府も研修関連の予算を計上し，人材育成を後押ししている。

　人材育成に関連しては，タイトヨタは工場内に設置した整備訓練センターなどで，トヨタ系ディーラーの人材の研修のみならず，警察・軍隊・官庁など大口ユーザーの人材教育・訓練も行っている。また，国連機関や職業訓練学校に協力したり，高校や大学へ教材を配布したり，チュラロンコン大学の実習などに協力したりすることで，いろいろな側面からタイ社会に修理技術や自動車技術を普及させるべく試みている。

　2007年8月には，日本とタイの経済界が協力して，タイで「ものづくり」の担い手となる人材の育成を目指す4年制私立大学「泰日工業大学」が開校した。また，日本でも名古屋工業大学がトヨタ自動車など31社と連携して，タイなどアジアからの留学生を受け入れ，教育を行っている。

2　各種プレイヤーとの関係

　いうまでもなく，タイへ進出したことだけでは，その後のタイトヨタの発展に自動的に結びつくものではなかった。そこでは，タイ自動車産業におけるいろいろなプレイヤーとの関係を抜きに考えることはできない。

タイトヨタの経営活動に対して最も強い影響を与えたのが，タイ政府の自動車産業政策である。そのため，まずタイ政府との関係をみることにしよう。1960年代の初めまでは，タイでは完成車の輸入しか行われていなかった。しかしながら，世界銀行の勧告を受けた政権は，産業投資奨励法を改正し，輸入税・営業税の減税等による輸入代替産業育成政策を実施した。これを受けて，トヨタ自動車は1962年にタイトヨタを設立し，同国政府の方針に沿って現地組立を開始している。

　他の発展途上国と同様，タイにおいても自国の自動車産業育成の見地から，他の産業とは異なり自動車に限って，国産化品目，国産化率，国産化期限を明示して，その達成を義務づけることがなされた。

　1960年代後半になると，輸入代替化の過程で中間財や資本財の輸入が増加したため，タイの貿易赤字が深刻となり，1969年にはCKD部品および完成車の輸入関税が引き上げられた。1971年には，タイ政府は国内自動車産業の保護政策を初めて発表している。ここでは，25%の国産部品調達義務の適用がうたわれ，実際に1975年から，それが適用されることになった。

　1980年代の後半におけるタイの急速な経済発展に伴って，自動車産業政策の変更がたびたび行われ，こうした国産化あるいは規制の動きに大きな変化が生じている。タイ政府は，1991年4月には，2,300cc未満の乗用車の完成車輸入を解禁している。さらに，同年7月には完成車およびCKD部品の関税を大幅に引き下げた。それまでは，現地生産の車しか販売できなかったが，各社ともスポーツカーや高級車も輸入販売できるようになった。タイトヨタも1993年からセリカやプレビアなどを加え，1992年11月からは高級車レクサスの販売も始めている。

　さらに，1993年には乗用車組立工場の新設が認められるようになり，1994年には投資委員会（BOI）がタイを完成車輸出の生産基地にすることを目指して，地方に立地する自動車組立工場に税制面での恩典付与を決定している。部品メーカーに対しても，自由化政策の一環として，部品製造に使う原材料の輸入関税を段階的に引き下げている。

1997年7月には，タイに始まるアジア通貨危機が生じ，国内の自動車需要は急速に落ち込んだ。タイ政府がこの危機に対応するために取った政策は，バーツ安による輸出に有利な環境を活用し，自動車産業とくに部品産業の一極集中によって，タイをピックアップトラックのグローバル輸出基地にするという新しい試みを，日本の各メーカーに実施させようとすることであった。つまり，タイトヨタをはじめ日系メーカーは，かつてのように各国における国産化協力とASEAN地域市場だけを標的とした生産，漸進的な技術移転による緩やかな速度の品質水準の向上から，輸出競争力を発揮できる経営の自立化を短期に達成することが求められたのである。またその後は，エコカー政策が大きな影響を与えることになった。

　タイの自動車産業は1965年から長い歳月をかけて今日の集積を達成した。タイ政府の着実かつ柔軟な育成政策がもたらした長い時間的余裕の間に，必要な人材の育成とならんで，部品メーカーの育成を進めることができた。またタイ政府の華僑同化政策により，優秀な人材や，販売や製造に投資する中小の資本家が誕生し，これがタイの自動車産業の発展を促し，また日系自動車メーカーからの経営ノウハウや技術移転も比較的順調に進んだ理由といえる。

　輸出による市場開拓では，ディーラー網の確立がきわめて重要であった。トヨタ自動車がタイに進出した当時は，販売店というよりも取次店のような店舗が20店舗ほど作られていた。そのため，取次店でやる気のある店に対してディーラーヘルプを行ったり，メンテナンスや修理をするメカニックや部品担当者，セールスマンの教育を行ったりして，本格的なディーラー網の整備をしている。その結果，1980年代の初めまでには，70店を超える販売網をもつようになっている。

　しかし，1980年代の初めには，景気後退で在庫がたまるようになってしまった。そのため，販売店の体質強化が必要になり，タイの風土に合わせたインセンティブ制度を導入したり，細かな経営指導を行ったりしなければならなかった。

2003年には，商談から販売，アフターサービスにいたるすべてのプロセスにおいて，販売店の業務を標準化し，情報通信技術によって統合的に管理するための新しい販売システム e-CRB（エボリューショナリー・カスタマー・リレーションシップ・ビルディング）を日本に先駆けて全店に導入している。

　2000年春に米国トヨタから赴任したジョン・マットやジョージ・アービングは，販売金融会社の資金調達を銀行からの借入からタイトヨタの融資に切り替え，顧客へのローン金利や頭金額の引き下げを実施した。さらに，中古車価格維持，高級ブランド・レクサス強化のための専門組織を立ち上げ，消費者志向の伝統に国際性，戦略性を取り入れた。

　タイトヨタにとって，政府による現地調達率の設定や引き上げは，きわめて重要な問題をもたらした。つまり，優れた部品を現地で入手するためには，部品メーカーの育成が不可欠だったのである。

　日系自動車メーカーは，日本国内での部品内製率は30～35％と低く，65～70％の部品は社外の部品メーカーに下請け依存している。海外においても同様のやり方を取っており，自動車のエンジン，ミッションなど，機能部品の国産化が進まない間は，国産化の高度化に対応することができなかった。[3]

　1970年代の25％の国産部品調達の要請は，大きなきっかけとなった。当時，タイでは組立メーカーが14社操業していた。組立メーカーは多品種少量の部品を現地で調達する必要に迫られた。すでに，ニッパツのような有力な部品メーカーはタイに進出していたが，組立メーカーは系列部品メーカーにタイへの進出を要請している。こうして，タイ政府も自動車部品企業の投資を奨励し，1974年には8工場が認可を受けている。現地部品メーカーについては，多くのものがまだまだ弱小であったが，日系部品メーカーと関連のあるチョー・オートパーツ（CAP）やサミットラといった企業との取引を行うようになっている。

　1978年1月には，タイ政府は完成乗用車を輸入禁止し，CKD部品の輸入関税をさらに引き上げている。また，乗用車の国産部品調達義務を25％から段階的に引き上げて5年後に50％とし，商用車は同じく45％に引き上げ

ることに決定した。日系組立メーカーは，こうした政府の要請にこたえるため，日系部品メーカーにタイへの誘致を図った。

　1980年代後半においては，円高により日系部品メーカーが積極的にタイに進出し始めた。また，円高をカバーするため，またバーツ安を利用するため泉自動車やタイ矢崎のように，タイで生産した部品を輸出に向けようとする動きがみられるようになった。

　タイトヨタは，必要に応じて自らも主要部品を生産しなければならなかった。1978年には100％出資で，トヨタ・オート・ボディ・タイランド（TABT）を設立して，ハイラックスのキャブプレス部品の内製化をしている。また，1986年にはタイ政府の機能部品の国産化への動きがあり，トヨタ自動車はサイアム・セメントなどと組んで，1987年7月にはエンジン製造会社，サイアム・トヨタ・マニュファクチャリング（STM）を設立している。

　1980年代後半からタイの経済が急成長をとげるようになった。その結果，人々の自動車へ関心は高まり，タイにおける自動車生産台数は急速に拡大した。タイに進出している組立メーカーの増産に対応して，部品メーカーも現地での供給能力を拡大した。ランプの小糸製作所，リングギヤのジブヒンなどは，既存の生産設備を拡張した。

　一方では，新たにタイに進出する企業があった。豊田合成のTGバンパラ，東海理化と電機製作所とトヨタ紡績によるタイ・シートベルト，ショックアブソーバーのトキコ・タイ，ワイパーモーターなどの小物部品のジョウホク・タイランド，豊田工機の豊田工機タイランドと山清タイなどが，新たにタイに進出した。

　部品の国産化要請が進むなか，1982年2月日本の豊協会に相当するタイトヨタ協力会が設立されている。ここでは，タイトヨタや日野自動車の支援をうけながら，日系部品メーカーと現地メーカーが協力してTPS自主研やTPS道場を実施してTPSを積極的に導入し，品質・コスト・納期・エンジニアリング・マネジメント（QCDEM）の改善に取り組んだのである。

　1997年の通貨危機による自動車生産台数の激減で，部品メーカーも経営

危機に陥った。日本人商工会議所では，自動車部会を中心に部品メーカーを支援することを決定した。タイトヨタでも現地の感情を考慮しながら資金的な援助をした。また，バーツ安による輸入品価格の高騰は逆に，タイ国内の部品製造に拍車をかける結果となった。逆に大手部品メーカーは，タイからの部品の輸出を促進することになったのである。

　この結果，タイにおける部品産業の基盤は揺るがず，後にフォード，GMへの納入にもつながり，タイがASEANにおける自動車の生産・輸出基地になるきっかけにもなったのである。

　タイがASEANにおける輸出基地になるにつれて，2000年ごろから新たにタイに進出する部品メーカーが現れた。ディスクブレーキを生産する住友電気工業の「SEIブレーキシステムズ（タイランド）」，積水の「セキスイS-LEC（タイランド）」が設立されている。他にも，トヨタ紡織は内装システムの生産子会社，石川島播磨重工業はトヨタ自動車とともに，ターボチャージャーを生産・販売する子会社を設立している。ニフコ，富士通テン，シロキ工業，児玉化学工業もタイに子会社を設立している。こうして，タイトヨタは一次サプライヤーとして日系を含め117社，二次以下のサプライヤーとしては，2,000社以上の中小企業を擁するまでになっている。

　さらにタイトヨタは，1995年には原則として見込み生産をやめ，ディーラーの発注分だけを製造するようになっている。また，現地部品メーカーとの間で，カンバン方式による取引も始めている。ASEAN域内の物流効率を高め，相互供給を始めた当初に比べてそのコストは半減していた。この時期，本格的なTPSの実現に向けての努力がなされたのである。

　そして，タイトヨタの自立化の指標とも目されるIMVの開発・生産が可能になったのは，タイにおける現地調達率の大幅な向上によっている。IMV以前のタイトヨタの現地調達率は60％であった。2000年ごろからグループ主要部品メーカーにタイ進出を促し，現地調達率はIMVでは90％を超え，100％を目指すまでになっている。

　デンソー・タイランドは，タイトヨタのIMVの開発・生産の開始に合わ

せて，タイでの自動車部品生産を大幅に増強している。カーエアコンのラインの増設をはじめ，ディーゼルエンジン用のコモンレールや噴射ポンプなどの一貫生産体制を整えたり，鍛造製品の内製化に踏み切ったりしている。デンソーでは，関連の精密メーカーなど5社，トヨタ合成でも樹脂成型メーカーなど2次系列10社が新たに進出している。

シロキ工業は2003年8月に自前の工場を完成させ，ウィンドーレギュレータの生産ラインを，ヨロズはサスペンションの生産能力を拡大した。東海ゴムも2005年夏に第二工場を設立し，防振ゴム，コネクター，エンジンカバーなどを増産している。サンリット工業はエアコンやブレーキのアルミ製周辺部品の最終加工の工場を新設している。

2000年代半ばになってエコカーの開発に目が向けられるようになると，また一段と部品サプライヤーが増加した。例えば，豊田通商は2006年8月トヨタグループの工場から発生する金属くずを回収・販売する「グリーンメタルズ・タイランド」を設立している。DOWAは，2007年2月に自動車部品や金型などへの熱処理を行う事業子会社を設立している。

既存のサプライヤーは生産規模を拡大した。セーレンは，自動車用内装材の生産を拡大し，トヨタ合成もIMV用シートベルトなど安全部品の生産拠点を拡充した。伝動ベルトの三ツ星ベルト，ピストンリングのリケン，自動車足回り部品のヨロズ，自動車向け樹脂を生産する児玉化学工業も同様に，設備を拡大している。

また，アイシン精機の子会社アイシン化工は，変速機などに用いる摩擦材や化成品の製品の生産を全量タイに移管している。

小糸製作所は，2007年4月にはタイでの生産量を最大150万台のヘッドおよびリアランプを生産するために，2008年をめどに第4工場を建設すると発表している。IMV向けの大半を受注しているタイコイトは金型開発に注力し，2010年までにタイを東南アジアでの自動車用ランプの金型供給基地にするとしている。設計段階から，現地に進出している完成車メーカーと同時進行で開発できる体制を整えようとしたものである。

タイトヨタにとっては，国内での部品調達だけではなく，ASEAN 域内での調達が重要な課題となった。1987 年の第 13 回アセアン首脳会議で，従来の「集団的輸入代替重化学工業化戦略」から「集団的外資依存輸出志向型工業化戦略」へと政策が転換された。この戦略のものとで，各国間の協力が具体化されたのが，1988 年 10 月に調印されたブランド別自動車相互補完流通計画（BBC スキーム）に関する覚書であった。これによって，BBC スキームに則ってつくられた製品の ASEAN 諸国における付加価値が 50％ 以上であれば，国産化認定と最小 50％ の特恵譲許が与えられることになった。

1996 年 BBC スキームが発展する形で，ASEAN 産業協力計画（AICO）が合意された。さらに，2003 年からは ASEAN 自由貿易地域（AFTA）が実施された。

さらに，タイトヨタが大規模化するにつれて，タイ社会への貢献が期待されるようになった。そのため，1992 年秋にはタイトヨタ財団が設立されている。それまでも，いろいろな形で社会貢献活動が行われていたが，それらはトヨタ財団に移された。財団では，教育の助成，生活と環境の向上，そして諸団体との協力活動が行われている。

3　本書の研究の意義と課題

ASEAN における自動車産業の発展は，日本の自動車メーカーが各種の種をまき，長い年月をかけて国産化と技術移転に協力してきたことによってもたらされた。初期には，ASEAN の国ごとに異なる国産化規制，部品や部材などの輸入関税や現地調達率，車種によって異なる国内税制（優遇税制がピックアップトラック重点のタイと，小型 SUV 重点のインドネシア，乗用車とりわけ国民車に適用されるマレーシア）といった具合に，障壁を乗り越えなければならなかった。

その後，ASEAN そのものがグローバル市場相手の生産拠点化することで，日系メーカーの輸出拠点へと進化し，変貌を遂げたのである。とくにタイは，

一極集中といってもよいくらいその傾向が強く,「リーマン・ショック」直前の2007年は乗用車32万9,000台,商用車97万1,000台,合計130万台を生産し,そのうち輸出は68万台と,国内新車登録を上回るまでになっている。

こうしたタイへの一極集中をもたらしたものとしては,第1に,1980年代後半からはじまった,プレス,金型,板金,精密加工などの一連の技術移転が進んだことがあげられる。第2は,日本メーカー,とくにトヨタ,ホンダ,三菱自工,いすゞといったタイに進出した日本メーカーの,1997年の通貨危機を契機としたタイの輸出基地化と経営自立化の戦略である。

当初は,まさに苦しまぎれの輸出であり,バーツ安で輸出が有利になって可能となったものであった。とはいえ,輸出を展開するには国際水準の品質を達成する必要があり,現地の設計能力の向上と国産部品の品質の向上を図ることが至上命題であった。

そのためには,タイの現地自動車子会社の自立化があったことは否定できない事実であろう。タイ現地子会社の自立化は,トヨタのIMVプロジェクトと同様の動きをとった他の日系組立メーカーにもみられる。その結果,タイは完成車のみならずエンジンその他のコンポーネントについてもASEAN各国をリードするようになり[4],タイトヨタはIMVの生産の中心としての存在感を高めつつある。

一方,ASEANの域内での部品調達が急速に進んでいる。ASEANは2015年のASEAN経済共同体(AEC)の確立を目指し,域内経済協力を進化させている。2010年1月には,AFTAによる先行6カ国による関税の撤廃がほぼ完了している。トヨタ自動車にとっても,ASEAN内で自動車および部品産業をタイやインドネシアに集中させるのか,あるいは域内での経済協力をどのように進めていくのか,今後の課題といえる。

2008年秋の「リーマン・ショック」に端を発した世界金融危機は,ASEANおよびそのメンバー国にとって大きな打撃となった。主要なASEANメンバー国での自動車の販売は急速に減少した。危機への対処とし

て，さらなる ASEAN 域内経済協力の深化を目指している。

リーマン・ショックそのものが自動車産業の構造改革をもたらしたわけではないが，それが自動車産業の抱える問題点を明確にしたことは間違いない。従来のようにアメリカの過剰消費に依存して高級車や中大型車の生産と販売を行うことは困難になり，自動車各社は中国，インド，ASEAN のような新興国向けの自動車や環境対応車へのシフトを急速に進めている。インドにおける自動車と部品の生産は，ASEAN 内の需要の拡大と新興国向けの輸出を含め，大きな可能性を有する。中国やインドとの競争関係の中で，タイあるいは ASEAN にとっては，いかにして新興国向けの自動車を含め生産を拡大できるかが問われている。また，どのような生産ネットワークを利用できるか，ASEAN 域内経済協力がそれを支援できるかがカギであるといえよう。

いうまでもなく，タイを中心にした ASEAN は日系自動車メーカーにとって世界での最重要拠点の１つである。日産自動車は，2010 年３月マイクラ（日本名マーチ）の生産拠点を日本からタイに移管し，現地調達と開発を拡大しながら生産を行い，日本を含め世界各国への輸出を行い始めた。タイトヨタでも，IMV とともに乗用車においても，さらに生産と輸出を拡大する可能性が高まっている。タイトヨタは，これからの ASEAN の域内経済協力と自動車生産ネットワークを，いかに構築するかが問われることになるであろう。[5]

企業のグローバル化において，かつてのように日本の本社の工場の技術や経営を移転するのみならず，現地法人として本社のグローバル戦略のなかで，独自の位置付けを確立することが問われるようになりつつある。日本の国内市場の拡大が見込めない現在，こうした海外での子会社の重要性はいっそう高まることが期待される。これが同時に，現地における自動車の産業集積をさらに高めることになるのである。2009 年７月，タイトヨタに新しく就任した棚田京一社長は，次のように述べるまでになっている。「タイでの 47 年の経験とタイ人技術者の高い質を考えると，願わくば５年以内に設計・生産をすべてタイで行えるようになりたい」と。[6]

本書の研究のなかで明らかになったのは，タイトヨタでは，常にトヨタ生産方式（TPS）を実現しようとして試行錯誤が繰り返されてきたということである。その過程で，他のプレイヤーとの相互作用が重要な役割を果たしていることが分かった。つまり，政府の政策や親企業の戦略の変化といった経営環境に合わせて，タイトヨタは新たな問題に直面し，それを解決するために各プレイヤーとの間でダイナミックな相互作用を繰り返した。新たな問題を解決する過程で，組織的なもの，構造的なものを常に変革している。新たな戦略が新たな組織や構造を生み出すというよりも，政府の自動車政策の変化，技術の変化，さらには消費者や社会のニーズという，経営環境の変化によって直面した問題を解決する過程で新たな戦略が生まれ，それが新たな組織や構造を生み出したことが分かる。

　その意味では，タイトヨタの経営の本質は，まさに「問題点を見つけ，その原因を追究，解決する積み重ね」であった。そこには，華やかな経営戦略があるわけではなく，偶然的に問題が解決されるわけでもない，日々の努力の積み重ねが成果をもたらしたと言える。こういった意味では，現在の経営システムがなぜ，どのようにして自立化にいたったのかを明らかにする経営史的なアプローチはきわめて重要だったといえるのではなかろうか。経営史的なアプローチなくしては，タイトヨタと他のプレイヤーの相互作用やその変化を明らかにし，企業経営のダイナミズムを検証することは困難であったといわなければならない。

　しかし一方では，タイトヨタでのTPSの実現という面では，トヨタ自動車本社からの派遣されたタイトヨタの社長や工場長などを歴任した人たちの役割が非常に大きいといえる。彼らは，タイ政府の自動車産業政策をはじめとする経営環境の変化によって生じる新たな問題を自分たちの問題として考え，その問題の解決にあたるときにTPSの考えをもって当たったといえる。まさに，新たな問題に直面し，その問題の解決をはかることこそ，企業者的な役割といえる。しかしながら，本研究では，タイトヨタで発揮された企業者能力が個人のものなのか，トヨタ自動車の組織能力にもとづくものなのか，

またこのような能力がどのようにして育成され移転されるのかについては，検証することができなかった。知識移転の研究がさかんになるなか，暗黙知や形式知といった情報の中身についての研究が盛んになされるようになった[7]。しかし，それを移転する際に媒介となる人の問題については，今まであまり議論がなされなかったように思われる。

　この問題を明らかにするには，タイトヨタの経営者の企業者能力についての研究が必要になる。例えば，日本のトヨタからの生産や経営に関する知識の移転プロセスにおいて，またタイトヨタ独自でのこうした知識の創造において，本社トヨタ自動車から派遣されたトップやミドルの管理者，現地のニンナートやプラモンのような経営者の役割などが明らかにされなければならない。これについては，今後の課題としたい。

　このように，親企業から海外子会社への技術移転や知識移転がどのようになされているのか，また現地子会社の自立や創発性がどのようにして生まれるのか。それを明らかにするには，その媒介者としての役割を果たす本社からのタイトヨタへ出向した経営者や現地人経営者の役割などがきわめて重要である。同時にこの問題は，トヨタ自動車のグローバル戦略のなかでタイトヨタが果たす役割やその組織構造といった問題と関連しており，きわめてミクロ的な問題となる。

　しかしながら，一方でタイのような新興国にあっては，親会社と現地子会社という企業内のミクロレベルの議論だけでは，現地企業の自立化を説明するには十分ではない。もともと産業基盤のないところから出発しなければならないタイのような新興国では，自動車産業の集積基盤がない。そのため，先進国へのキャッチアップを目指して政府が自動車産業政策や外資政策を定め，外資系多国籍企業を誘致しながら，自動車産業に必要な技術や資本を導入する。

　そのため，タイトヨタのような外資系多国籍企業の現地子会社が，自動車産業の集積を作り上げるうえでハブ的な役割を果たす。場合によっては，現地子会社は受入国政府の産業政策に対応するのみならず，バンコク日本人商

工会議所（JCC）などの団体を通して，政府の政策形成そのものに影響を与える。同時に，部品や素材などの裾野産業の育成とそれら企業との関係が重要となる。とりわけ，現地の販売店や部品メーカーの企業者活動を活性化させることになる。しかも，タイの場合にはASEAN自由貿易地域（AFTA）などASEAN全体の政策のなかで，これらを実現していかなければならない。

さらに，経営者や技術者の養成のために，教育研修や大学との連携，さらには泰日工業大学のような高等教育機関の設立を支援し，社会全体の教育レベルを上げている。

このように，従来のような多国籍企業の親会社と現地子会社の関係や，現地子会社内の分析という視点では，現地子会社における知識・ノウハウの蓄積や開発について説明することができない。その意味では，産業集積や産業クラスター論の視点を導入しなければならない。その結果，多国籍企業の企業内のミクロ分析のみならず，政府の政策や経済発展の段階に伴う消費者ニーズの変化といったマクロ分析を行う必要がある。産業集積の形成といったマクロ的な枠組みのなかで，現地子会社と各種プレイヤーとの関係をみていくメゾレベルのアプローチが必要とされることが明らかにされた。

本書では，こうしたメゾレベルの分析アプローチをとりながら，なぜ，どのようにして，タイトヨタが，IMVプロジェクトに典型的にみられるようにタイにおける自動車産業の集積を利用しながら，自立化・創発を可能にしたのかを実証的に明らかにした。そのため，本書の研究はきわめて実践的な意味合いを持つ。同時に，日系多国籍企業の子会社は現地自動車産業の集積に大きな役割を果たしており，従来研究の対象となっていた西欧系多国籍企業の役割とは異なることを明らかにしたものでもある。この点こそが，メゾレベルのアプローチの有効性や必要性をもたらした重要な背景といえる。

注
1　佐藤一朗・足立文彦「日本経営と技術移転――大国自動車産業の現場からの考察」名古屋大学経済学部附属経済胴体研究センター『調査と資料』1998年3

月，11 ページ。
2　同上。
3　同上。
4　下川浩一『自動車産業の危機と再生の構造』(中央公論新社，2009 年)，200-202 ページ。
5　清水一史「ASEAN 域内経済協力と生産ネットワーク——ASEAN 自動車部品補完と IMV プロジェクトを中心に」Discussion Paper No. 2010-4（九州大学経済学部，2010 年 6 月），「おわりに」を参照。
6　"Local Branch Wants Production Autonomy," *Bangkok Post*, July 9, 2009.
7　代表的なものとして，以下のようなものがある。野中郁次郎・竹内弘高著／梅本勝博訳『知識創造企業』(東洋経済新報社，1996 年)。

タイトヨタの沿革

年	内容
1949	トヨタ車の対タイ国輸出開始
1956	トヨタ自動車販売（株）バンコク支店開設
1962	タイトヨタ（TMT）設立
1964	トヨタ車（トラック）の現地組立開始
1975	乗用車組立開始
1978	TABT社（ボデープレス）設立
1982	タイトヨタ部品会社協力会（TCC）結成
1987	STM社（エンジン）設立
1988	TAW社（ボデー架装）設立
1989	本社移転（スリウォン地区→サムロン地区）
1991	テパラック部品倉庫完成
1992	生産累計50万台達成
	タイトヨタ30周年
	タイトヨタ財団（TTF）設立
1993	TBS社（ボデー&ペイント）設立
	TLT社（販売金融）設立
1994	TTT社（車両輸送）設立
1995	STM鋳物工場（バンパコン）開所
1996	TMTゲートウェイ工場稼動開始
	生産累計100万台達成
1997	総合トレーニングセンター（TE&TC）開講
1998	整備学校（TATS）開講
1999	精米所設立
2002	タイトヨタ40周年記念
	営業部，バンコクオフィスへ移転
2004	生産累計200万台達成
	開発センター（TTCAP）設立
2006	APGPC設立
2007	バンポー工場稼動開始
	TMAP-EM社設立
2008	TMAPパーツセンター（TPCAP）開所

（出所）佐藤一朗氏作成。

参 考 文 献

あ　行

安保哲夫他『アメリカに生きる日本的生産システム――現地工場の「適用」と「適応」』（東洋経済新報社，1991年）。

天野雅敏『戦前日豪貿易史の研究――兼松商店と三井物産を中心にして』（勁草書房，2010年）。

いすゞカーライフ編集『いすゞカーライフ30年』（いすゞカーライフ，1991年）。

いすゞ自動車株式会社『いすゞ自動車50年史』（いすゞ自動車株式会社，1988年）。

板垣博編著『日本的経営・生産システムと東アジア――台湾・韓国・中国におけるハイブリッド工場』（ミネルヴァ書房，1997年）。

伊藤賢次「トヨタのIMV（多目的世界戦略車）の現状と意義」『名城論叢』第7巻4号（2007年3月）。

今井宏『トヨタの海外経営』（同文舘出版，2003年）。

上山和雄『北米における商社活動――1896～1941年の三井物産』（日本経済評論社，2005年）。

上山和雄・阪田安雄編『対立と妥協』（第一法規出版，1994年）。

ウィッキンス，P. 著／佐久間賢監訳『英国日産の挑戦――「カイゼン」への道のり』（東洋経済新報社，1989年）。

ヴェーバー，アルフレート著／篠原泰三訳『工業立地論』（大明堂，1986年）。

榎本悟『海外子会社研究序説――カナダにおける日・米企業』（御茶の水書房，2004年）。

折橋信哉「タイ自動車産業の経済危機以降の動向と今後の課題について」『赤門マネジメント・レビュー』第2巻6号（2003年6月）。

折橋信哉『海外拠点の創発的事業展開――トヨタのオーストラリア・タイ・トルコの事例研究』（白桃書房，2008年）。

折橋信哉・藤本隆宏「多国籍企業の能力とローカル危機への対応――タイにおけるトヨタ自動車と三菱自動車の事例分析」『赤門マネジメント・レビュー』第2巻4号（2003年4月）。

か　行

Cuff, Robert D., "Notes for a Panel on Entrepreneurship in Business History," *Business History Review*, Vol. 76 (Spring 2002).

川辺純子「在タイ日系企業の環境戦略――タイトヨタ・タイ国松下グループ・サイ

アム三井 PTA の事例」『城西大学経営紀要』第 2 号（2006 年 3 月）。
川辺純子「タイの自動車産業育成政策とバンコク日本人商工会議所——自動車部会の活動を中心に」『城西大学経営紀要』第 3 号（2007 年 3 月）。
川辺信雄「日本企業の海外直接投資 50 年」『日外協マンスリー』218 号（1999 年 6 月）。
川邉信雄「タイ自動車部品サプライヤーにおける経営移転——TCC メンバー企業の事例を中心に」国際東アジア研究センター，ASEAN-Auto Project No. 04-6, Working Paper Series, Vol. 2002-21。
川邉信雄「開発と企業経営」松岡俊二編『国際開発研究——自立的発展に向けた新たな挑戦』（東洋経済新報社，2004 年）。
川邉信雄「タイの自動車産業自立化における日系企業の役割——タイ・トヨタの事例研究」早稲田大学産業経営研究所『産業経営』第 40 号（2006 年 12 月）。
川邉信雄「華人企業の経営特性の連続性と非連続性——タイ自動車部品製造業にみる企業者活動」早稲田大学産業経営研究所『産業経営』第 38 号（2005 年 12 月）。
願興寺晧之『トヨタ労使マネジメントの輸出』（文眞堂，2005 年）。
朽木昭文『アジア産業クラスター論——フローチャート・アプローチの可能性』（書籍工房早山，2008 年）。
Goodman, David S. G., *The New Rich in Asia: Mobile Phones, McDonald's and Middle-Class Revolution* (Routledge, 1996).
Kenney, Martin and Richard Florida, *Beyond Mass Production: The Japanese System and Its Transfer to the U.S.* (Oxford University Press, 1993).
匂坂貞男『トヨタ・タイ物語』（トヨタ自動車，2001 年）。

さ 行

酒井弘之「タイにおける自動車部品製造業の集積」小林英夫・竹野忠弘著『東アジア自動車部品産業のグローバル連携』（文眞堂，2005 年）。
佐藤一朗「タイ・トヨタの現状と課題」『トヨタマネジメント』（1982 年 8 月）。
佐藤一朗・足立文彦「日本型経営と技術移転——タイ国自動車産業の現場からの考察」名古屋大学経済学部附属国際経済動態研究センター『調査と資料』第 106 号（1998 年 3 月）。
清水一史「ASEAN 域内経済協力生産ネットワーク——ASEAN 自動車部品補完と IMV プロジェクトを中心に」Discussion Paper, No. 2010-4, 九州大学経済学部（2010 年 6 月）。
スリスパオラン，スッパワン「グローバル戦略におけるローカル・デザインの意味——トヨタ・タイランドにおけるソルナ開発を中心に」井原基・橘川武郎・久保文克編『アジアと経営——市場・技術・組織』上巻（東京大学社会科学研究所，

2002 年 3 月)。

下川浩一「グローバル時代を迎えて激変しつつあるタイ自動車産業の現状と展望」『赤門マネジメントレビュー』第 2 巻 3 号 (2003 年 3 月)。

下川浩一『自動車産業の危機と再生の構造』(中央公論新社, 2009 年)。

末廣昭『キャッチアップ型工業化論——アジア経済の奇跡と展望』(名古屋大学出版会, 2000 年)。

末廣昭・東茂樹『タイの経済政策——制度・組織・アクター』アジア経済研究所, 2000 年。

椙山泰生『グローバル戦略の進化』(有斐閣, 2009 年)。

世界銀行/白鳥正喜監訳『東アジアの奇跡——経済成長と政府の役割』(東洋経済新報社, 1994 年)。

　　　た　行

ダイハツ工業株式会社六十周年記念社史編集委員会編集『ダイハツ工業株式会社 60 年史』(ダイハツ工業株式会社, 1967 年)。

高橋毅「タイ・トヨタでの改善活動と考察」『IE レビュー』第 32 巻 3 号 (1991 年 8 月)。

高橋泰隆『日本自動車企業のグローバル経営——日本化か現地化か』(日本経済評論社, 1997 年)。

高橋泰隆・芦澤成光『EU 自動車メーカーの戦略』(光文社, 2009 年)。

高橋与志「タイ日系製造業における技術援助——自動車部品産業を事例として」『国際協力研究誌』第 7 巻 2 号 (2001 年)。

Dunning, J. H., "Trade, Location of Economic Activity and the MNE: A Search for an Eclectic Approach," B. Ohlin *et al.*, eds., *The International Allocation of Economic Activity* (London: Macmillan, 1977).

Dunning, J. H., *Japansese Participation in British Industry* (Dover, N. H.: Croom Helm, 1986).

種崎晃「ものづくりのための人づくり組織づくり——タイトヨタ (TMT) の組織能力獲得プロセスの検証」法政大学経営学研究科修士論文 (2007 年 3 月)。

チャンドラー, アルフレッド・D. ジュニア「第 2 章 現代の産業的多国籍企業の技術的・初期的基盤：競争動学」アリス・タイコーヴァ＝モーリス・レヴィールボワイユ＝ヘルガ・ヌスバウム編/鮎沢成男・渋谷将堅・竹村孝雄監訳『歴史のなかの多国籍企業——国際事業活動の展開と世界経済』(中央大学出版部, 1991 年)。

中小企業金融公庫調査部「ASEAN における自動車産業の動向と我が国中小部品メーカーへの影響について」『中小公庫レポート』1998 年 4 月。

出水力『中国におけるホンダの二輪四輪生産と日系部品メーカー』（日本経済評論社，2007年）．

東洋工業株式会社五十年史編纂委員会編集『東洋工業50年史――沿革編』（東洋工業株式会社，1972年）．

トヨタ自動車工業株式会社『トヨタのあゆみ――創立四十周年』（トヨタ自動車工業株式会社，1978年）．

トヨタ自動車株式会社『創造限りなく――トヨタ自動車50年史』（トヨタ自動車株式会社，1987年）．

トヨタ自動車販売株式会社社史編集委員会編『トヨタ自動車販売株式会社の歩み』（トヨタ自動車販売株式会社，1962年）．

トヨタ自動車販売株式会社社史編集委員会編『モータリゼーションとともに』（トヨタ自動車販売株式会社，1970年）．

トヨタ自動車販売株式会社社史編集委員会編『世界への歩み――トヨタ自販30年史』（トヨタ自動車販売株式会社，1980年）．

トレバー，マルコム著／村松司叙・黒田哲彦訳『英国東芝の経営革新』（東洋経済新報社，1990年）．

な 行

中川敬一郎「日本の工業化過程における『組織化された企業者活動』」『経営史学』第2巻3号（1967年11月）．

日産自動車株式会社総務部調査課編集『日産自動車三十年史――昭和八年～昭和三十八年』（日産自動車株式会社，1965年）．

日産自動車株式会社社史編纂委員会編『日産自動車社史――1964～1973年』（日産自動車株式会社，1975年）．

日産自動車株式会社編纂『日産自動車社史――1974～1983年』（日産自動車株式会社，1985年）．

日産自動車株式会社調査部編纂『21世紀への道――日産自動車50年史』（日産自動車株式会社，1983年）．

は 行

Birkinshaw, J. M., *Entrepreneurship in the Global Firm* (Sage Publishing, 2000).

Birkinshaw, J. M. and N. Hood, *Multinational Corporate Evolution and Subsidiary Development* (Macmillan Press, 1998).

長谷川礼「国際ビジネスの諸理論」江夏健一・太田正孝・藤井健編『国際ビジネス入門』シリーズ国際ビジネス1（中央経済社，2008年）．

椙山健介・川邉信雄編『中国・広東省の自動車産業——日系大手3社の進出した自動車産業集積地』産研シリーズ45号（早稲田大学産業経営研究所，2011年）。
原輝史「戦前期フランス三菱の経営活動」『経営史学』第35巻2号（2000年9月）。
原口信也「国家イノベーションシステムのダイナミクス——タイにおける自動車産業の場合」ホンダ財団ハノイ国際シンポジウム2005『講演録』（2005年2月）。
原田誠司「ポーターのクラスター論について——産業集積の競争力と政策の視点」長岡大学『研究論叢』第7号（2009年7月）。
ピオレ，M.J.＝C.F. セーベル著／山之内靖・永嶋浩一・石田あつみ訳『第二の産業分水嶺』（筑摩書房，1993年）。
東茂樹「タイの自動車産業——保護育成から自由化へ」『アジ研ワールド・トレンド』（1995年7月）。
東茂樹「産業政策——経済構造の変化と政府・企業間関係」末廣昭・東茂樹編『タイの経済政策——制度・組織・アクター』アジア経済研究所研究叢書，No.502（2000年1月）。
東茂樹「トレンドリポート——タイの自動車産業と自由貿易協定」『アジ研ワールド・トレンド』第12巻5号（2006年5月）。
藤本豊治「アジアにおける自動車産業の展開——発展するタイ自動車産業と日本の役割」『東アジアへの視点』第14巻第4号（2003年9月）。
藤原貞夫『自動車産業の地域集積』（東洋経済新報社，2007年）。
二神恭一『産業クラスターの経営学——メゾ・レベルの経営学への挑戦』（中央経済社，2008年）。
ポーター，マイケル著／土岐坤・中辻万治・小野寺武夫・戸成富美子訳『国の競争優位（上・下）』（ダイヤモンド社，1992年）。

　　ま　行

マーシャル，アルフレッド著／馬場啓之助訳『経済学原理1』（東洋経済新報社，1965年）。
三輪宗弘『太平洋戦争と石油——戦略物資の軍事と経済』（日本経済評論社，2004年）。
森美奈子「戦略提携を進める完成車メーカーのアジア展開」さくら総合研究所『環太平洋ビジネス情報RIM』第43号（1998年）。
森美奈子「欧米自動車メーカーのアジア展開と戦略的提携」さくら総合研究所『環太平洋ビジネス情報RIM』第48号（2000年）。
森美奈子「グローバル志向を強める我が国自動車メーカーの東アジア戦略」『環太平洋ビジネス情報RIM』Vol.4, No.13（2004年）。

や 行

Yamashita, Shoichi, ed., *Transfer of Japanese Technology and Management to the ASEAN Countries* (University of Tokyo Press, 1991).
山本健兒『産業集積の経済地理学』(法政大学出版局, 2005年)。
山本哲三「タイの自動車産業政策——マクロ経済の視点から見たタイ自動車産業」『産業経営』第40号 (2006年12月)。

ら・わ行

Rudlin, Pernille, *The History of Mitsubishi Corporation in London: 1915 to Present Day* (Routledge, 2000).
Wailerdsak, Natenapha, *Managerial Careers in Thailand and Japan* (Silkworm Books, 2005).
渡辺幸男編著『日本と東アジアの産業集積研究』(同文舘, 2007年)。

新聞・雑誌

『日本経済新聞』
『日経金融新聞』
『日経産業新聞』
『日経流通新聞』
『日経ビジネス』
Bangkok Post

あとがき

　早稲田大学大学院商学研究科博士課程の学生であった1973年の夏休み，初めての海外旅行として，香港，タイ，マレーシア，シンガポールに出かけた。バンコクの空港に到着した後，タクシーにのって市内に向かったが，一面の水田のなかを直線の道路がダウンタウンまで続いていたのが印象的であった。当時のバンコクはまだ規模は小さく，リトル東京といわれていた。

　それからしばらく東南アジアへは出かけなかったが，1986年から87年にかけて，勤務していた広島大学から国際交流基金のプログラムで，マレーシアのマラヤ大学に「日本のビジネス・システム」を教えに派遣されることになった。日本が高度成長を遂げ，「日本型経営」が世界的なブームになっていた。東南アジアの多くの国々が，日本の経験から学ぼうとしていた時代である。

　ところが，1985年9月の「プラザ合意」により，円高が急速に進むことになった。この円高は輸出志向の日本企業に大きな影響を与え，海外への生産拠点の移転が急務となった。

　同じ時期に，1980年代前半の一次産品価格の下落から，日本やアメリカから借金をして経済発展をし，一次産品の代金でその返済をしようとしていたマレーシアやタイも，マイナス成長を経験した。そのため，これらの国々はそれまでの外資政策を大幅に変更して，外資を導入して再び経済発展を達成しようとした。

　こうして，日系企業のプッシュ要因と東南アジア諸国のプル要因が重なって，1986年ごろから日系企業が大挙してタイやマレーシアに進出することになった。

　1976年から80年にかけて私は，フルブライト奨学生として米国オハイオ州立大学で，「第二次大戦前における日本企業の米国での経営活動」をテー

マに，博士論文の作成のために研究をしていた。そのため，アジアにおける日本企業の経営についても共同研究をしようと多方面から誘われることになり，東南アジアにしばしばでかけることになった。以来，長期にわたる研究をつづけたが，断片的にタイやマレーシアの日系企業について，単行本の分担執筆をしたり学術論文を書いたりする機会はあっても，まとまった研究として発表することはなかった。

その意味では，このたび，『タイトヨタの経営史』を上梓することができたことは，研究者として嬉しい限りである。

本書を完成させる上で，多くの人々にお世話になっている。この機会に改めて感謝の意を表したい。まず，筆者の早稲田大学大学院商学研究科時代の恩師であった鳥羽欽一郎先生にお礼を申し上げなければならない。鳥羽先生からは大学院で指導を受けたばかりではなく，先生の後任として，マラヤ大学客員教授として赴任する機会を与えていただいた。この機会がなかったなら，著者が東南アジアの日本企業に興味を持つことはなかったと思う。また，筆者の早稲田大学商学部のゼミの指導教授であった二神恭一先生には，ビジネスや経営学に興味を持つ機会をいただいた。とりわけ，本書の分析視点である「メゾ・レベル」という視点は，二神先生の著書『産業クラスターの経営学──メゾ・レベルの経営学への挑戦』（中央経済社，2008年）から影響を受けたものである。新たな研究分野を開拓できたことに感謝申し上げたい。

さらに，筆者が経営史学会の学会誌『経営史学』に1974年に初めて投稿した時から，ご指導をいただいている法政大学名誉教授の下川浩一先生にも，改めて感謝申し上げたい。いままでは，マーケティングの分野で教えを受ける機会が多かった。しかしながら，自動車産業研究の第一人者である先生からはご著書をいつもいただいた。それらの著書を読ませていただくことで，私が自動車産業に興味をもつようになったことは間違いない。

また，1982年から90年まで勤務した広島大学では，「アセアンにおける日本型経営の移転」に関する共同研究に参加することができ，メンバーの先生方からフィールドスタディについて，多くのものを学ばせてもらった。中

心的な役割を果たされていた山下彰一先生をはじめ，竹内常善，金原達夫，竹花誠司の各先生からは，とりわけ多くのものを吸収させていただいた。

　1990年4月に早稲田大学に移ってからは，「安保モデル」を開発した日本多国籍企業研究会に参加させていただき，アジアやヨーロッパへの「日本型経営の移転」について共同研究を行う機会に恵まれた。同研究会主査の安保哲夫先生をはじめ，板垣博，上山邦雄，川上哲二，公文溥の諸先生方からは多くの知的な刺激を受けることができた。

　また，本書のような長期間にわたる研究においては，現地タイの方々との関係を抜きには研究の持続・蓄積を考えることができない。1990年代後半から2000年代前半にかけて，チュラロンコン大学商学会計学部のBBAやMBAのコースで，夏休みを利用して5年間，毎年2カ月から4カ月間の集中講義の形で，教鞭をとることができた。この前後にも，共同研究や講演などの機会をいただき，お世話になったタイの先生方は多数にのぼる。

　チュラロンコン大学で教鞭をとるきっかけになったのは，京都大学東南アジア研究センターのシンポジウムで知り合ったラムカムヘン大学のチュタ先生のチュラニー夫人が，チュラロンコン大学のマーケティングの先生であったことによる。その他，同大学の商学会計学部のパクパチョン，チンタナ，プロンピライ，アチャラ，ポパン，アノップ，そしてウータイといった諸先生には，公私ともに大変お世話になった。タイでは，こうした先生方のおかげでいつも楽しくすごさせていただいた。

　また，タイと関わりのある多くの日本人の人々にもいろいろな形でお世話になった。とりわけ，かつてタイトヨタの経営者として活躍された方々からは，その著書・論文はもちろん，直接にお話を聴く機会があり，大いなる経験・知見を伺わせていただいた。とくに，1980年代からご指導をいただいている佐藤一朗氏をはじめ，今井宏，藤本豊治，佐々木良一，そして棚田京一の諸氏には，この機会に謝意を表したい。

　同時に，バンコクのJETROセンターの方々にも感謝の意を表したい。所長であった黒田篤郎，次長の川田敦相，助川成也の諸氏には，自動車産業に

関する資料収集の上で大変お世話になった。

　21年間勤務した早稲田大学商学学術院の教職員の方々にも，お礼を述べなければならない。とくに，1990年4月に一緒に商学部に赴任した同期の櫨山健介，八巻和彦の両先生，兄弟弟子ともいうべき厚東偉介，藤田誠の両先生には，公私ともに大変お世話になった。母校で教育・研究に携われたことは，私の人生にとっては楽しく有意義なものであった。感謝の気持ちは，とても言葉ではつくせない。

　なお，子供たちが大きくなってから4年生大学に編入学し，さらに修士課程，博士課程と進んで，現在私と同じ研究者の道を歩むようになった妻の純子にも感謝したい。彼女の専門はアジア経済で，とりわけアセアン諸国における日本人商工会議所の研究に取り組んでいる。こうした彼女の努力に対しては敬意を払うところであるが，同時に研究・教育上のアドバイスを受けるようになった。本書の刊行においても，彼女からの直接間接の示唆が役に立っていると思われる。

　もし，本書に何らかのメリットがあるとすれば，それは以上の人々のご指導・援助のおかげである。もちろん，本書には多くの独断と偏見，誤謬などがあると思われるが，それらはすべて筆者の責任であり，こうした点については読者のご批判・叱正を率直に受け入れて，さらに研究に励みたい。

　最後ではあるが，本書の出版を快く引きくださった株式会社有斐閣の方々，とくに早稲田大学を退職し新たな場所（文京学院大学）で働く準備に忙殺されていた筆者を励ましてくださり，面倒な編集作業を行っていただいた元有斐閣常務取締役の伊東晋氏，有斐閣書籍編集第2部課長の藤田裕子氏には，衷心より感謝する次第である。

　2011年3月15日

早稲田大学商学学術院研究室にて

川邉　信雄

索　引

◆ アルファベット

AAT（オートアライアンス・タイランド）　27, 32, 162
AEC（ASEAN経済共同体）　158, 248
AFTA（ASEAN自由貿易地域）　113, 139, 157, 159, 187, 224
AICO（ASEAN産業協力計画）　138, 157, 247
　　──スキーム　139, 157, 159
AP-GPC（アジア・パシフィック生産推進センター）　202, 237
ASEAN域内経済協力　111
ASEAN経済共同体　→AEC
ASEAN産業協力計画　→AICO
ASEAN市場　95
ASEAN自由貿易地域　→AFTA
ASEAN諸国での部品相互補完計画　112
ASEAN相互補完協定　53
ASEAN地域内補完分業　53
ASEANの生産拠点化　247
BBCスキーム（ブランド別自動車部品相互補完流通計画）　111, 139, 247
BMWマニュファクチャリング　27
CAP（チョー・オートパーツ）　61, 81
CKD（コンプリートノックダウン）　44, 52, 54
　　──部品の誤欠品　55
DOWAホールディングス　208
e-CRB　189, 243
GM（ゼネラル・モーターズ）　27, 33, 149, 161, 163
IMF　141
　　──8条国　96
IMV（革新的国際多目的車／国際戦略車）　2, 154, 160, 177, 178, 199, 202, 248
　　──の実績　179
　　──の専用工場　181
　　──の部品　38
　　──のマザー工場　182
　　──プロジェクト　232
ISO9001　171
JBT（ジブヒン・タイランド）　98
JCC（バンコク日本人商工会議所）　56, 70, 255
　　──の自動車部会員　58
KD（ノックダウン）　44, 59
NHKスプリング・タイランド　167
NUMMI　37
Off-JT　141
OJT　56
OLIパラダイム　5
QCDEMの改善　244
QC活動　76
RT40（新型コロナ）　55
SKD（セミノックダウン）　44, 49, 54
STBテキスタイルズ　165
STM（サイアム・トヨタ・マニュファクチャリング）　2, 85, 100, 110, 125, 155, 167, 244
TABT（トヨタ・オート・ボディ・タイランド）　73, 81, 146, 244
TAI（タイ国自動車産業振興機構）　172
T&Kオートパーツ　132
TAP（フィリピントヨタ自動車部品）　203
TAW（タイ・オートワークス）　34, 36, 87, 180
TBR（トヨタ・ビジネス・レボリューション）　175
TCC（タイトヨタ協力会／トヨタ・コーポレーション・クラブ）　74, 76, 154, 166, 244
TGポンパラ　98, 144, 147
TKM（トヨタ・キルロスカ・モーター）　145, 199
TLT（トヨタ・リーシング・タイランド）　108
TMAP（トヨタ・モーター・アジア・パシフィック）　114, 202, 236
TMAP-EM（トヨタ・モーター・アジア・パシフィック・エンジニアリング・アンド・マニュファクチャリング）　34, 203, 237
TMAP Thailand（トヨタ・モーター・アジア・パシフィック・タイランド）　201, 237
TMAPシンガポール　201
TMSS（トヨタ自動車マネジメント・サービス・シンガポール）　112
TMT　→タイトヨタ
TPA（タイ日経済技術振興協会）　204
TPS（トヨタ生産方式）　130, 133, 250
　　──の移転　168

──の導入 238
──のマイナーチェンジ 190
TPS 自主研 168
TPS 道場 169
TTCAP（トヨタ・テクニカルセンター・アジア・パシフィック・タイランド／技術開発センター） 181, 202, 237
VA/VE 171
VTICs 198
VW（フォルクスワーゲン） 218
YMC アセンブリー 27
YS バンド 145

◆ あ 行

アイシン・エーアイ 212
アイシン加工 208
アイデアコンテスト委員会 138
アジア・カー 99, 122, 234
　新しい── 177
アジア・パシフィック生産推進センター →AP-GPC
アフターサービス（体制） 46, 50
アメリカ自動車メーカー 33
アルコ 132
安全環境委員会 138
いすゞ自動車（いすゞモーターズ） 27, 200
イズミ・ピストン（MFG）タイランド 83
英語のコミュニケーション 135
エグゼクティブ会議 137
エコカー 235
　──構想 213
　──の条件 216
エンジンの国産化（率） 85, 94
欧米系自動車メーカー 49
　──の現地生産 162
　──の進出 175
オートアライアンス・タイランド →AAT
親会社依存からの脱出 6

◆ か 行

カイゼン 133
革新的国際多目的車 →IMV
華人企業者 74
華人系の企業 27
ガソリン高騰 198
金型の水平分業 77
金型の輸出 83

カナダトヨタ 37
カヤバ工業 174
カルナスタ 52
完成車輸入規制 59
カンバン方式 131
企業系列の垣根 129
企業者能力 250
企業の境界 8
企業の近代化 78
企業倫理委員会 138
技術者の共同育成プログラム 190
技術とノウハウの移転 55, 128
技術部 122
鬼怒川ゴム工業 129
技能研修施設 202
技能検定制度 62
ギブンパーセント方式 69
キャラクター（タイランド） 165
教育課の新設 79
教育研修 72
教育部門 78
業界団体 10
競争力の源泉 12
近代的な組織づくり 68
国の競争優位 11
組立メーカー 243
グリーンメタルズ・タイランド 206
グローバル自立化 235
経営外部要因との関係 9
経営・技術の移転 5
経営者や技術者の養成 10
経営スローガン 106
経営の現地化 17, 105, 187
系列部品メーカーのタイ進出 58
系列を超えた取引 127, 207
決済の権限 136
月賦資金 48
原価企画 127
ケンタッキー・トヨタ 37
現地化のプロジェクト 135
現地地場資本 52
現地人管理者育成 133
現地人の幹部への登用 79
現地大学卒の採用 59
現地調達率（部品の） 9, 234
　──の向上 28
　──100% 162, 163

現地法人　3
　　——の救済　146
　　——を設立する環境　53
小糸製作所　77, 209
子会社が親会社をしのぐ　5
子会社による経営資源・ノウハウの蓄積　6
子会社の自立化　14
子会社の役割の変化　6
小型車競争　222
国際戦略車　→IMV
国際通貨基金　→IMF
国産化政策　52, 57, 77
国産化率　68
　　——算定方式　69
国産部品調達義務　102
国産部品調達政策　69
国産部品調達率　58
国内自動車産業の保護　44, 57
国内の販売体制　39
古参従業員のぬるま湯体質　133
コストの低減　126
児玉化学工業　211
コミッション方式の取次店　50
雇用保険　141
コンプリートノックダウン　→CKD

◆ さ 行

サイアムVMC　27
サイアム・アイシン　99, 186
サイアム・セメント　85
サイアム・トヨタ・マニュファクチャリング
　→STM
サイアム・トヨタモータース　34
サイアム日産オートモービル　27, 52, 129, 220
サイアム・モーターズ　96
サイアム・リケン　210
在華紡　4
サプライヤー支援　146
サミットラ（社）　61, 81
産業クラスター（論）　11
　　——政策への転換　13
　　政府主導の——形成　12
産業集積　9, 10
産業政策　12
　　——や外資政策への対応　10
産業投資奨励法　53
　　新——　52

産業の地理的集中　12
三五社　145
参入形態　5
サンリット・タイランド　185
支援輸入　148
市場シェア　3
自動車技術教育センター　135
自動車産業の構造改革　141
自動車産業の自由化政策　101
自動車産業の集積　8, 13
自動車産業の世界的再編　162
自動車生産・販売・輸出台数　30
自動車税率の改定　102
自動車の普及台数（率）　33, 68
自動車部品工業社　98
自動車部品調達先　174
自動車部品の確保　61
自動車輸出振興会　45
地場系部品企業　74
ジブヒン・タイランド　→JBT
資本の現地化　60
社会協力　62
社会貢献活動　78, 116
車種ごとの生産分業　159
重機械輸出会議自動車部会　45
従業員の現地化　78
集団的外資依存輸出志向型工業化戦略　111
柔軟な専門化　11
『出向員ガイド』　136
奨学金　116
小集団活動　81
昇進審査権限のタイ人への委譲　106
昇進制度の確立　105
消費者の購買意欲　95
ジョウホク・タイランド　99
商用車から乗用車へ　97, 124
乗用車新国産化法令　69
乗用車の販売増　108
乗用車部品　38
進化論的な戦略観　7
新興国の自動車企業　33
人材開発センター　79
人材の育成　78
人事厚生委員会　137
新車の輸送　211
スケールメリット　129
スコソル・アンド・マツダ・モーター・インダ

索　引　267

ストリーズ 97
スズキ 32, 161, 218
裾野産業の育成 10
裾野産業の国際競争力 156
住金物産 208
住友金属工業 207
政策連絡会議 137
生産推進センター 202
製造業の海外進出 4
製造品質向上対策 143
整備訓練センター 61, 240
製品の品質基準 176
政府政策フォロー委員会 137
精米所の設立 117
世界最適調達 129
ゼネラル・アセンブラー 27
ゼネラル・モータース →GM
セブン-イレブン・ジャパン 6
セミノックダウン →SKD
セールスマン 39
セーレン 206
戦前の自動車輸出 44
戦略小型車 199
総合商社依存の回避 46
増産体制 96
創発的な事業展開 8

◆ た 行

タイオートコンバージョン 185
タイ・オート・ワークス →TAW
タイからの輸出 83
タイ・コイト（小糸） 97, 209
タイ工業会自動車部品部会 69
タイ国自動車産業振興機構 →TAI
タイ・サミット・オートパーツ 173
タイ自動車組立メーカー 27
タイ自動車部品製造業者協会 69
タイ・シートベルト 98, 145
タイ人技術者の手による設計・開発 128
タイ人取締役 187
タイ人の経営参加 103, 239
タイ人の従業員数の増加 60
タイ・スウェディッシュ・アセンブリー 27
タイでの販売事情 48
タイトヨタ (TMT) 54
　——ゲートウェイ工場 2, 36, 109, 138, 146
　——研修センター 56

——サムロン工場 2, 35, 54, 110, 180
——総合教育研修センター 134
——総合センター 59
——第二工場 60
——のサプライヤー数 245
——の設立 34
——の組織 34
——の発展の5つの段階 16
——バンポー工場 2, 36, 181
タイトヨタ・アカデミー 79
タイトヨタ協力会 →TCC
タイトヨタ財団 116
タイナイゼーション 105, 126, 239
第2 ASEAN協和宣言 158
タイ日経済技術振興協会 →TPA
泰日工業大学 203, 240
タイの自動車産業の国際競争力 26
タイの自動車市場 87
　——の規模 28
　——の成長 40
　——の部品サプライヤー 28
対販売店インセンティブ制度 88
タイ・フォー・エクセレント・プロジェクト 164
タイへの一極集中 159, 248
タイホンダ 27
タイ矢崎 84
タイルン・ユニオンカー 27
多国籍企業の研究 4
タタ自動車 219, 223
脱系列 156
多能工の養成 190
多頻度配送 113, 131
タマサート大学 116
地域別輸出台数 38
地方市場への進出 68
地方政府の役割 13
チャイナ・プラスワン 198
中央タイケーブル 148
中間所得層 124
中国の輸出基地化 158
中古車 39
チュラロンコン大学 116, 138
チョー・オートパーツ →CAP
通貨・経済危機（1997年6月） 31, 122, 139, 140, 242
低価格車 130

低燃費車の開発　217
ディーラー　39, 61, 135
　　——の在庫　175
　　——の人材研修　239
　　——網の整備　88, 242
ティラド　211
天津一汽車豊田汽車　37
デンソー・タイランド　78, 83, 129, 130, 144, 147, 149, 184
　　——トレーニングアカデミー　190
東南アジア域内分業　173
東南アジア部品補完体制　77
トキコ（タイランド）　99, 148
トヨタ・オート・ボディ・タイランド　→TABT
トヨタ技術開発センター　→TTCAP
トヨタ・キルロスカ・モーター　→TKM
豊田工機タイランド　100
豊田合成　98, 186, 207
トヨタ・コーポレーション・クラブ　→TCC
トヨタ・サービスパーツ・コンソリデーション・センター・シンガポール　114, 236
トヨタ自動車販売　44, 54
　　——バンコク営業所　47, 49
　　——バンコク支店　47, 49
トヨタ自動車マネジメント・サービス・シンガポール　→TMSS
トヨタ車の輸出業務　44
トヨタ生産方式　→TPS
豊田通商　206
トヨタ・テクニカルセンター・アジア・パシフィック・タイランド　→TTCAP
トヨタ・テクノクラフト　207
トヨタ・ビジネス・レボリューション　→TBR
トヨタブランドの信頼性　127
トヨタ紡織ゲートウェイ（タイランド）　210
トヨタ・マシン・ワークス　147
トヨタ・モーター・アジア・パシフィック　→TMAP
　　——・エンジニアリング・アンド・マニュファクチャリング　→TMAP-EM
　　——・タイランド　→TMAP Thailand
トヨタ・モーター・タイランド　→タイトヨタ
トヨタ・リーシング・タイランド　→TLT
トラックの燃費・環境規制　214
トランスナショナル・モデル　7

取締役会　137
トンブリ・オートモーティブ・アセンブリー（・プラント）　27, 223

◆ な 行

2交代制　176
日系自動車メーカー　33
日系部品メーカー　75
　　——の進出　164
　　——のタイ誘致　244
日産自動車　32, 160
　　——のタイ市場への進出　49
日産ディーゼル　27
日本型生産管理　72
日本企業の集中豪雨的タイ進出　95
日本車のシェア　26
日本人コーディネーター制度　103
日本人商工会議所　→JCC
日本人駐在員　51
日本本社の意向　53
年間計画書　104
ノックダウン　→KD

◆ は 行

ハイフォン1　50
ハイブリッドモデルの導入　220
ハイラックスの国民車化　86
バーツ安による輸出への追い風　143
ハブ・アンド・スポーク型　14
バリューチェーン　13
　　——の現地化　14
バンコク日本人商工会議所　→JCC
バンチャン・ゼネラル・アセンブリー　27
販売競争　88
販売金融会社　108
販売シェア　39
販売システム　189
販売店　50
ピカップ　31
ピックアップトラック　72, 85
　　——の輸出　109, 142, 155
　　——の割合　29
ビッグビジネス　4
日野自動車工業との業務提携　59
日野モーターズ・マニュファクチャリング　27
現代自動車　102, 124, 224
品質改善　103, 145

索　引　269

品質向上強化期間　106
品質促進委員会　137
品質保証部　81
品質本位　76
フィアット・オート　27
フィリピントヨタ自動車部品　→TAP
フォード　32
フォルクスワーゲン　→VW
富士重工　102
富士ゼロックス　5
物品の原地調達先の拡大　132
物流・在庫コストの削減　132
部品国産化政策　→国産化政策
部品在庫の圧縮　177
部品サプライヤーの原価低減　171
部品調達促進コーナー　166
部品の輸出　38
部品メーカーの育成　242, 243
部門別部長会議　137
フランストヨタ　37
ブランド別自動車部品相互補完流通計画　→BBCスキーム
不良品の発生許容量　176
ベストイメージ企業　117
保護育成政策の見直し　101
ボトムアップ方式の意思決定　136
ホンダ　32, 96, 123, 144, 160
ホンダ・オートモビル・タイランド　181

◆ ま 行

マルヤス・インダストリーズ・タイランド　156
三菱シティーポール・モーターズ　27, 52, 84, 109
三菱自動車　32, 111, 144
三菱商事　3
三ツ星ベルト　207
メゾ・レベルの分析枠組み　15, 232
モータリゼーション　95
　　先進国型——　108
ものづくり学校　190

◆ や 行

八千代工業　207
山清タイ　100
輸出基地化　154
輸出競争力の強化　158
輸出入部　100
輸出による海外市場の開拓　46
輸出の強化　142
輸出比率の推移　37
輸入関税　241
輸入自由化　94
輸入代替産業育成政策　51, 241
ヨロズ・タイランド　185, 211
4S（整理・整頓・清潔・清掃）　80

◆ ら 行

リーマン・ショック　248
量産によるコストの引き下げ　45
量販体制　72
稟議書（決裁書）　136
ルノー　163
労使交渉　82
労働組合　82

著者紹介

川邉 信雄（かわべ のぶお）

文京学院大学・文京学院短期大学学長，早稲田大学名誉教授
1945年広島県生まれ
早稲田大学第一商学部卒業，同大学院商学研究科・オハイオ州立大学大学院（フルブライト奨学生）に進む
博士（商学）早稲田大学，Ph.D.（オハイオ州立大学）

著書　『総合商社の研究——戦前アメリカにおける三菱商事の海外活動』（実教出版，1982年）。
　　　『新版　セブンイ-イレブンの経営史——日本型情報企業への挑戦』（有斐閣，2003年）。

訳書　アルフレッド・D.チャンドラー，Jr. 著『スケール・アンド・スコープ』（共訳，有斐閣，1993年）。
　　　マンセル・G.ブラックフォード著『アメリカ中小企業経営史』（文眞堂，1996年）。
　　　スーザン・ストラッサー著『欲望を生み出す社会』（東洋経済新報社，2011年）。

タイトヨタの経営史　海外子会社の自立と途上国産業の自立
Business History of Toyota Motor Thailand

2011年11月25日　初版第1刷発行
2013年3月20日　初版第2刷発行

著　者　川邉信雄
発行者　江草貞治
発行所　株式会社　有斐閣
〒101-0051
東京都千代田区神田神保町2-17
　　　　(03) 3264-1315〔編集〕
　　　　(03) 3265-6811〔営業〕
　　　　http://www.yuhikaku.co.jp/
印　刷　大日本法令印刷株式会社
製　本　大口製本印刷株式会社
制　作　株式会社有斐閣アカデミア

Ⓒ 2011, KAWABE, Nobuo. Printed in Japan

落丁・乱丁本はお取替えいたします。
★定価はカバーに表示してあります。
ISBN 978-4-641-16381-2

JCOPY　本書の無断複写（コピー）は、著作権法上での例外を除き、禁じられています。複写される場合は、そのつど事前に、(社)出版者著作権管理機構（電話03-3513-6969，FAX03-3513-6979，e-mail:info@jcopy.or.jp）の許諾を得てください。

本書のコピー，スキャン，デジタル化等の無断複製は著作権法上での例外を除き禁じられています。本書を代行業者等の第三者に依頼してスキャンやデジタル化することは，たとえ個人や家庭内での利用でも著作権法違反です。